Excel Microsoft 2019
从新手到高手

龙马高新教育 ◎ 编著

U0312050

人民邮电出版社

北　京

图书在版编目（CIP）数据

Excel 2019从新手到高手 / 龙马高新教育编著. --
北京：人民邮电出版社，2020.6
ISBN 978-7-115-52255-9

Ⅰ. ①E… Ⅱ. ①龙… Ⅲ. ①表处理软件 Ⅳ.
①TP391.13

中国版本图书馆CIP数据核字(2019)第235939号

内 容 提 要

全书除第 0 章外分为 6 篇，共 17 章。第 0 章为初识 Excel 2019，第 1~4 章介绍工作簿和工作表的基本操作、Excel 数据的输入与编辑、管理和美化 Excel 工作表、查阅和打印工作表，第 5~6 章介绍公式的应用、函数的应用，第 7~9 章介绍图表在数据分析中的应用、表格数据的基本分析、数据的高级分析技巧，第 10~12 章介绍 Excel 在人事行政中的应用、Excel 在市场营销中的应用、Excel 在财务会计中的应用，第 13~15 章介绍宏、VBA 的应用基础、用户窗体和控件的应用，第 16~17 章介绍 Excel 的协同办公、Excel 的移动办公。

本书附赠 8 小时与图书内容同步的视频教程，以及所有案例的配套素材和结果文件。此外，还附赠大量相关学习资源供读者扩展学习。

本书不仅适合 Excel 的初、中级用户学习使用，也可以作为各类院校相关专业学生和计算机基础办公培训班学员的教材或辅导用书。

◆ 编　著　龙马高新教育
　　责任编辑　李永涛
　　责任印制　马振武

◆ 人民邮电出版社出版发行　北京市丰台区成寿寺路 11 号
　　邮编　100164　电子邮件　315@ptpress.com.cn
　　网址　https://www.ptpress.com.cn
　　山东百润本色印刷有限公司印刷

◆ 开本：787×1092　1/16
　　印张：20.5
　　字数：524 千字　　　　　　　　2020 年 6 月第 1 版
　　印数：1 — 2 500 册　　　　　2020 年 6 月山东第 1 次印刷

定价：59.80 元

读者服务热线：(010)81055410　印装质量热线：(010)81055316
反盗版热线：(010)81055315
广告经营许可证：京东工商广登字 20170147 号

前言

写作初衷

计算机是现代信息社会的重要工具，掌握丰富的计算机知识，正确熟练地操作计算机，已成为信息时代对每个人的要求。为满足广大读者的学习需要，我们针对不同学习对象的接受能力，总结多位计算机高手、高级设计师及计算机教育专家的经验，精心编写了这套"从新手到高手"丛书。

本书特色

◇ 零基础、入门级的讲解

无论读者是否从事相关行业，是否使用过 Excel 2019，都能从本书中找到最佳的起点。本书入门级的讲解，可以帮助读者快速地从新手迈进高手的行列。

◇ 精心排版，实用至上

双色印刷既美观大方，又能够突出重点、难点。精心编排的内容能够帮助读者深入理解所学知识，并实现触类旁通。

◇ 实例为主，图文并茂

在介绍的过程中，每个知识点均配有实例辅助讲解，每个操作步骤均配有对应的插图以加深认识。这种图文并茂的方式，能够使读者在学习过程中直观、清晰地看到操作过程和效果，便于深刻理解和掌握相关知识。

◇ 高手指导，扩展学习

本书在很多章的最后以"高手私房菜"的形式为读者提炼了各种高级操作技巧，同时在全书最后的"高手秘籍篇"中还总结了大量实用的操作方法，以便读者学习到更多内容。

◇ 单双混排，超大容量

本书采用单双栏混排的形式，大大扩充了信息容量，能在有限的篇幅中为读者奉送更多的知识和实战案例。

◇ 视频教程，手册辅助

本书配套的视频教程内容与书中的知识点紧密结合并相互补充，帮助读者体验实际应用环境，并借此掌握日常所需的技能和各种问题的处理方法，达到学以致用的目的。赠送的纸质手册，更是大大增强了本书的实用性。

视频教程

◇ 8 小时全程同步视频教程

视频教程涵盖本书的所有知识点，详细讲解了每个实例的操作过程和关键要点，可以帮助读者轻松掌握书中的操作方法和技巧。

◇ 超多、超值资源大放送

除了与图书内容同步的教学录像外，配套资源中还奉送了大量超值学习资源，包括 2 000 个 Word 精选文档模板、1 800 个 Excel 典型表格模板、1 500 个 PPT 精美演示模板、Office 2019 快捷键查询手册、Excel 函数查询手册、Office 2019 技巧手册、常用五笔编码查询手册、电脑技巧查询手册、电脑维护与故障处理技巧查询手册、网络搜索与下载技巧手册、移动办公技巧手册、Office 2019 软件安装教学录像、Windows 10 操作系统安装教学录像、100 集 Word 技巧与案例教学录像、100 集 PPT 技巧与案例教学录像、7 小时 Photoshop CC 教学录像，以及本书配套教学用 PPT 文件等超值资源，以方便读者扩展学习。

二维码视频教程学习方法

为了方便读者学习，本书以二维码的方式提供了大量视频教程。读者在手机上使用微信、QQ 等软件的"扫一扫"功能扫描二维码，即可通过手机观看视频教程。

扩展学习资源下载方法

除同步视频教程外，本书额外赠送了大量扩展学习资源。读者可以使用微信扫描封底二维码，关注"职场精进指南"公众号，发送"52255"后，将获得资源下载链接和提取码。将下载链接复制到任何浏览器中并访问下载页面，即可通过提取码下载本书的扩展学习资源。

创作团队

本书由龙马高新教育策划，吴宁编著。在编写过程中，我们竭尽所能地将详尽的讲解呈现给读者，但也难免有疏漏和不妥之处，敬请广大读者不吝指正。若读者在阅读本书过程中产生疑问或有任何建议，可发送电子邮件至 liyongtao@ptpress.com.cn。

编者

2020 年 4 月

目录

第 4 章 查阅和打印工作表

第二篇　公式与函数篇

第 5 章 公式的应用

第 6 章 函数的应用

第三篇　**图表与数据分析篇**

第四篇　办公实战篇

第 10 章　Excel 在人事行政中的应用

第 11 章　Excel 在市场营销中的应用

第 12 章　Excel 在财务会计中的应用

第 15 章 用户窗体和控件的应用

第六篇　高手秘籍篇

第 16 章 Excel 的协同办公

第 17 章 Excel 的移动办公

第 **0** 章 初识 Excel 2019

⊃ 高手指引

使用 Excel 2019 软件之前，首先要了解 Excel 的主要功能及应用领域，然后掌握 Excel 2019 的新增功能、软件的安装与卸载，以及 Office 账户配置等。

⊃ 重点导读

- 掌握 Excel 的主要功能及应用领域
- 掌握 Excel 2019 的新增功能
- 掌握软件的安装与卸载
- 掌握软件版本的兼容
- 掌握 Excel 2019 账户的配置
- 学会自定义 Excel 2019 工作界面

0.1 Excel 的主要功能及应用领域

Excel 2019 可以实现表格的设计、排序、筛选、计算及分析，主要应用于人力资源管理、行政文秘管理、市场营销和财务管理等领域。

1. 在人力资源管理领域的应用

人力资源管理是一项系统又复杂的组织工作。使用 Excel 2019，可以实现绩效考核表、工资表、员工基本信息表、员工入职记录表等的快捷制作。下图所示为使用 Excel 2019 制作的员工考勤表。

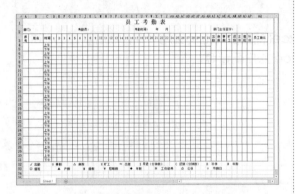

2. 在行政文秘管理领域的应用

在行政文秘管理领域需要制作各类严谨的文档。使用 Excel 2019 可以制作项目评估表、会议议程表、会议记录表、差旅报销单等。下图所示为使用 Excel 2019 制作的会议记录表。

3. 在市场营销领域的应用

在市场营销领域，可以使用 Excel 2019 制作产品价目表、进销存管理系统、销售业绩表等。下图所示为使用 Excel 2019 制作的销售业绩工作表。

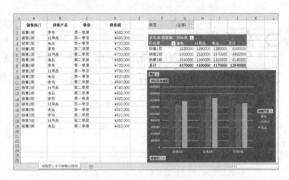

4. 在财务管理领域的应用

财务管理是一项涉及面广、综合性和制约性都很强的系统工程，通过价值形态对资金运动进行决策、计划和控制的综合性管理，是企业管理的核心内容。在财务管理领域，使用 Excel 2019 可以制作企业财务查询表、成本统计表、年度预算表等。下图所示为使用 Excel 2019 制作的凭证明细表。

0.2 Excel 2019 的新增功能

从早期的 Excel 版本到当前的 Excel 2019 版本，每一次的升级，除了保留主要的功能外，都会有一些新增的功能。

1. 新增函数

Excel 2019 中新增了 CONCAT、IFS、MAXIFS、MINIFS、SWITCH、TEXTJOIN 等多个函数，不仅功能更强大，而且可以简化之前版本函数参数繁杂的问题。

2. 新增图表

Excel 2019 中新增了地图图表和漏斗图。地图图表可用来比较值和跨地理区域显示类别。漏斗图显示流程中多个阶段的值，如可以使用漏斗图来显示销售管道中每个阶段的销售潜在客户数。通常情况下，值逐渐减小，从而使条形图呈现漏斗形状。

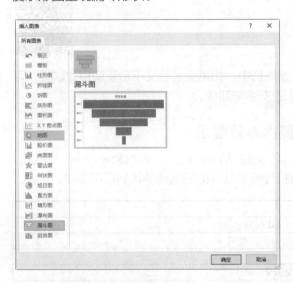

3. 增强的视觉对象

新增了插入 3D 模型功能，可以使用 3D 模型来增加工作簿的可视感和创意感。插入的 3D 模型可以 360° 旋转。

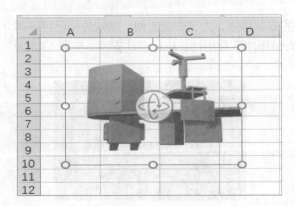

此外，还增加了在线图标功能。大多数图标结构简单、传达力强，可以像插入图片一样一键插入图标。

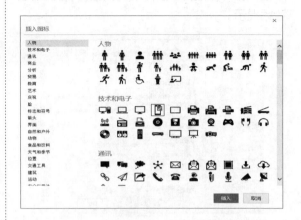

4. 墨迹功能改进

Excel 2019 中墨迹功能新增了金属笔以及更多的墨迹效果，如彩虹出釉、银河、熔岩、海洋、玫瑰金、金色、银色等色彩。此外，还可以根据需要创建一组个人使用的笔组，在所有 Windows 设备上的 Word、Excel 和 PowerPoint 中都可以使用该笔组。

Excel 2019 还添加了墨迹公式功能，使得创建公式更简单。

5. 更佳的辅助功能

Excel 2019 提供了声音提示功能，在执行某些操作（如删除数据、修改数据）后会给出音频提示。

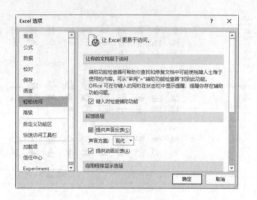

6. 增强的数据透视表功能

Excel 2019 中数据透视表增强了个性化设置默认数据透视表布局，自动检测关系，创建、编辑和删除自定义度量值，自动时间分组等功能，可以使用户花费更少的精力来管理数据，从而提升工作效率。

0.3 软件的安装与卸载

使用 Excel 2019 软件之前，要将软件安装到计算机中；如果安装后又不希望使用此软件，可以将软件从计算机中卸载。本节介绍 Office 2019 的安装与卸载。

0.3.1 安装 Office 2019 的硬件和操作系统要求

Office 2019 只支持 Windows 10 操作系统，不支持 Windows 7、Windows 8 操作系统。除了操作系统要求外，要安装 Office 2019，计算机硬件和软件的配置还要达到以下要求。

处理器	1.6GHz 或更快，2 核
内存	2GB RAM（32 位）；4GB RAM（64 位）
硬盘	4.0 GB 可用磁盘空间
显示器	1280 x 768 屏幕分辨率
操作系统	Windows 10、Windows Server 2019
浏览器	当前版本的 Microsoft Edge、Internet Explorer、Chrome 或 Firefox
.NET 版本	部分功能也可能要求安装 .NET 3.5、4.6 或更高版本
多点触控	需要支持触摸的设备才能使用任何多点触控功能。但始终可以通过键盘、鼠标或其他标准输入设备或可访问的输入设备使用所有功能

0.3.2 安装 Office 2019

安装 Excel 2019，首先要启动 Office 2019 的安装程序。为了安装方便，微软公司已经不再提供 Office 2019 镜像文件，用户需要通过在线安装程序下载组件，执行自动安装。安装 Office 2019 的具体操作步骤如下。

第1步 执行 Office 2019 在线安装程序时，计算机桌面弹出如右图所示的界面。

第2步 几秒钟后弹出【安装进度】对话框，出现安装进度条，显示安装的进度。

第3步 安装完毕后弹出完成界面，单击【关闭】按钮，完成 Office 2019 的安装。

0.3.3 升级当前版本到 Office 2019

对于低版本的 Office 用户，可以通过升级将当前版本的 Offcie 软件升级到 Office 2019。升级版本的具体操作步骤如下。

第1步 在【文件】选项卡下选择【账户】选项，在右侧单击【Office 更新】区域的【更新选项】按钮，在弹出的下拉列表中选择【立即更新】选项。

第2步 弹出【Office】对话框，系统检查当前版本并自动更新至最新版本。更新完成后，将显示更新状态。

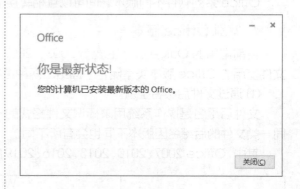

0.3.4 卸载 Office 2019

不需要使用 Office 2019 时，可以将其卸载。卸载的具体操作步骤如下。

第1步 在【控制面板】中单击【程序和功能】选项。

第2步 打开【程序和功能】对话框，选择
【Microsoft Office 专业增强版 2019 - zh-
cn】选项，单击【卸载】按钮。

第3步 在弹出的对话框中单击【卸载】按钮即
可开始卸载 Office 2019。

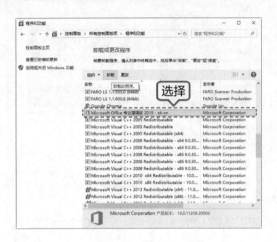

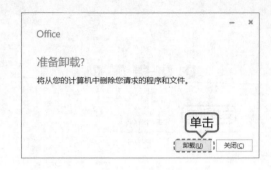

0.4 软件版本的兼容

Office 系列软件不同版本之间可以互相转换格式，也可以打开其他版本的文件。

1. 鉴别 Office 版本

目前常用的 Office 版本主要有 2003、2007、2010、2013、2016、2019。那么应如何识别
文件使用的 Office 版本类型呢？下面给出两种进行鉴别的方法。

(1) 通过文件后缀名鉴别。

文件后缀名是操作系统用来标识文件格式的一种机制，每一类文件的后缀名都不相同，甚至
同一类文件的后缀名因版本不同也会有所不同。

其中，Office 2007、2010、2013、2016、2019 的后缀名相同。常见应用组件后缀名的区别如下。

Office 2003	Word	.doc
	Excel	.xls
	PowerPoint	.ppt
Office 2007、2010、 2013、2016、 2019	Word	.docx
	Excel	.xlsx
	PowerPoint	.pptx

(2) 根据打开模式鉴别。

Office 2007、2010、2013、2016、2019 版本的后缀名一样，不容易区分，最简单的方法就
是打开文件，如果高版本的办公软件打开低版本的文件时，标题栏中会显示 "兼容模式" 字样。

2. 另存为 PDF 格式

除了不同版本 Office 之间可兼容外，还可以将 Excel 2019 存储为 PDF 格式、XML 格式和网
页格式等其他格式。将 Excel 工作簿存储为 PDF 格式的具体操作步骤如下。

第1步 打开随书光盘中的"素材\ch00\会议记录表.xlsx"工作簿，选择【文件】➤【导出】菜单项，
在右侧【导出】区域选择【创建 PDF/XPS 文档】选项，并单击【创建 PDF/XPS】按钮。

第2步 在弹出的【另存为】对话框中选择文档存储的位置，单击【发布】按钮。

第3步 转换完成之后的格式如下图所示。

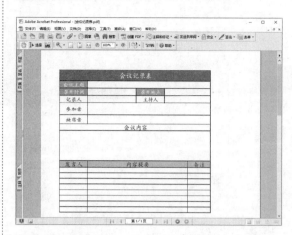

提示 在【另存为】对话框中单击【保存类型】后的下拉按钮，在打开的下拉列表中选择【PDF】选项，也可以将文档以 PDF 格式存储。

0.5 Excel 2019 账户的配置

使用 Office 2019 登录 Microsoft 账户可以实现通过 OneDrive 同步文档，便于文档的共享与交流。使用 Microsoft 账户的作用如下。

(1) 使用 Microsoft 账户登录微软相关的所有网站，可以和朋友在线交流，向微软的技术人员或者微软 MVP 提出技术问题，并得到他们的解答。

(2) 利用微软账户注册微 OneDrive（云服务）等应用。

(3) 在 Office 2019 中登录 Microsoft 账户并在线保存 Office 文档、图像和视频等，可以随时通过其他 PC、手机、平板电脑中的 Office 2019，对它们进行访问、修改以及查看。

配置账户

登录 Office 2019 不仅可以随时随地处理工作，而且可以联机保存 Office 文件，但前提是拥有一个 Microsoft 账户并且登录。

第1步 打开 Excel 2019 文档，单击软件界面右上角的【登录】链接。弹出【登录】界面，在文本框中输入电子邮件地址，单击【下一步】按钮。

> **提示** 如果没有 Microsoft 账户，可单击【创建一个】链接，注册账号。

第2步 在打开的界面输入账户密码，单击【登录】按钮，登录后即可在界面右上角显示用户名称。

第3步 登录后单击【文件】选项卡，在弹出的界面左侧选择【账户】选项，在右侧将显示账户信息。在该界面中，可以进行更改照片，注销、切换账户，设置背景及主题等操作。

0.6 自定义 Excel 2019 工作界面

在 Excel 2019 中可以根据需要修改默认的工作界面，如设置主题和背景、自定义功能区、自定义快速访问工具等，不仅可以使工作界面更美观，而且可以提高工作效率。

1. 主题和背景

Excel 2019 提供了多种 Office 背景和 4 种 Office 主题供用户选择。设置 Office 背景和主题的具体操作步骤如下。

第1步 单击【文件】选项卡下的【账户】选项，弹出【账户】主界面。

第2步 单击【Office 背景】后的下拉按钮，在弹出的下拉列表中选择 office 背景。这里选择【涂鸦菱形】选项。

第3步 单击【Office 主题】后的下拉按钮，在弹出的下拉列表中选择 office 主题。这里选择【黑色】选项。

第4步 设置完成后，返回文档界面，即可看到设置背景和主题后的效果。

2. 自定义功能区

功能区中的各个选项卡可以由用户自定义设置，包括命令的添加、删除、重命名、次序调整等。

第1步 在功能区的空白处单击鼠标右键，在弹出的快捷菜单中选择【自定义功能区】选项。

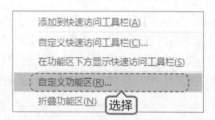

第2步 打开【Excel 选项】对话框，单击【自定义功能区】选项下的【新建选项卡】按钮。

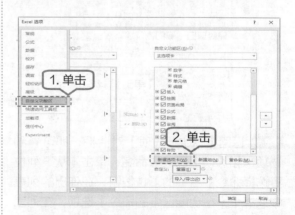

第3步 系统会自动创建一个【新建选项卡】和一个【新建组】选项。

第4步 单击选中【新建选项卡（自定义）】选项，单击【重命名】按钮。弹出【重命名】对话框，在【显示名称】文本框中输入"附加选项卡"字样，单击【确定】按钮。

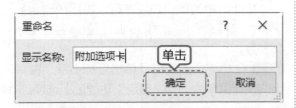

第5步 单击选中【新建组（自定义）】选项，单击【重命名】按钮，弹出【重命名】对话框。在【符号】列表框中选择组图标，在【显示名称】文本框中输入"学习"字样，单击【确定】按钮。

第6步 返回【Excel 选项】对话框，即可看到选项卡和选项组已被重命名，单击【从下列位置选择命令】右侧的下拉按钮，在弹出的列表中选择【不在功能区中的命令】选项，在列表

框中选择【记录单】项，单击【添加】按钮。

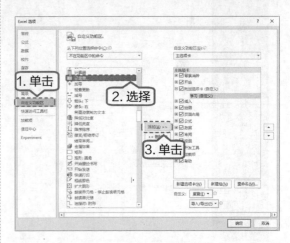

第7步 此时就将其添加至新建的【附加】选项卡下的【学习】组中。

> **提示** 单击【上移】和【下移】按钮，改变选项卡和选项组的顺序和位置。

第8步 单击【确定】按钮，返回 Excel 界面，即可看到新增加的选项卡、选项组及按钮。

> **提示** 如果要删除新建的选项卡或选项组，只需选择要删除的选项卡或选项组并单击鼠标右键，在弹出的快捷菜单中选择【删除】选项即可。

3. 添加命令到快速访问工具栏

Excel 2019 的快速访问工具栏在软件界面的左上方，默认情况下包含保存、撤销和恢复几个按钮，用户可以根据需要将命令按钮添加至快速访问工具栏，具体操作步骤如下。

第1步 单击快速访问工具栏右侧的【自定义快速访问工具栏】按钮，在弹出的下拉列表中可以看到包含有新建、打开等多个命令按钮，选择要添加至快速访问工具栏的选项，这里单击【新建】选项。

第2步 即可将【新建】按钮添加至快速访问工具栏，并且选项前将显示"√"符号。

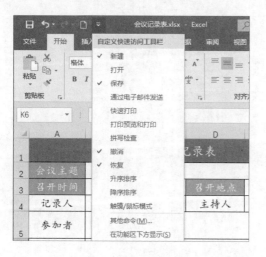

> **提示** 使用同样方法可以添加【自定义快速访问工具栏】列表中的其他按钮。如果要取消在快速访问工具栏中的显示，只需要再次选择【自定义快速访问工具栏】列表中的按钮选项即可。

第3步 此外，还可以根据需要添加其他命令至快速访问工具栏。单击快速访问工具栏右侧的【自定义快速访问工具栏】按钮，在弹出的下拉列表中选择【其他命令】选项。

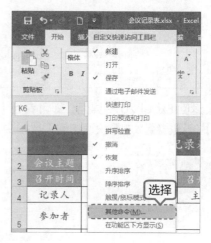

第4步 打开【Excel 选项】对话框，在【从下列位置选择命令】列表中选择【常用命令】选项，在下方的列表中选择要添加至快速访问工具栏的按钮。这里选择【创建图表】按钮，单击【添加】按钮。

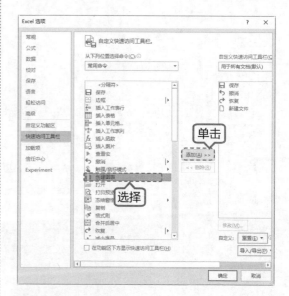

第5步 即可将【创建图表】按钮添加至右侧的

列表框中，单击【确定】按钮。

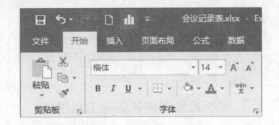

> **提示** 在快速访问工具栏中选择【创建图表】按钮并单击鼠标右键，在弹出的快捷菜单中选择【从快速访问工具栏删除】选项，即可将其从快速访问工具栏删除。
>
> | |
> | --- |
> | 从快速访问工具栏删除(R) |
> | 自定义快速访问工具栏(C)... |
> | 在功能区下方显示快速访问工具栏(S) |
> | 自定义功能区(R)... |
> | 折叠功能区(N) |

第6步 返回 Excel 2019 界面，即可看到【创建图表】按钮已经添加至快速访问工具栏中。

第一篇

Excel 基础入门篇

第 1 章

工作簿和工作表的基本操作

⊃ 高手指引

本章主要介绍 Excel 工作簿和工作表的基本操作，掌握两者的基本操作是学习 Excel 的前提。对于初学 Excel 的人来说，首先要清楚工作簿和工作表指的是什么，然后才可以进行后续 Excel 知识的学习。

⊃ 重点导读

- 学会制作日常销售报表
- 学会制作员工信息登记表

1.1 费用报表类——日常销售报表

对于销售行业,日常销售报表是必需的。有了日常报表,可以按天查看销售记录,计算盈利情况,也可以根据多日的销售纪录,计算某一阶段的总体销售情况和销售走势。

案例名称	制作日常销售报表	扫一扫看视频
应用领域	销售、市场部门	
素材	素材 \ch01\ 日常销售报表 .xlsx	
结果	结果 \ch01\ 日常销售报表 .xlsx	

1.1.1 案例分析

日常销售报表是销售部门记录产品销售日期、销售数量及销售利润的表格。

1. 设计思路

本节以水果店日常销售报表为例介绍。销售报表通常包含以下几点。

(1) 销售日期、商品名称、销售数量、进货价、销售价及净利润等。

(2) 可以按照月或天的形式填写表格内容。

2. 操作步骤

本案例的第 1 步是新建并保存工作簿,第 2 步是设置工作表,第 3 步是保护工作表。

3. 涉及知识点

本案例涉及知识点如下。

(1) 新建、保存工作簿。

(2) 选择、重命名、移动、插入、删除工作表及设置工作表标签颜色。

(3) 保护工作表。

4. 最终效果

制作完成的日常销售报表效果如下图所示。

	A	B	C	D	E	F
1	销售日期	商品名称	销量(斤)	进货价(元/斤)	销售价(元/斤)	净利润
2	2018年12月20	苹果	48	¥3.70	¥5.99	¥109.92
3	2018年12月20	香蕉	65	¥2.60	¥4.90	¥149.50
4	2018年12月20	橙子	29	¥2.50	¥5.80	¥95.70
5	2018年12月20	猕猴桃	68	¥8.50	¥12.20	¥251.60
6	2018年12月20	柿子	19	¥4.20	¥6.20	¥38.00
7	2018年12月20	香梨	76	¥2.75	¥3.80	¥79.80
8	2018年12月20	红提	25	¥4.20	¥6.50	¥57.50
9	2018年12月20	冬枣	34	¥5.40	¥7.20	¥61.20
10	2018年12月20	砂糖橘	64	¥6.80	¥9.90	¥198.40
11	2018年12月21	苹果	68	¥3.70	¥5.99	¥155.72
12	2018年12月21	香蕉	96	¥2.60	¥4.90	¥220.80
13	2018年12月21	橙子	76	¥2.50	¥5.80	¥250.80
14	2018年12月21	猕猴桃	25	¥8.50	¥12.20	¥92.50
15	2018年12月21	柿子	34	¥4.20	¥6.20	¥68.00
16	2018年12月21	香梨	64	¥2.75	¥3.80	¥67.20
17	2018年12月21	红提	57	¥4.20	¥6.50	¥131.10
18	2018年12月21	冬枣	38	¥5.40	¥7.20	¥68.40
19	2018年12月21	砂糖橘	76	¥6.80	¥9.90	¥235.60
20						
21						
22						
23						

12月份销量表

1.1.2 新建和保存工作簿

在制作报表前，需要启动 Excel 2019，并新建空白工作簿，然后保存工作簿。启动 Excel 2019 并新建空白工作簿的具体操作步骤如下。

1. 新建工作簿

第1步 单击【开始】按钮，选择【Excel】选项。

第2步 启动 Excel 2019，可以看到其中提供了多种工作簿模板，可以根据任务选择模板，以快速建立符合要求的工作簿。如果没有符合要求的模板或者无需使用模板，则单击【空白工作簿】选项。

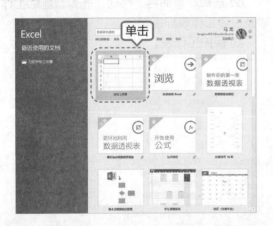

第3步 即可创建名称为"工作簿 1"的空白工作簿，如下图所示。

2. 保存工作簿

在开始案例制作之前，可以先将工作簿保存，以防止由于突然断电等原因造成已做过的工作功亏一篑。

第1步 单击【文件】选项卡，在下拉菜单中单击【保存】选项，第一次保存工作簿，在右侧将显示【另存为】区域，选择【这台电脑】选项，单击【浏览】按钮。

第2步 弹出【另存为】对话框，需要选择保存的位置，输入文件名称"日常销售报表"，单击【保存】按钮。

> **提示** 如果不是第一次保存工作簿，可单击【保存】按钮或使用【Ctrl + S】组合键，工作簿仍然按原名称、原位置保存。如果需要更换工作簿的存储位置或名称，则需要单击【另存为】选项。

1.1.3 选择单个或多个工作表

要对某一个工作表进行操作，首先需要选中该工作表。如何选中一个工作表，又如何选中多个工作表呢？

第1步 打开"素材\ch01\日常销售报表.xlsx"文件。如果要选择单个工作表，直接单击某一工作表标签即可，如单击"Sheet3"工作表标签，即可选择"Sheet3"工作表。

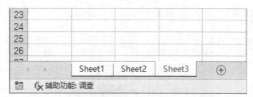

第3步 如果要选择多个不连续的工作表，按住【Ctrl】键，依次单击要选择的工作表标签即可，如下图所示为选择"Sheet1""Sheet3"工作表后的效果。

第2步 如果要选择多个连续的工作表，可先单击要选择的最左或最右的工作表标签，按住【Shift】键，再单击最右或最左的工作表标签。

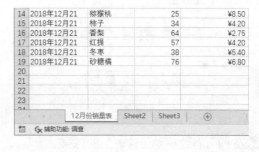

1.1.4 重命名工作表

新建工作表后，默认的名称为 Sheet1、Sheet2……，如果这些默认的名称无法反映工作表中的内容，则可以根据工作表中的内容对工作表重新命名。重命名工作表的具体操作步骤如下。

第1步 选择"Sheet1"工作表，在工作表标签上双击，即可看到工作表标签名称处于可编辑的状态。

15	2018年12月21	柿子		34
16	2018年12月21	香梨		64
17	2018年12月21	红提		57
18	2018年12月21	冬枣		38
19	2018年12月21	砂糖橘		76
20				
21				
22				
23				

Sheet1 | Sheet2 | Sheet3

第2步 输入工作表名称"12 月份销量表"，按【Enter】键，即可完成重命名工作表的操作。

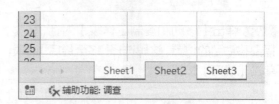

提示 还可以在工作表标签上单击鼠标右键，在弹出的快捷菜单中选择【重命名】菜单命令或者单击【开始】选项卡下【单元格】组中的【格式】下拉按钮，在弹出的下拉列表中选择【重命名】选项，对工作表进行重命名。

1.1.5 移动和复制工作表

当工作簿中含有多个工作表时，设定工作表的顺序，有助于快速找到某一工作表。这时就需要移动工作表。如果需要对某一个工作表建立一个或多个副本，可以复制工作表。

1. 移动工作表

移动工作表的具体操作步骤如下。

第1步 在要移动的工作表标签上单击鼠标右键，在弹出的快捷菜单中选择【移动或复制】选项。

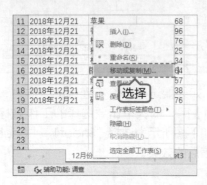

第2步 弹出【移动和复制工作表】对话框，选择要移动到的位置，这里选择【移至最后】选项，单击【确定】按钮。

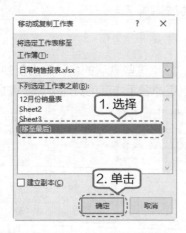

第3步 即可看到移动工作表后的效果。

14	2018年12月21	猕猴桃	25
15	2018年12月21	柿子	34
16	2018年12月21	香梨	64
17	2018年12月21	红提	57
18	2018年12月21	冬枣	38
19	2018年12月21	砂糖橘	76
20			
21			
22			
23			
24			

Sheet2　Sheet3　12月份销量表

辅助功能: 调查

> **提示** 选中要移动的工作表，按住鼠标左键并拖曳至要移动到的位置，松开鼠标，也可以完成移动工作表的操作。

2. 复制工作表

第1步 在要复制的工作表标签上单击鼠标右键，在出现的菜单中选择【移动或复制】选项。

第2步 弹出【移动和复制工作表】对话框，选择要复制到的位置，并选中【建立副本】复选框，单击【确定】按钮。

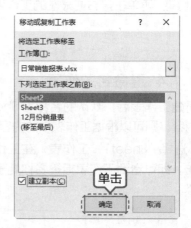

第3步 即可看到复制工作表后的效果。

13	2018年12月21	橙子	76	¥2.50
14	2018年12月21	猕猴桃	25	¥8.50
15	2018年12月21	柿子	34	¥4.20
16	2018年12月21	香梨	64	¥2.75
17	2018年12月21	红提	57	¥4.20
18	2018年12月21	冬枣	38	¥5.40
19	2018年12月21	砂糖橘	76	¥6.80
20				
21				
22				
23				
24				

12月份销量表 (2)　Sheet2　Sheet3　12月份销量表

辅助功能: 调查

> **提示** 除了在同一工作簿中移动和复制工作表外，还可以在不同工作簿中移动和复制工作表。在不同工作簿间移动和复制工作表时，需要同时打开这两个工作簿。

1.1.6 插入与删除工作表

Excel 2019 中默认的工作表只有一个，用户可以根据需要插入新工作表，也可以删除不需要的工作表。

1. 插入工作表

插入工作表的具体操作步骤如下。

第1步 选择要插入工作表位置前的工作表，单击工作表标签右侧的【新工作表】按钮。

第2步 即可快速在选择工作表后插入新的工作表，效果如下。

2. 删除工作表

删除工作表的具体操作步骤如下。

第1步 选择要删除的工作表标签并单击鼠标右键，在弹出的快捷菜单中选择【删除】命令。

第2步 弹出【Microsoft Excel】对话框，单击【删除】按钮。

第3步 即可将选定的工作表删除，效果如下。

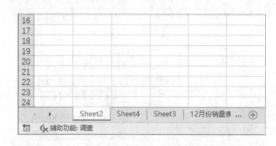

第4步 选择其他要删除的工作表，单击【开始】选项卡下【单元格】组中【删除】按钮的下拉按钮，在弹出的下拉列表中选择【删除工作表】选项。

第5步 即可将选定的多个工作表删除，效果如下图所示。

1.1.7 设置工作表标签颜色

为了突出某个工作表，可以为工作表标签设置颜色。具体操作步骤如下。

第1步 在要设置颜色的工作表标签上单击鼠标右键，选择【工作表标签颜色】➤【深蓝】选项。

第2步 即可看到将工作表标签颜色设置为【深蓝】后的效果。

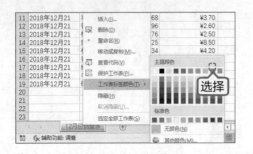

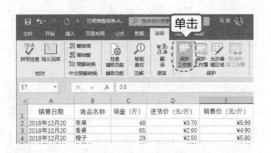

1.1.8 保护工作表

如果希望工作表整体或局部不被其他人修改，则需要对工作簿的整体或局部进行保护。保护工作表的具体操作步骤如下。

第1步 单击【审阅】选项卡下【保护】组中的【保护工作表】按钮。

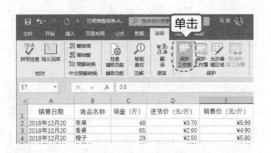

第2步 弹出【保护工作表】对话框，在【取消工作表保护时使用的密码】文本框中设置密码，在【允许此工作表的所有用户进行】列表框中根据需要勾选用户权限，设置完成后单击【确定】按钮。

第3步 弹出【确认密码】对话框，在【重新输

入密码】文本框中再次输入设置的密码，单击【确定】按钮。

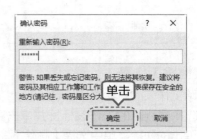

第4步 至此就完成了保护工作表的操作。此时，如果修改数据，就会弹出【Microsoft Excel】提示框，提醒用户该工作表处于受保护的状态。

> **提示** 如果要取消工作表保护，可单击【审阅】选项卡下【保护】组中的【撤消工作表保护】按钮，在弹出的【撤消工作表保护】对话框中输入密码，单击【确定】按钮即可。

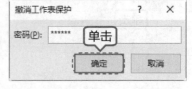

1.2 人事管理类——员工信息登记表

员工信息登记表是一种简单、常用的表格类型，用于记录单位员工的个人信息。

案例名称	制作员工信息登记表	扫一扫看视频
应用领域	各类企事业单位的行政、人力资源部门	
素材	素材 \ch01\ 员工信息登记表 .xlsx	
结果	结果 \ch01\ 员工信息登记表 .xlsx	

1.2.1 案例分析

员工信息登记表没有特定的内容及格式要求，只要将需要记录的信息标题添加完整即可。

1. 设计思路

各单位制作的员工信息登记表内容会有差异，但主要包含以下几点。

(1) 员工编号、姓名、部门、职位、入职日期、身份证号、出生日期、性别、学历、户籍所在地、联系电话等内容。

(2) 也可以根据需要添加或删除不需要登记的信息。

2. 操作步骤

本案例的第 1 步是合并单元格区域，第 2 步是调整行高和列宽。

3. 涉及知识点

本案例涉及知识点如下。

(1) 选择单元格、单元格区域。

(2) 合并和拆分单元格，复制和移动单元格区域。

(3) 选择行和列，调整行高及列宽。

4. 最终效果

制作完成的员工信息登记表效果如下图所示。

	A	B	C	D	E	F	G	H	I	J	K
1	员工信息登记表										
2	员工编号	姓名	部门	职位	入职日期	身份证号	出生日期	性别	学历	户籍所在地	联系电话
3	YG001	张三	技术部	经理	2013年4月11日	410000198901011112	1989年1月1日	男	硕士	北京海淀区	138×××8651
4	YG002										
5	YG003										
6	YG004										
7	YG005										
8	YG006										
9	YG007										
10	YG008										
11	YG009										
12	YG010										
13											
14											
15											
16											
17											
18											
19											
20											
21											

1.2.2 选择单元格或单元格区域

对员工信息登记表中的单元格进行编辑操作，首先要选择单元格或单元格区域（启动 Excel 并创建新的工作簿时，单元格 A1 处于自动选定状态）。

1. 选择一个单元格

打开"素材 \ch01\ 员工信息登记表 .xlsx"文件，单击某一单元格，若单元格的边框线变成青粗线，则此单元格处于选定状态。当前单元格的地址显示在名称框中，在工作表格区内，鼠标指针会呈白色"✛"字形状。

提示 在名称框中输入目标单元格的地址，如"G1"，按【Enter】键即可选定第 G 列和第 1 行交汇处的单元格。此外，使用键盘的上、下、左、右 4 个方向键，也可以选定单元格。

2. 选择连续的单元格区域

若要对多个单元格进行相同的操作，可以先选择单元格区域。

单击该区域左上角的单元格 A2，按住【Shift】键的同时单击该区域右下角的单元格 C6，即可选定单元格区域 A2:C6。结果如下图所示。

提示 将鼠标指针移到该区域左上角的单元格 A2 上，按住鼠标左键不放，向该区域右下角的单元格 C6 拖曳，或在名称框中输入单元格区域名称"A2:C6"，按【Enter】键，均可选定单元格区域 A2:C6。

3. 选择不连续的单元格区域

选择不连续的单元格区域也就是选择不相邻的单元格或单元格区域。具体操作步骤如下。

第1步 选择第 1 个单元格区域（例如选择单元格区域 A2:C3）。

第2步 按住【Ctrl】键不放，拖曳鼠标选择第 2 个单元格区域（例如选择单元格区域 C6:E8）。

第3步 使用同样的方法选择多个不连续的单元格区域。

4. 选择所有单元格

选择所有单元格，即选择整个工作表，方法有以下两种。

方法 1：单击工作表左上角行号与列标相交处的【选定全部】按钮，选定整个工作表。

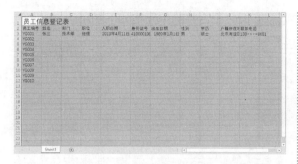

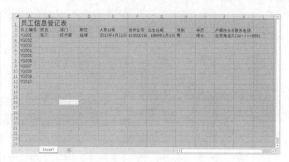

方法 2：按【Ctrl+A】组合键选定整个工作表。

1.2.3 合并与拆分单元格

合并与拆分单元格是最常用的单元格操作，它不仅可以满足用户编辑表格中数据的需求，也可以使表格整体更加美观。

1. 合并单元格

合并单元格是指在 Excel 工作表中，将两个或多个选定的相邻单元格合并成一个单元格。在员工信息登记表中的具体操作如下。

第1步 选择要合并的单元格区域 A1:K1。

第2步 单击【开始】选项卡下【对齐方式】选项组中【合并后居中】按钮右侧的下拉按钮，在弹出的下拉列表中选择【合并后居中】选项。

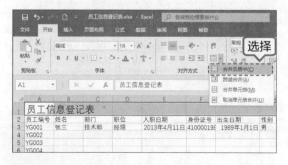

第3步 即可合并且居中显示该单元格，显示如下表。

2. 拆分单元格

在 Excel 工作表中，也可以将合并后的单元格拆分成多个单元格。

第1步 选择合并后的单元格。

第2步 单击【开始】选项卡下【对齐方式】选项组中【合并后居中】按钮右侧的下拉按钮，在弹出的列表中选择【取消单元格合并】选项。

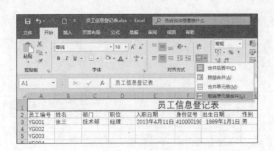

第3步 拆分已合并的单元格如下图所示。

> **提示** 按【Ctrl+Z】组合键可以撤销上一步的操作。

1.2.4 复制和移动单元格区域

选择单元格区域后，按【Ctrl+C】组合键完成复制，在要移动到的位置按【Ctrl+V】组合键，即可完成复制单元格区域的操作。选择单元格区域后，按【Ctrl+X】组合键完成剪切，在要移动到的位置按【Ctrl+V】组合键，即可完成移动单元格区域的操作。

此外，还有更便捷的复制和移动单元格区域的操作。

第1步 选择要移动位置的单元格区域，将鼠标指针放在黑色的边框线上。

第2步 按住鼠标左键，拖曳到其他位置。

第3步 释放鼠标左键，即可看到已经移动了单元格区域的位置。

第4步 选择单元格区域后，将鼠标指针放在黑色的边框线上，按住【Shift】键并拖曳鼠标到要复制到的位置。

第5步 释放鼠标左键和【Shift】键，即可完成复制单元格区域的操作。

1.2.5 选择行与列

如果要对一行、一列或多行、多列进行同样的操作，就需要先选择行或列。

1. 选择单行、单列

第1步 将鼠标光标放在行号上，当鼠标光标变为 ➡ 形状时单击，即可选择单行。

第2步 按住【Shift 键】，选择多行最下方的行，即可完成选择多行的操作。

第2步 将鼠标光标放在列标上，当鼠标光标变为 ⬇ 形状时单击，即可选择单列。

> 提示 选择连续多列的方法与选择连续多行的方法相同，这里不再赘述。

3. 选择不连续的多行、多列

要选择不连续的多行，可以按住【Ctrl】键后依次单击要选择的行号。

2. 选择连续的多行、多列

第1步 单击要选择的多行最上方的行。

1.2.6 插入、删除行与列

在员工信息登记表中，用户可以根据需要插入新行或删除多余的行。

1. 插入行与列

插入行与列有两种操作方法，其中使用快捷菜单方法的具体步骤如下。

第1步 如果要在第 5 行上方插入行，可以选择第 5 行中的任意单元格或选择第 5 行，例如这里选择第 5 行并单击鼠标右键，在弹出的快捷菜单中选择【插入】菜单项。

第2步 即可在第5行上方插入新行。

第3步 如果要插入列，可以选择某列并单击鼠标右键，在弹出的快捷菜单中选择【插入】菜单项。

第4步 则可在第3步选中列的左侧插入新的列。

提示 选择需要插入行或列的行号或列标，单击【开始】选项卡下【单元格】组中【插入】按钮右侧的下拉按钮，在弹出的下拉列表中选择【插入工作表行】或【插入工作表列】选项，也可以插入行或列。

2. 删除行或列

多余的行或列可以删除，具体操作步骤如下。

第1步 选择不需要的第5行并单击鼠标右键，在弹出的快捷菜单中选择【删除】菜单项。

第2步 即可将第5行删除，显示如下。

第3步 选择要删除的D列，单击【开始】选项卡下【单元格】组中【删除】按钮的下拉按钮，在弹出的下拉列表中选择【删除工作表列】选项。

第4步 即可将选择的列删除，显示如下。

1.2.7　调整行高与列宽

当单元格的宽度或高度不足时，会导致数据显示不完整，这时就需要调整列宽和行高，使员工信息登记表的布局更加合理，外表更加美观。具体操作步骤如下。

1. 调整单行高度或单列宽度

第1步 将鼠标指针移动到第2行与第3行的行号之间，当指针变成 ✛ 形状时，按住鼠标左键向上拖曳使行高变小，向下拖曳使行高变大。

第2步 向下拖曳到合适位置时，松开鼠标左键，即可增加行高。

第3步 将鼠标指针移动到C列与D列的列标之间，当指针变成 ✛ 形状时，按住鼠标左键向左拖曳使列宽变小，向右拖曳使列宽变大。

第4步 向右拖曳到合适位置时，松开鼠标左键，即可增加列宽。

> **提示** 拖曳时将显示出以点和像素为单位的宽度工具提示。

2. 精确调整行高与列宽

第1步 选择要调整行高的行，这里选择第3行至第12行。

第2步 单击【开始】选项卡下【单元格】组中【格式】按钮的下拉按钮，在弹出的下拉列表中选择【行高】选项。

第3步 弹出【行高】对话框，在【行高】文本框中输入"18"，单击【确定】按钮。

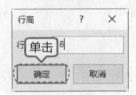

第4步 即可完成精确调整行高的操作，效果如下图所示。

3. 自动调整行高与列宽

在 Excel 2019 中，除了手动调整行高与列宽外，还可以将单元格设置为根据单元格内容自动调整行高或列宽。

第1步 在员工信息登记表中，选择要调整的行或列，如这里选择 F 列。

第2步 单击【开始】选项卡【单元格】选项组中的【格式】按钮，在弹出的下拉列表中选择【自动调整行高】或【自动调整列宽】选项。如这里选择【自动调整列宽】选项。

第3步 自动调整列宽的效果如下图所示。

第4步 根据需要调整其他行的行高和其他列的列宽，完成员工信息登记表的制作，最终效果如下图所示。

高手私房菜

技巧 1：将工作簿保存为模板文件

许多企业为了人事管理，需要使用员工信息登记表，虽然个别信息有区别，但格式却是一致或类似的。这时可将所制作的员工信息登记表以模板形式保存，以便多个企业重复使用其中的格式主题，快速建立员工信息登记表。具体操作步骤如下。

第1步 单击工作簿界面中的【文件】选项卡，选择【另存为】选项，在右侧的【另存为】区域选择存储位置，单击【浏览】按钮。

第2步 弹出【另存为】对话框，设置【保存类型】为【Excel 模板】，并设置模板的名称和存储的位置，单击【保存】。

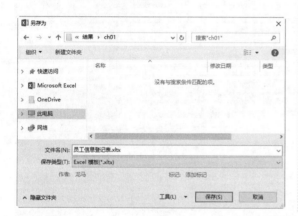

技巧 2：批量隐藏工作表标签

当工作簿中含有多个不需要展示的工作表时，可以将这些工作表隐藏。

第1步 选择要隐藏的工作表标签，并单击鼠标右键，在弹出的菜单列表中选择【隐藏】选项。

第2步 即可将不需要显示的工作表标签隐藏。

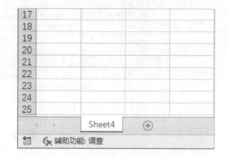

举一反三

本章以水果日常销售报表和员工信息登记表为例，介绍了工作簿、工作表和单元格的基本操作。

1. 本章知识点

通过制作日常销售报表、员工信息登记表，可以学会 Excel 中有关工作簿和工作表的操作。主要包括以下知识点。

(1) 新建并保存工作簿。

(2) 选择、重命名、移动和复制、插入与删除工作表及设置工作表标签颜色。

(3) 选择单元格及单元格区域、合并与拆分单元格。

(4) 选择行或列、插入与删除行和列、调整行高及列宽。

掌握这些内容后，就能够轻松搞定有关工作簿和工作表的基本操作。

2. 制作工作计划进度表

与本章内容类似的表格还有进货统计表、家庭收支情况表、工作计划进度表等，下面以工作计划进度表为例进行介绍。

(1) 设计工作计划进度表有哪些要求？

① 可以按周、月记录工作计划进度。

② 总结上周或上月的计划完成情况，并给出本周或本月的工作计划。

③ 列出每名员工每日或每周的详细计划。

(2) 如何快速制作工作计划进度表？

① 重命名工作表并设置工作表标签颜色。

② 将标题单元格区域合并。

③ 调整行高及列宽，使表格布局更合理。

第2章

Excel 数据的输入与编辑

高手指引

Excel 主要用于数据分析，分析数据的前提就是正确地输入与编辑数据。在 Excel 中经常输入的数据格式有文本数据、数值数据，认识这些数据类型的特点，并准确、高效地输入，是提高 Excel 办公效率的有效途径。

重点导读

• 学会制作公司来访登记表
• 学会制作员工考勤时间表

2.1 行政管理类——公司来访登记表

来访登记表是一种简单、常用的表格类型，主要用于政府机关、企业、媒体行业、学校、物业小区、写字楼宇等有严格出入登记要求的单位。

案例名称	制作公司来访登记表	扫一扫看视频
应用领域	各类企事业单位的行政、后勤部门	
素材	无	
结果	结果 \ch02\ 公司来访登记表 .docx	

2.1.1 案例分析

公司来访登记表是管理公司外部人员进出公司大门所需要填写进出记录等相关信息的表格，通过该表格可以掌握并管理公司的来访人员动态。

1. 设计思路

公司来访登记表制作完成后，可以打印出来供访客填写，也可以由专门的人员直接在 Excel 软件中统计。

不论哪种形式，都需要考虑以下几点。

(1) 确定表头项目并排序。表头项目通常包括序号、日期、访客姓名、访问性质、手机号码、人数、具体事由、被访问人员姓名、被访问人员部门、进入时间、离开时间等内容。

(2) 分配预留空间。序号、人数等需要填写内容较少，可以调小行距；具体事由可以增大行距，以免位置不够；其他选项可根据实际或标题长度调整。

2. 操作步骤

本案例的第 1 步是输入标题内容，第 2 步是调整行宽及列高，第 3 步是输入和编辑数据，第 4 步是设置单元格格式。

3. 涉及知识点

本案例涉及知识点如下。

(1) 输入文字等文本数据，数字、时间、日期等数值数据。

(2) 调整行高及列宽。

(3) 设置单元格数字格式。

4. 最终效果

通过准备和设计，制作完成的公司来访登记表效果如下图所示。

2.1.2 输入一般数据

一般数据包含常规的文字、数字等文本和数值数据。单元格中的文本包括汉字、英文字母和符号等。每个单元格最多可包含 32 767 个字符。输入文本后，Excel 会自动识别数据类型，并将单元格对齐方式默认设置为"左对齐"。

在输入数据后，按【Enter】键可向下移动一个单元格，按【Tab】键可向右移动一个单元格。

第1步 新建空白 Excel 文档，将其保存为"公司来访登记表 .xlsx"，在 A1:H1 单元格区域依次输入序号、日期、访客姓名、访问性质、手机号码、人数、具体事由、被访问人员姓名文本。此时，可以看到 H1 单元格列宽容纳不下文本字符，多余字符串会在相邻单元格中显示。

第2步 在 I1 单元格输入文本"被访问人员部门"，则 H1 单元格中的数据会被截断。之后依次在 J1、K1 单元格中输入进入时间、离开时间。完成标题输入。

第3步 根据需要调整单元格的列宽、行高及字体样式，效果如下图所示。

数字是常用的数值数据，在输入数字时，数值将显示在活动单元格和编辑栏中。单击编

辑栏左侧的【取消】按钮，可将已输入但未确认的内容取消。如果要确认已输入的内容，则可按【Enter】键或单击编辑栏左侧的【输入】按钮。

第4步 选择 A2 单元格，输入数字"1"，然后在 A3:A21 单元格中依次输入 2~20 之间的数字。

提示 数字型数据可以是整数、小数或科学记数（如 6.09E+13）。在数值中可以出现的数学符号包括负号（−）、百分号（％）、指数符号（E）和美元符号（$）等。

第5步 根据需要设置行高并输入其他文字和数字数据内容，效果如下图所示。

2.1.3 输入特殊字符

特殊字符是相对于常用符号来讲，使用频率较少，且难以插入的符号，如各种单位符号、数学符号等。在制作 Excel 表格时，经常会被这些特殊字符困扰，如在表格中设置选项时插入的方框 □ 或者在方框里打个勾 ☑，在财务中插入的各种货币符号等。在本案例中需要对"访问性质"设置选项，插入方框 □，其具体操作步骤如下。

第1步 选择D2单元格，单击【插入】选项卡下【符号】组中的【符号】按钮。

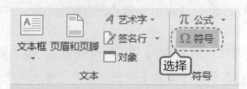

第2步 弹出【符号】对话框，在【字体】下拉列表中选择【Wingdings】字体。在【Wingdings】字体下，可以看到其中包含的特殊符号，选择要插入的符号，单击【插入】按钮。

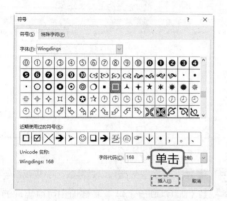

第3步 将符号插入到表格中，再次单击【插入】按钮，即可再次插入该符号。单击【关闭】按钮，

关闭【符号】对话框，返回Excel工作界面，即可看到插入的两个方框符号，然后分别在这两个符号后面输入"公事""私事"。

第4步 将鼠标指针定位至D2单元格的右下角，当鼠标指针变为+形状时，按住鼠标左键向下拖曳至D7单元格，即可快速在D3:D7单元格区域中输入相同的文本，效果如下图所示。

2.1.4 输入时间和日期

在制作表格时，日期和时间的输入是必不可少的。在Excel中输入时间和日期时，一般可以分为以下两种情况。

1. 使用组合键或公式输入当前时间和日期

按【Ctrl+;】组合键，可输入当前日期；
按【Ctrl+Shift+;】组合键，可输入当前时间；
在单元格中输入公式"=now()"，按【Enter】键，可显示当前日期和时间；
在单元格中输入公式"=today()"，按【Enter】键，可显示当前日期。

> 提示 【Ctrl+;】组合键和公式"=today()"虽然都可输入当前日期，但是前者输入的是静态的日期，后者输入的则是会进行自动更新的日期。

2. 手动输入一般的时间和日期

在Excel中输入正确的时间和日期，不仅要求数值准确无误，而且要求数字格式也必须正确，即要求输入正确的日期或时间格式。在Excel中输入时间和日期时，必须按指定格式输入，只有这样，Excel系统才会自动将输入的数据识别为日期或时间格式。

(1) 以下四种格式的日期均可被Excel自动识别：

2019-10-15，用短横线分割的日期；

2019/10/15，用斜杠分割的日期；

2019 年 10 月 15 日，使用中文年月日输入的日期；

October-15，使用包含英文月份或英文月份缩写输入的日期。

(2) 在能被 Excel 自动识别的时间格式如"13:10:00"中，表示时间的小时数、分数和秒数之间必须用英文输入法状态下的冒号隔开。

在本案例中使用手动输入的方法输入日期和时间，效果如下图所示。

2.1.5　设置单元格的数字格式

Excel 中包含的数字格式有数值、货币、会计专用、日期、时间、百分比、分数、科学记数、文本、特殊等类型。

在 Excel 中输入数据时，一般情况下，不需要指定数字格式，Excel 会自动根据输入的数据识别其类型。Excel 2019 默认状态下的单元格格式为"常规"，但当在单元格中按照规定的格式输入时间和日期时，Excel 会自动识别并将其划分为时间或日期类型中的某一种，

同时在单元格中右对齐显示。如果 Excel 不能识别输入的数据类型，则会自动将其作为文本格式的数据处理，并在单元格中左对齐显示。

在本案例中，如果对 Excel 识别的日期或时间格式不满意，还可以在【设置单元格格式】对话框中修改格式，具体操作步骤如下。

第1步 选择 B2:B7 单元格区域，单击【开始】选项卡下【单元格】选项组中的【格式】按钮，在弹出的下拉列表中选择【设置单元格格式】选项。

第2步 弹出【设置单元格格式】对话框,选择【数字】选项卡,在【分类】列表框中选择【日期】选项,在【类型】选项区域中选择一种日期类型,在上方的【示例】区域中可以预览设置的数据类型。单击【确定】按钮。

第3步 返回 Excel 工作界面,即可看到设置的数据类型。

第4步 使用同样的方法修改时间格式,效果如下图所示。

2.1.6 修改单元格中的数据

在 Excel 表格中,如果需要修改表格中的数据,可以双击数据所在的单元格,然后在单元格中对数据进行修改。

也可以选中数据所在的单元格,将光标定位至编辑栏中,在编辑栏中对数据进行修改。

2.1.7 查找和替换单元格中的数据

当需要批量修改单元格中的数据时,可以使用 Excel 的查找和替换功能,快速定位需要查找的内容,批量替换需要修改的数据。

1. 查找数据

第1步 单击【开始】选项卡下【编辑】组中的【查找和选择】按钮,在弹出的下拉列表中选择【查找】选项。

第2步 弹出【查找和替换】对话框，在【查找内容】文本框中输入"市场部"，单击【查找下一个】按钮，查找下一个符合条件的单元格，而且这个单元格会自动被选中。

> **提示** 可以按【Ctrl+F】组合键打开【查找和替换】对话框，默认选择【查找】选项卡。

第3步 单击【查找和替换】对话框中的【选项】按钮，可以设置查找的格式、范围、方式（按行或按列）等，如下图所示。

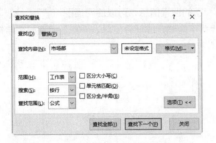

> **提示** 单击【查找全部】按钮，即可将查找结果全部显示在下方的文本框中，如下图所示。

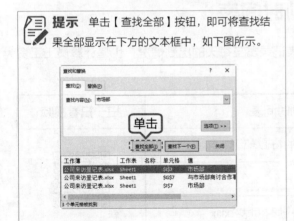

2. 替换数据

第1步 单击【开始】选项卡下【编辑】选项组中的【查找和选择】按钮，在弹出的下拉菜单中选择【替换】选项。

第2步 弹出【查找和替换】对话框。在【查找内容】文本框中输入要查找的内容，在【替换为】文本框中输入要替换的内容，单击【替换为】文本框后的【格式】下拉按钮，在弹出的下拉列表中选择【格式】选项。

> **提示** 可以按【Ctrl+H】组合键打开【查找和替换】对话框，默认选择【替换】选项卡。

第3步 弹出【替换格式】对话框，选择【字体】选项卡，单击【颜色】下拉按钮，在弹出的下拉面板中选择【红色】，单击【确定】按钮。

第4步 返回【查找和替换】对话框，可预览设置的格式，然后单击【全部替换】按钮。

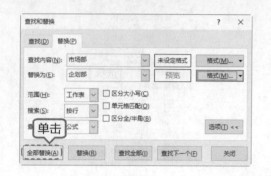

> **提示** 单击【查找下一个】按钮，查找到相应的内容后，单击【替换】按钮，将替换成指定的内容。再单击【查找下一个】按钮，可以继续查找并替换。

第5步 弹出【Microsoft Excel】提示框，显示替换的数量，单击【确定】按钮。返回【查找和替换】对话框，单击【关闭】按钮。

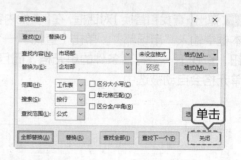

第6步 此时，即可已进行了替换的文本内容，效果如下图所示。

F	G	H	I	J
人数	具体事由	被访问人员姓名	被访问人员部门	进入时间
1	与开发部商讨合作事宜	张敏	开发部	9:11
2	亲戚来访	张鹏飞	企划部	10:20
4	为公司拍摄宣传视频	刘晓晓	宣传部	11:40
2	送办公用品	冯鹏鹏	办公室	13:00
1	取快递	马亮	后勤部	14:30
2	与企划部商讨合作事宜	胡军	企划部	15:02

> **提示** 在进行查找和替换时，如果不能确定完整的搜索信息，可以使用通配符"？"和"*"来代替不能确定的部分信息。"？"代表一个字符，"*"代表一个或多个字符。

2.2 人事管理类——员工考勤时间表

员工考勤时间表是办公中最常用的表格。该表记录员工每天的出勤情况，也是计算员工工资的凭证。

案例名称	制作员工考勤时间表	扫一扫看视频
应用领域	各类企事业单位的行政部门	
素材	无	
结果	结果 \ch02\ 员工考勤时间表 .xlsx	

2.2.1 案例分析

员工考勤时间表包括员工每个工作日的迟到、早退、旷工、病假、事假、休假等信息。在制作员工考勤时间表时，要做到数据精确，确保能准确记录每名员工的出勤情况。

1. 设计思路

制作员工考勤时间表，关键在于确定表中要设置哪些项目，以及如何布局这些项目。

(1) 确定项目并排序。员工考勤时间表中的项目可根据需求确定，一般情况下包括员工编号、员工姓名、上下班时间、日期和星期、备注信息等。

(2) 布局项目。项目布局可以按照下表中的方法进行。

项目	详细内容
表头信息	"员工编号、员工姓名、上下班时间、日期和星期"是表头，显示在表格的最上方，其中"日期"和"星期"信息分别占一行，使日期和星期呈上下对应显示
正文内容	按照表头项目依次输入对应的信息，其中"上下班时间"列的数据分为"上班时间"和"下班时间"两项
备注信息	"备注信息"显示在表格的最后一行，并使用"红色"字体突出显示出来
工作表标签	重命名工作表标签，显示考勤时间表的月份，如"一月考勤时间表"

(3) 其他注意事项。表格中文本字体不宜过大，但表头信息可适当加大、加粗字体；日期和星期项数量多，需要填写内容少，可以调小列宽，但必须确保日期和星期项的每一列的列宽一致。

2. 操作步骤

本案例的第 1 步是新建空白工作簿，将其保存为"员工考勤时间表"，并设置工作表标签；第 2 步是输入表头信息，并填充日期和星期数据；第 3 步是输入表格内容，合并单元格并调整列宽；第 4 步是设置数据有效性的条件。

3. 涉及知识点

本案例涉及知识点如下。

(1) 快速填充数据。

(2) 调整行高和列宽。

(3) 设置单元格数字格式。

(4) 设置条件格式。

(5) 设置数据验证条件。

4. 最终效果

通过准备和设计，制作完成的员工考勤时间表效果如下图所示。

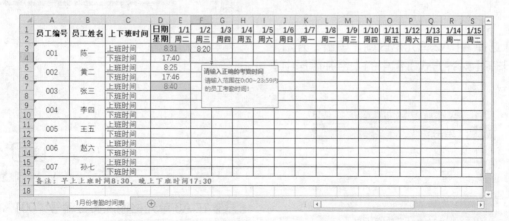

2.2.2 快速填充员工编号

在员工考勤时间表中输入员工编号时，可使用快速填充功能输入。本案例中员工的编号是以"0"开头的数据，因此需要先设置单元格的数字格式，具体操作步骤如下。

第1步 启动 Excel 2019 软件，创建空白工作簿，并将其保存为"员工考勤时间表"，在工作表标签上单击鼠标右键，在弹出的快捷菜单中选择【重命名】命令。

第2步 此时工作表标签进入可编辑状态，输入"1月份考勤时间表"，按【Enter】键确认。在A1:D1单元格区域依次输入"员工编号""员工姓名""上下班时间""日期"和"星期"等表头信息，设置【字体】为"宋体"，【字号】为"11"，并添加"加粗"效果。

第3步 选择A1:A2单元格区域，单击【开始】选项卡下【对齐方式】组中的【合并后居中】按钮。

第4步 合并选中的单元格。使用同样的方法，合并B1:B2、C1:C2、D1:D2单元格区域。

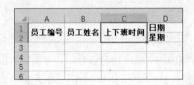

接下来输入以"0"开头的员工编号，具体操作步骤如下。

第1步 选择A3单元格并单击鼠标右键，在弹出的快捷菜单中选择【设置单元格格式】命令。

第2步 弹出【设置单元格格式】对话框，在【分类】列表中选择【文本】选项，单击【确定】按钮。

第3步 在A3单元格输入员工编号"001"，按【Enter】键确认。

第4步 选中 A3:A4 单元格区域，将鼠标指针放在 A4 单元格的右下角，当鼠标指针变为十字形状 **+** 时，按住鼠标左键向下拖曳至 A16 单元格，即可快速填充员工编号，效果如右图所示。

2.2.3 填充星期和日期

在员工考勤时间表中，"日期"和"星期"数据呈上下对应显示，如"2019/1/1"对应的是"周二"。在输入数据时，可使用快速填充功能，快速输入日期，然后再设置单元格的数字格式，使"日期"和"星期"数据对应显示，具体操作步骤如下。

第1步 选择 E1 单元格，输入"2019/1/1"，按【Enter】确认，再次选择 E1 单元格，并单击鼠标右键，在弹出的快捷菜单中选择【设置单元格格式】命令。

第3步 将鼠标指针放置在 E1 单元格的右下角，当鼠标指针变为十字形状 **+** 时，按住鼠标左键向右拖曳，直至填充到 1/31 为止。

第4步 在 E2 单元格中也输入"2019/1/1"，按【Enter】键确认，再次选中 E2 单元格，按【Ctrl+1】组合键，调用【设置单元格格式】对话框，在【类型】列表框中选择一种日期类型，这里选择【周三】选项，单击【确定】按钮。

第2步 弹出【设置单元格格式】对话框，在【类型】列表框中选择一种日期类型，单击【确定】按钮。

第5步 将鼠标指针放置在 E2 单元格的右下角，当鼠标指针变为十字形状 **+** 时，按住鼠标左键向右拖曳至 AI2 单元格。

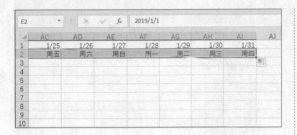

第6步 此时，即可完成"日期"和"星期"数据的填充。再次选中 E 列至 AI 列，调整列宽，最后的效果如右图所示。

2.2.4 使用"填充功能"合并多列单元格

在员工考勤时间表中还有很多需要合并的单元格，如"员工编号"列的数据。下面使用"填充功能"快速合并多列单元格，具体操作步骤如下。

第1步 选中 A3:A4 单元格区域，单击【开始】选项卡下【对齐方式】选项组中的【合并后居中】按钮，合并 A3:A4 单元格区域。

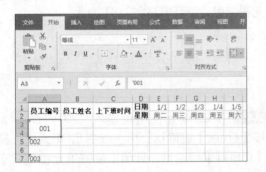

第2步 将鼠标指针放置在合并后单元格的右下角，当鼠标指针变为十字形状 **＋** 时，按住鼠标左键向下拖曳至 A16 单元格，即可快速合并需要合并的单元格，效果如下图所示。

第3步 使用同样的方法，合并其他需要合并的单元格，输入"员工姓名""上下班时间"列的数据，并为日期和星期数据添加"加粗"效果，如下图所示。

第4步 选中 A1:AI17 单元格区域，单击【开始】选项卡下【字体】选项组中【边框】按钮右侧的下拉按钮，在弹出的下拉列表中选择【所有框线】选项。

第5步 即可为表格添加边框，然后合并 A17:AI17 单元格区域，并输入备注信息，将其字体颜色设置为红色，突出显示，效果如下图所示。

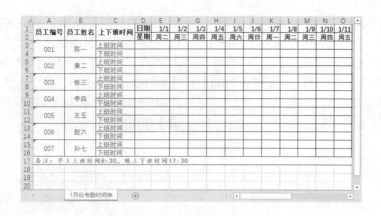

2.2.5 突出显示迟到的员工

为了能够快速在员工考勤时间表中找到迟到的员工，用户可以为相应的数据区域设置条件格式，以突出显示迟到的员工。本案例中为 D3:AI16 单元格区域设置条件格式，具体操作步骤如下。

第1步 选择 D3:AI16 单元格区域，选择【开始】选项卡下【样式】选项组中的【条件格式】按钮，在弹出的下拉列表中选择【突出显示单元格规则】下的【介于】选项。

第2步 弹出【介于】对话框，在两个文本框中分别输入"8:30""17:30"，在【设置为】下拉列表中选择【浅红填充色深红色文本】选项，

单击【确定】按钮。

第3步 在单元格中输入员工的上下班时间，即可将在 8:30~17:30 之间的数据突出显示出来，效果如下图所示。

2.2.6 设置数据有效性的条件

为了防止在员工考勤时间表中输入错误的数据，用户可以为相应的数据区域设置数据验证。当输入错误信息时，会弹出提示框，提示输入错误，需要重新输入。本案例中为 D3:AI16 单元格区域设置数据验证，具体操作步骤如下。

第1步 选中 D3:AI16 单元格区域，单击【数据】选项卡【数据工具】选项组中的【数据验证】按钮。

第2步 弹出【数据验证】对话框，选择【设置】选项卡，在【允许】下拉列表中选择【时间】选项，在【数据】下拉列表中选择【介于】选项，并设置【开始时间】为"0:00"，【结束时间】为"23:59"，单击【确定】按钮。

> **提示** 在【数据验证】对话框中设置的验证条件表示输入的数据必须是时间格式，且范围在 0:00~23:59 之间。

第3步 此时在D3:AI16单元格区域输入数据时，

若输入的数据不在第 2 步设置的验证条件范围内，则会弹出错误提示。如在 F3 单元格中输入"831"，按【Enter】键确认，则会弹出【Microsoft Excel】提示框，提示输入的数据与单元格定义的数据验证限制不匹配。单击【重试】按钮。

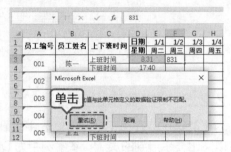

第4步 F3 单元格进入可编辑状态。此时，重新输入正确的数据即可。

2.2.7 给出智能的输入提示

在 D3:AI16 单元格区域中输入员工的上下班时间时，为了防止输入错误的信息，用户还可以为此单元格区域设置输入提示，具体操作步骤如下。

第1步 选择 D3:AI16 单元格区域，单击【数据】选项卡【数据工具】选项组中的【数据验证】按钮。

第2步 弹出【数据验证】对话框，选择【输入信息】选项卡，在【标题】文本框中输入"请输入正确的考勤时间"，在【输入信息】文本框中输入"请输入范围在 0:00~23:59 内的员工考勤时间！"，单击【确定】按钮。

第3步 选择 D3:AI16 单元格区域内的任意一单元格，则会显示设置的输入提示信息，效果如下图所示。

		日期	1/1	1/2	1/3	1/4	1/5	1/6
1	上下班时间	星期	周二	周三	周四	周五	周六	周日
3	上班时间	8:31	8:20					
4	下班时间	17:40						
5	上班时间	8:25						
6	下班时间	17:46						
7	上班时间	8:40						
8	下班时间							
9	上班时间							
10	下班时间							

请输入正确的考勤时间
请输入范围在0:00~23:59内的员工考勤时间!

高手私房菜

技巧 1：输入以 "0" 开头的数据

如果输入以数字 0 开头的数字串，Excel 将自动省略 0。如果要保持输入的内容不变，除了在【设置单元格格式】对话框中，将其设置为文本数字格式外，还可以先输入单引号 "'"，再输入数字或字符。

第1步 输入一个半角单引号 "'"，在单元格中输入以 0 开头的数字。

	A	B	C
1	'0123456		
2			
3			
4			
5			

> **提示** 在英文输入状态下，单击键盘上的引号键，即可输入半角单引号 "'"。

第2步 按【Tab】键或【Enter】键确认。

	A	B	C
1	0123456		
2			
3			
4			
5			

技巧 2：使用【Ctrl+Enter】键批量输入相同数据

如果需要在单元格中批量输入相同的数据，首先想到的应该是使用复制粘贴的方法，但如果数量太多，或者单元格区域不连续，复制粘贴的方法并不太适用。此时，用户可以使用【Ctrl+Enter】组合键的方法进行快速输入，具体操作步骤如下。

第1步 选择要输入相同信息的单元格区域。

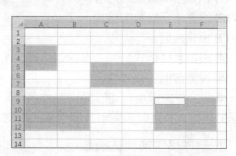

第2步 输入内容，如这里输入 "单元格"。

> **提示** 默认情况下会在最后一个选择的单元格内显示输入的内容。

第3步 按【Ctrl+Enter】组合键，即可看到选择的单元格区域内均输入了 "单元格" 文本。

举一反三

1. 本章知识点

通过制作公司来访登记表、员工考勤时间表，可以学会在 Excel 中输入和编辑数据的技巧。主要包括以下知识点。

(1) 输入各类数据的方法。

(2) 设置单元格数字格式。

(3) 填充数据。

(4) 设置条件格式。

(5) 设置数据的有效性。

掌握这些内容后，能够轻松制作各类记录数据的表格，并且能够突出显示重要的数据。

2. 制作员工加班记录表

与本章内容类似的表格还有家庭收入、支出流水账表，客户信息记录表，员工加班记录表等。

(1) 设计员工加班记录表有哪些要求？

① 在制作员工加班记录表时，要求准确记录公司员工的加班时长，并根据加班时长计算加班费用。表格的表头信息可根据具体情况确定，一般情况下包括工号、加班人、加班日期、加班原因、开始时间、结束时间、加班时长、加班费以及核准人等。

② 对于加班费相同的信息可以设置突出显示。

(2) 如何快速制作员工加班记录表？

① 设置表格的表头信息，并填充数据，根据实际情况设置单元格的数字格式。

② 使用条件格式功能，为相同的加班费用设置单元格样式，以突出显示。

第 **3** 章

管理和美化 Excel 工作表

⊃ 高手指引

　　工作表的管理和美化是表格制作的一项重要内容，设置表格标题、单元格样式、表格格式、工作表主题等，可以使表格层次分明、结构清晰、重点突出。Excel 2019 为工作表的管理和美化设置提供了方便的操作方法和多项功能。

⊃ 重点导读

- 学会制作办公用品采购表
- 学会制作考核成绩记录表

3.1 行政管理类——办公用品采购表

办公用品采购表是各部门采购物品的明细表，是下阶段办公用品采购的依据，同时也可从侧面反映出各部门办公用品的消耗情况。

案例名称	制作办公用品采购表	扫一扫看视频
应用领域	各类企事业单位的行政、后勤部门	
素材	素材 \ch03\ 办公用品采购表 .xlsx	
结果	结果 \ch03\ 办公用品采购表 .xlsx	

3.1.1 案例分析

准确地编制办公用品采购表，对于加强办公用品管理、保证企业所需、促进节约使用等都起着重要的作用。

1. 设计思路

制作办公用品采购表，关键在于确定表中要设置哪些项目，以及如何美化工作表。

(1) 根据需要调整表格的行高和列宽。办公用品采购表的表头项目通常包括序号、办公用品名称、单位、数量、单价、金额、采购人、所属部门、采购日期等内容。根据表头信息的长度以及实际需求调整行高和列宽。

(2) 美化表格。通过设计单元格样式、表格格式以及工作表主题等操作，美化工作表。美化工作表时应注意表格的整体色调要一致。

2. 操作步骤

本案例的第 1 步是设置标题文字格式；第 2 步是输入数据，并调整行高和列宽；第 3 步是通过设计单元格样式、表格格式以及工作表主题等操作，美化工作表。

3. 涉及知识点

本案例涉及知识点如下。
(1) 设置标题文字格式。
(2) 应用单元格样式。
(3) 套用表格格式。
(4) 应用主题。

4. 最终效果

通过准备和设计，制作完成的办公用品采购表效果如下图所示。

3.1.2 设置标题文字格式

在美化办公用品采购表时，首先要为表格设置标题，本节介绍使用艺术字来美化标题，具体操作步骤如下。

第1步 新建空白文档，选择【文件】选项卡，在弹出的界面左侧列表中选择【另存为】选项，在【另存为】界面中选择【这台电脑】下的【浏览】选项。

第2步 弹出【另存为】对话框，选择文本要保存的位置，在【文件名】文本框中输入"办公用品采购表"，单击【保存】按钮。

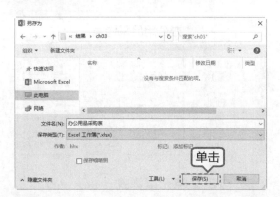

第3步 选择 A1:I3 单元格区域，单击【开始】选项卡下【对齐方式】选项组中的【合并后居中】按钮，合并单元格。

第4步 单击【插入】选项卡下【文本】组中的【艺术字】按钮，在弹出的艺术字样式列表中选择一种艺术字。

第5步 在插入的艺术字文本框中输入"办公用品采购表"，设置【字体】为"微软雅黑"，【字号】为"28"，单击【对齐方式】选项组中的【垂直居中】按钮。调整艺术字文本框的位置和大小，使其占满 A1:I3 单元格区域。

第6步 打开"素材 \ch03\ 办公用品采购表数据 .xlsx"，选择 A1:I16 单元格区域，按【Ctrl+C】组合键复制所选内容，返回"办公用品采购表"工作簿中，选择 A4 单元格，按【Ctrl+V】组合键粘贴内容，效果如下图所示。

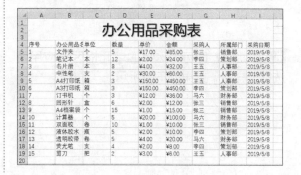

第7步 选中 A4:I19 单元格区域，设置【字体】为"宋体"，【字号】为"11"，选中 A4:I4 单元格区域，将【字号】调整为"12"，并添加"加粗"效果，然后根据需要调整单元格的行高和列宽，效果如下图所示。

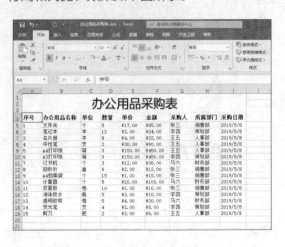

第8步 选中 A4:I19 单元格区域，单击【开始】选项卡【对齐方式】选项组中的【居中】按钮。然后选中 D5:F19 单元格区域，将【对齐方式】设置为"右对齐"，效果如下图所示。

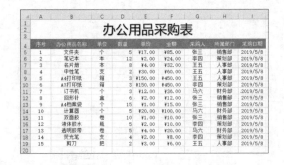

3.1.3 应用单元格样式

表格中信息填写完整后，接下来可根据需要设置单元格的样式。在 Excel 2019 中，用户不仅可以使用内置的多种单元格样式，而且可以根据需要自定义单元格样式。

1. 使用内置的单元格样式

第1步 选择 A4:I4 单元格区域，单击【开始】选项卡下【样式】选项组中的【单元格样式】按钮【单元格样式】，在弹出的下拉列表中选择一种样式。这里选择【蓝色，着色 1】选项。

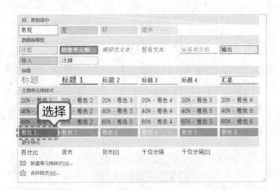

第2步 此时，即可为选择的单元格区域应用所选择的样式，效果如下图所示。

2. 自定义单元格样式

第1步 单击【开始】选项卡下【样式】选项组中的【单元格样式】按钮，在弹出的下拉列表中选择【新建单元格样式】选项。

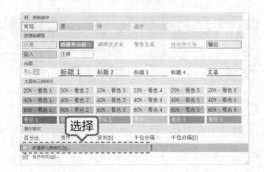

第2步 弹出【样式】对话框，在【样式名】文本框中输入样式名称，这里输入"表头样式"，单击【格式】按钮。

第3步 弹出【设置单元格样式】对话框，选择【字体】选项卡，设置【字体】为"宋体"，【字形】为"加粗"，【字号】为"12"，在【颜色】下拉列表中选择【白色，背景1】选项。

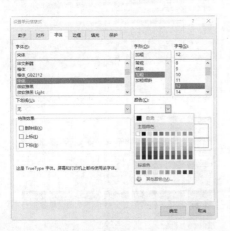

第4步 选择【边框】选项卡，在【样式】列表中选择一种边框样式，在【边框】选项区域中选择边框应用到的位置。这里选择下边框，在预览区域可看到设置的边框样式。

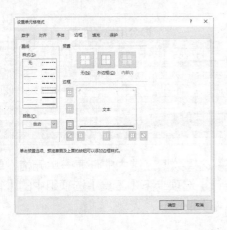

第5步 选择【填充】选项卡，在【背景色】区域选择一种填充颜色，在【示例】区域可预览设置的填充效果。单击【确定】按钮。

第6步 返回【样式】对话框，单击【确定】按钮。选择 A4:I4 单元格区域，单击【开始】选项卡下【样式】选项组中的【单元格样式】按钮 ，在弹出的下拉列表中选择【自定义】组中的【表头样式】选项。

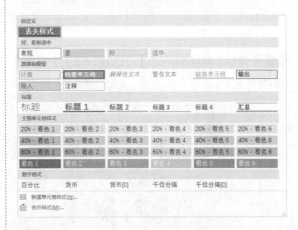

第7步 此时，即可为所选单元格区域应用所选择的样式，效果如下图所示。

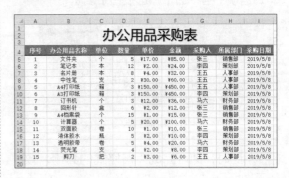

3.1.4 套用表格格式

在 Excel 中，用户可以使用内置的表格格式，完成表格的快速美化，具体操作步骤如下。

第1步 选择数据区域中的任意一单元格，单击【开始】选项卡下【样式】选项组中的【套用表格格式】按钮 套用表格格式，在弹出的下拉列表中选择一种表格格式。这里选择【中等色】组中的【绿色，表样式中等深浅 14】选项。

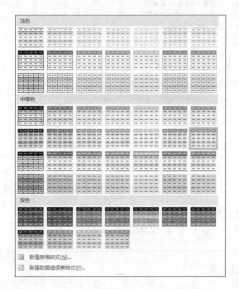

第2步 弹出【套用表格格式】对话框，单击【确定】按钮。

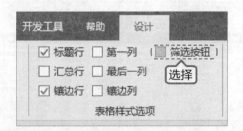

第3步 选择【设计】选项卡，取消勾选【表格样式选项】组中的【筛选按钮】复选框。

第4步 此时，即可完成表格格式的套用，效果如下图所示。

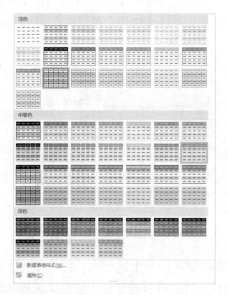

第5步 若对套用的表格格式不满意，还可单击【设计】选项卡下【表格样式】选项组中的【其他】按钮 ，在弹出的下拉列表中选择一种样式。这里选择【浅色】组中的【白色，表样式浅色 15】选项。

第6步 此时，即可更改表格样式，效果如下图所示。

第7步 选择数据区域中的任意一单元格，单击【设计】选项卡下【工具】选项组中的【转换为区域】按钮。

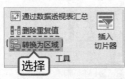

第8步 弹出【Microsoft Excel】提示框，单击【是】按钮。

第9步 此时，即可将表格转换为普通区域，效果如下图所示。

3.1.5 使用主题设计工作表

Excel 2019 的工作簿主题包括主题、颜色、字体及效果。使用 Excel 2019 内置的主题功能，可实现工作表的美化操作。使用主题设计工作表的具体操作步骤如下。

第1步 选择数据区域中的任意一单元格，单击【页面布局】选项卡下【主题】选项组中的【主题】按钮，在弹出的下拉列表中选择一种主题。这里选择【切片】选项。

第2步 此时，即可看到应用主题后的效果。

第3步 单击【页面布局】选项卡下【主题】选项组中的【颜色】按钮，在弹出的下拉列表中选择【蓝色 II】选项。

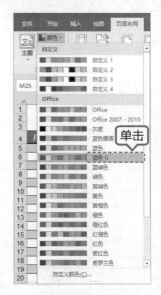

第4步 此时，即可完成主题颜色的设置，效果如下图所示。

> **提示** 若要恢复应用主题之前的效果，单击【页面布局】选项卡下【主题】选项组中的【主题】按钮，在弹出的下拉列表中选择【Office】选项即可。

3.1.6 添加边框

在编辑 Excel 2019 工作表时，工作表默认显示的表格线是灰色的，并且打印不出来。为表格设置边框，不仅可以在打印工作表时打印出表格线，而且可以使表格层次清晰。为"办公用品采购表"工作表设置边框的具体操作步骤如下。

第1步 选择要添加边框的区域，这里选择 A4:I4 单元格区域，单击【开始】选项卡下【字体】选项组中【边框】按钮右侧的下拉按钮田，在弹出的下拉列表中选择【其他边框】选项。

第2步 弹出【设置单元格格式】对话框，在【边框】选项区域中单击【左边框】和【右边框】按钮，取消左右两侧的边框，然后在【样式】列表中选择一种边框样式，在【边框】选项区域选择边框应用的位置，这里单击【上边框】按钮，在预览区域可看到设置的边框。

第3步 在【样式】列表中选择一种边框样式，在【颜色】下拉列表中选择一种边框颜色，在【边框】选项区域选择要应用到的位置，设置完成后，单击【确定】按钮。

第4步 此时，即可看到设置的边框效果。

第5步 使用同样的方法，设置 A5:I19 单元格区

域的边框，效果如下图所示。

3.1.7 在 Excel 中插入公司 Logo

在 Excel 表格中，用户可根据需要添加图片。在本案例中通过插入图片的方式，为"办公用品采购表"添加公司 Logo，使表格信息更加完整。具体操作步骤如下。

第1步 选择【插入】选项卡下【插图】选项组中的【图片】按钮。

第2步 弹出【插入图片】对话框，选择要插入的图片，单击【插入】按钮。

第3步 即可将图片插入进来，调整图片的大小，并将图片放置在合适的位置。

第4步 选择【插入】选项卡下【文本】选项组

中的【文本框】下拉按钮，在弹出的下拉列表中选择【绘制横排文本框】选项。

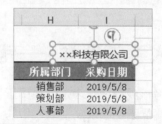

第5步 按住鼠标左键，在图片下方绘制一个横排文本框，并输入"××科技有限公司"。

第6步 选择文本框，单击【形状格式】选项卡下【形状样式】选项组中的【形状填充】下拉按钮，在弹出的下拉列表中选择【无填充】选项。

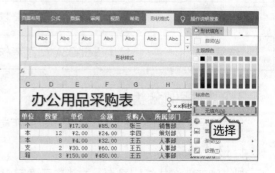

第7步 单击【形状格式】选项卡下【形状样式】选项组中的【形状轮廓】下拉按钮，在弹出的下拉列表中选择【无轮廓】选项。

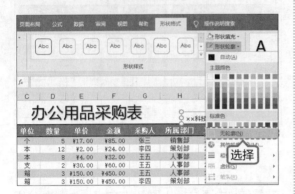

第8步 即可完成文本框样式的设置。单击【开始】选项卡下【字体】选项组设置【字号】为"9"，在【对齐方式】选项组中单击【垂直居中】和【居中】按钮，使文本内容居中对齐。

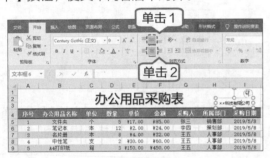

第9步 按住【Shift】键同时选中文本框和图片，单击【形状格式】选项卡下【排列】选项组中的【对齐】按钮，在弹出的下拉列表中选择【水平居中】选项。

第10步 根据需要适当调整图片和文本框的位置，最终效果如下图所示。

3.2 人事管理类——考核成绩记录表

员工考核成绩记录表是记录员工工作业绩等方面考核成绩的表格，员工考核成绩的好坏与员工工资的高低密切联系。

案例名称	制作考核成绩记录表	扫一扫看视频
应用领域	各类企事业单位	
素材	素材 \ch03\ 员工考核成绩记录表 .xlsx	
结果	结果 \ch03\ 员工考核成绩记录表 .xlsx	

3.2.1 案例分析

准确地记录每名员工的考核成绩，是制作员工考核成绩记录表时最基本的要求。

1. 设计思路

制作员工考核成绩记录表，关键在于确定表中要设置哪些项目，以及如何突出显示关键数据，以便于进行数据分析。

(1) 确定表格中要设置的项目。员工考核成绩记录表的表头项目可根据考核项目的实际情况而定，本案例中设计的表头项目有员工编号、员工姓名、计划销售额、实际销售额、任务完成率、考核成绩等内容。根据表头信息的长度以及实际需求调整行高和列宽，以及设置数据格式。

(2) 突出显示关键数据。在本案例中将使用 Excel 的条件格式功能，突出显示关键数据。

2. 操作步骤

本案例主要是对员工考核成绩记录表中的数据进行分析。使用 Excel 的条件格式功能，分别将员工的任务完成率、实际销售额以及考核成绩等数据用不同的单元格格式或图标集等方式展现出来，以便于更好地进行数据分析。

3. 涉及知识点

本案例涉及知识点如下。
(1) 突出显示单元格规则。
(2) 使用图标集直观地展示数据。
(3) 自定义条件格式。

4. 最终效果

通过准备和设计，制作完成的考核成绩记录表效果如下图所示。

	A	B	C	D	E	F	G
1	员工编号	员工姓名	计划销售额	实际销售额	任务完成率	考核成绩	
2	YG1001	张三	¥ 39,300	¥ 53,500	136%	6.7	
3	YG1002	李四	¥ 20,010	¥ 22,800	114%	3.4	
4	YG1003	王五	¥ 32,100	¥ 43,200	135%	5.7	
5	YG1004	赵六	¥ 56,700	¥ 34,560	61%	4.1	
6	YG1005	刘三	¥ 38,700	¥ 56,700	147%	7.1	
7	YG1006	马七	¥ 43,400	¥ 42,400	98%	5.2	
8	YG1007	钱六	¥ 23,400	¥ 23,560	101%	3.4	
9	YG1008	孙五	¥ 23,460	¥ 34,560	147%	4.9	
10	YG1009	何二	¥ 56,900	¥ 34,560	61%	4.1	
11	YG1010	傅六	¥ 42,000	¥ 39,600	94%	4.9	
12							
13	备注：任务完成率=实际销售额/计划销售额*100%；考核成绩=任务完成率+实际销售额*0.01%						
14							
15							
16							

3.2.2 突出显示单元格效果

在使用 Excel 分析数据时，可使用 Excel 的条件格式功能，将满足条件的数据用不同的格式进行标记，以突出显示出来，从而方便用户快速找到要查看的数据。如在本案例中将使用 Excel 的条件格式功能，将没有完成任务员工的信息突出显示出来。

第1步 打开"素材 \ch03\ 员工考核成绩记录表 .xlsx"文件，选择 E2:E11 单元格区域，选择【开始】选项卡下【样式】选项组中的【条件格式】按钮，在弹出的下拉列表中选择【突出显示单元格规则】下的【小于】选项。

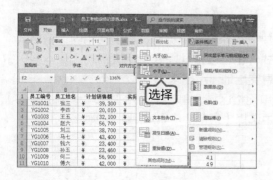

第2步 弹出【小于】对话框，在【为小于以下值的单元格设置格式】文本框中输入"100%"，在【设置为】下拉列表中选择【浅红填充色深红色文本】选项，单击【确定】按钮。

第3步 即可将满足条件的单元格突出显示出来，效果如下图所示。

	A	B	C	D	E	F	G
1	员工编号	员工姓名	计划销售额	实际销售额	任务完成率	考核成绩	
2	YG1001	张三	￥ 39,300	￥ 53,500	136%	6.7	
3	YG1002	李四	￥ 20,010	￥ 22,800	114%	3.4	
4	YG1003	王五	￥ 32,100	￥ 43,200	135%	5.7	
5	YG1004	赵六	￥ 56,700	￥ 34,560	61%	4.1	
6	YG1005	刘三	￥ 38,700	￥ 56,700	147%	7.1	
7	YG1006	马七	￥ 43,400	￥ 42,400	98%	5.2	
8	YG1007	钱六	￥ 23,400	￥ 23,560	101%	3.4	
9	YG1008	孙五	￥ 23,460	￥ 34,560	147%	4.9	
10	YG1009	何二	￥ 56,900	￥ 34,500	61%	4.1	
11	YG1010	傅六	￥ 42,000	￥ 39,600	94%	4.9	
12							
13	备注：任务完成率=实际销售额/计划销售额·100%；考核成绩=任务完成率+实际销售额·0.01%						
14							

3.2.3 使用小图标格式显示销售业绩

Excel 的条件格式功能不仅可以突出显示满足条件的数据，而且可以使用数据条、色阶以及图标集等形式表示数据，从而实现数据的可视化管理。在本案例中将使用图标集的形式表示员工的实际销售额。

第1步 接着 3.2.2 小节内容继续操作。选择 D2:D11 单元格区域，单击【开始】选项卡下【样式】选项组中的【条件格式】按钮，在弹出的下拉列表中选择【图标集】选项，在弹出的子列表中选择一种样式。这里选择【等级】组中的【四等级】选项。

第2步 即可将员工的销售额以图标的形式显示出来，效果如下图所示。

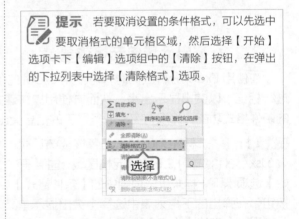

> **提示** 若要取消设置的条件格式，可以先选中要取消格式的单元格区域，然后选择【开始】选项卡下【编辑】选项组中的【清除】按钮，在弹出的下拉列表中选择【清除格式】选项。

3.2.4 使用自定义格式

在使用 Excel 的条件格式功能突出显示单元格中满足条件的数据时，可以使用内置的格式，如 3.2.2 节使用的是"浅红填充色深红色文本"格式，也可以根据需要自定义格式。在本案例中使用自定义格式，将考核成绩位于前 3 名员工的信息突出地显示出来。

第1步 接着 3.2.3 小节内容继续操作。选择 F2:F11 单元格区域，单击【开始】选项卡下【样式】选项组中的【条件格式】按钮，在弹出的下拉列表中选择【最前 / 最后规则】选项。

第2步 弹出【前 10 项】对话框，在【为值最大的那些单元格设置格式】文本框中输入"3"，在【设置为】下拉列表中选择【自定义格式】选项。

第3步 弹出【设置单元格格式】对话框，选择【填充】选项卡，在【背景色】区域选择一种填充颜色。

第4步 选择【边框】选项卡，在【样式】列表框中选择一种边框样式，在【预置】区域单击【外边框】按钮，在【边框】区域即可预览设置的边框效果。

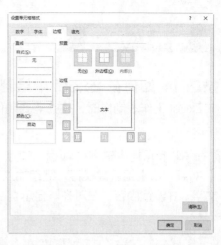

第5步 选择【字体】选项卡，在【字形】列表框中选择【加粗】选项，单击【确定】按钮。

第6步 返回【前 10 项】对话框，单击【确定】按钮。

第7步 即可将考核成绩位列前 3 名员工的数据信息突出地显示出来。

	A	B	C	D	E	F
1	员工编号	员工姓名	计划销售额	实际销售额	任务完成率	考核成绩
2	YG1001	张三	¥　39,300	¥　53,500	136%	6.7
3	YG1002	李四	¥　20,010	¥　22,800	114%	3.4
4	YG1003	王五	¥　32,100	¥　43,200	135%	5.7
5	YG1004	赵六	¥　56,700	¥　34,560	61%	4.1
6	YG1005	刘三	¥　38,700	¥　56,700	147%	7.1
7	YG1006	马七	¥　43,400	¥　42,400	98%	5.2
8	YG1007	钱六	¥　23,400	¥　23,560	101%	3.4
9	YG1008	孙五	¥　23,460	¥　34,560	147%	4.9
10	YG1009	何二	¥　56,900	¥　34,500	61%	4.1
11	YG1010	傅六	¥　42,000	¥　39,600	94%	4.9

高手私房菜

技巧 1：如何在 Excel 中绘制斜线表头

在 Excel 工作表制作时，往往需要制作斜线表头来表示二维表的不同内容。下面介绍斜线表头制作技巧。

第1步 在 A1 单元格中输入"项目"文字，然后按【Alt+Enter】组合键换行，继续输入"编号"文字，并设置内容"左对齐"显示。

第2步 选中 A1 单元格，按【Ctrl+1】组合键，打开【设置单元格格式】对话框，选择【边框】选项卡，单击【边框】选项区域右下角的【斜线】按钮，然后单击【确定】按钮。

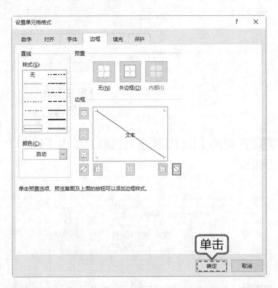

第3步 将光标放在"项目"前面，添加空格，调整后效果如下图所示。

第4步 如果要添加 3 栏斜线表头，可以在 A2 单元格中通过换行和空格输入如下图所示的内容。

第5步 单击【插入】➤【插图】➤【形状】按钮，在弹出的下拉列表中选择【线条】选项组中的【直线】按钮。

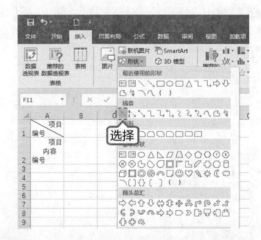

第6步 从单元左上角开始用鼠标绘制两条直线，即可完成 3 栏斜线表头绘制，效果如下图所示。

技巧 2：如何快速复制单元格格式

在 Excel 中快速复制单元格格式的方法有 3 种：一是使用【F4】键；二是使用格式刷；三是使用选择性粘贴。下面分别介绍这 3 种方法。

1.【F4】键

【F4】键的主要功能就是重复上一步的操作，使用【F4】键可快速复制上一步设置的单元格格式。

第1步 选中 A1 单元格，单击【开始】选项卡下【字体】选项组中的【字体颜色】下拉按钮，在弹出的下拉列表中选择【红色】选项，将字体颜色设置为"红色"。

第2步 选中 A2 单元格，按【F4】键，即可重复上一步设置的红色字体。

2. 格式刷

在 Excel 中使用格式刷，可快速复制所选单元格的样式，并将其应用到其他单元格中。单击一次格式刷按钮，可使用复制的格式一次；双击格式刷按钮，可重复使用复制的格式。

3. 选择性粘贴

当需要快速复制单元格格式时，除了可以使用【F4】键和格式刷按钮复制单元格格式外，还可以使用选择性粘贴。

第1步 选择 A3 单元格，将【对齐方式】设置为"居中对齐"，【填充颜色】为"绿色"，【字

体颜色】为"白色"，并添加"加粗"效果，如下图所示。

第2步 选择 A3 单元格，按【Ctrl+C】组合键进行复制，然后选择 A4 单元格，单击【开始】选项卡下【剪贴板】选项组中【粘贴】按钮的下拉按钮，在弹出的下拉列表中选择【选择性粘贴】选项。

第3步 弹出【选择性粘贴】对话框，在【粘贴】选项组中单击选中【格式】单选项，单击【确定】按钮。

第4步 即可快速为 A4 单元格应用相同的格式，效果如下图所示。

举一反三

本章以制作办公用品采购表、考核成绩记录表为例，介绍了管理和美化工作表的基本操作。

1. 本章知识点

通过制作办公用品采购表、考核成绩记录表，可以学会 Excel 中有关管理和美化工作表的操作。主要包括以下知识点。

(1) 设置标题文字格式。

(2) 应用单元格样式。

(3) 套用表格格式。

(4) 应用主题。

(5) 添加边框。

掌握这些内容后，就能够轻松进行有关管理和美化工作表的基本操作。

2. 制作产品报价表

与本章内容类似的表格还有会议签到表、产品报价表、员工工资表等，下面以产品报价表为例进行介绍。

(1) 设计产品报价表有哪些要求？

设计产品报价表主要是对表头项目进行确定。根据各公司要求的不同，产品报价表的表头项目也会不同。在本案例中，产品报价表的表头项目包括有序号、品种、内部货号、材质、规格、价格、存货量、钢厂 / 产地。

(2) 如何快速制作产品报价表？

① 输入表格内容后，根据需要设置表格的标题、表头以及表文的字体格式。

② 通过为表格添加边框、插入公司 Logo 等操作，美化表格。

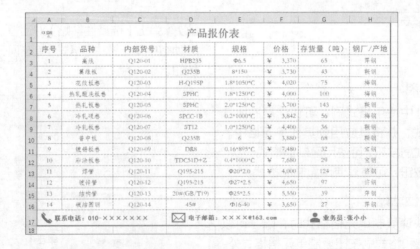

第 **4** 章

查阅和打印工作表

⊃ 高手指引

学习 Excel，首先要会查看工作表，掌握工作表的各种查看方式，从而快速地找到自己需要的信息。通过打印可以将电子表格以纸质的形式呈现，便于阅读和归档。

⊃ 重点导读

- 学会制作装修预算表
- 学会制作商品库存清单

4.1 财务会计类——装修预算表

制作装修预算表要做到主题鲜明、制作规范、重点突出，便于公司更好地管理产品的信息。

案例名称	制作装修预算表	扫一扫看视频
应用领域	行政、后勤、财务会计部门及个人	
素材	素材 \ch04\ 装修预算表 .xlsx	
结果	结果 \ch04\ 装修预算表 .xlsx	

4.1.1 案例分析

制作完装修预算表后，通过查阅工作表可以检查错误，便于修改。

1. 设计思路

装修预算表是装修公司常用的表格。美化装修预算表时，需要注意以下几点。

(1) 主题鲜明。

① 预算表的色彩主题要鲜明并统一，各个组成部分之间的色彩要和谐一致。

② 标题格式要与整体一致，艺术字效果遵从整体。

(2) 制作规范。

① 可以非常方便地对表格中的大量数据进行运算、统计等。

② 方便对表格中的数据进行统一修改。

2. 操作步骤

本案例的第 1 步是通过视图查看数据，第 2 步是通过多窗口对比查看数据，第 3 步是设置冻结让标题始终可见，第 4 步是使用批注和墨迹书写。

3. 涉及知识点

本案例涉及知识点如下。

(1) 使用视图方式查看数据。

(2) 通过多窗口对比查看。

(3) 冻结窗口。

(4) 自定义视图。

(5) 添加和删除批注。

(6) 使用墨迹书写。

4. 最终效果

通过准备和设计，制作完成的装修预算表效果如下图所示。

4.1.2 使用视图方式查看工作表

在 Excel 2019 中提供了 4 种视图方式，用户可以根据需求进行查看。

1. 普通查看

普通视图是默认的显示方式，即对工作表的视图不进行任何修改。可以使用右侧的垂直滚动条和下方的水平滚动条来浏览当前窗口显示不完全的数据。

第1步 打开"素材 \ch04\ 装修预算表 .xlsx"工作簿，在当前的窗口中即可浏览数据，单击右侧的垂直滚动条并向下拖动，即可浏览下面的数据。

第2步 单击下方的水平滚动条并向右拖动，即可浏览右侧的数据。

2. 分页预览

使用分页预览可以查看打印文档时使用分页符的位置。分页预览的操作步骤如下。

第1步 选择【视图】选项卡下【工作簿视图】选项组中的【分页预览】按钮，视图即可切换为"分页预览"视图。

> **提示** 用户可以单击 Excel 状态栏中的【分页预览】按钮，进入分页预览页面。

第2步 将鼠标指针放至蓝色虚线处，指针变为 ↔ 形状时单击并拖动，可以调整每页的范围。

3. 页面布局

可以使用页面布局视图查看工作表。Excel 提供了一个水平标尺和一个垂直标尺，因此用户可以精确测量单元格、区域、对象和页边距，而标尺可以帮助用户定位对象，并直接在工作表上查看或编辑页边距。

第1步 选择【视图】选项卡下【工作簿视图】选项组中的【页面布局】按钮，进入【页面布局】视图。

> **提示** 用户可以单击 Excel 状态栏中的【页面布局】按钮，进入【页面布局】视图。

第2步 将鼠标指针移到页面的中缝处，指针变成形状时单击，即可隐藏空白区域，只显示有数据的部分。单击【工作簿视图】选项组中的【普通】按钮，可返回普通视图。

4. 自定义视图

使用自定义视图可以将工作表中特定的显示设置和打印设置保存在特定的视图中。

第1步 选择【视图】选项卡下【工作簿视图】选项组中的【自定义视图】按钮。

> **提示** 如果【自定义视图】为不可选状态，则将表格"转换为区域"后即可使用。

第2步 在弹出的【视图管理器】中单击【添加】按钮。

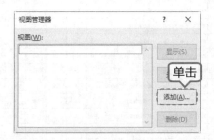

第3步 弹出【添加视图】对话框，在【名称】文本框中输入自定义视图的名称，如"自定义视图"；默认【视图包括】栏中【打印设置】和【隐藏行、列及筛选设置】复选框已勾选，单击【确定】按钮即可完成【自定义视图】的添加。

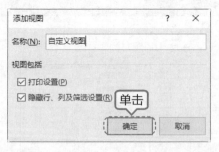

第4步 如将该表隐藏，可单击【自定义视图】按钮，弹出【视图管理器】对话框，在其中选择需要打开的视图，单击【显示】按钮。

第5步 即可打开自定义该视图时所打开的工作表。

4.1.3 放大或缩放查看工作表数据

在查看工作表时，为了方便查看，可以放大或缩放工作表，其操作的方法有很多种，用户可以根据使用习惯进行选择和操作。

第1步 通过状态栏调整。在打开的素材中，单击窗口右下角的"显示比例"滑块，可以改变工作表的显示比例。向左拖动滑块，缩放显示工作表区域；向右拖动滑块，放大显示工作表区域。另外，单击【缩放】按钮 – 或【放大】按钮 +，也可进行缩放或放大的操作。

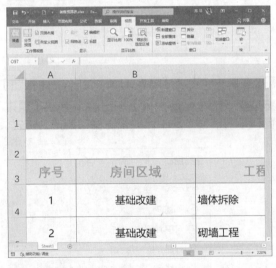

第2步 使用【Ctrl】快捷键。按【Ctrl】键不放，向上滑动鼠标滚轮，可以放大显示工作表；向下滚动鼠标滚轮，可以缩放显示工作表。

第3步 使用【显示比例】对话框。如果要缩放或放大为精准的比例，则可以使用【显示比例】对话框进行操作。单击【视图】选项卡下【显示比例】组中的【显示比例】按钮 🔍 或单击状态栏上的【缩放级别】按钮，打开【显示比例】对话框，可以选择显示比例，也可以自定义显示比例，单击【确定】按钮，即可完成调整。

第4步 缩放到选定区域。用户可以使所选的单元格充满整个窗口，以有助于关注重点数据。单击【视图】选项卡下【显示比例】组中的【缩放到选定区域】按钮 ，可以放大显示所选单元格，并充满整个窗口，如下图所示。如果要恢复正常显示，单击【100%】按钮 即可。

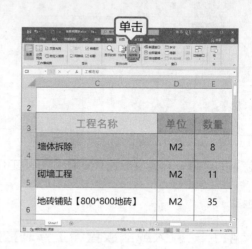

4.1.4 多窗口对比查看数据

如果需要对比不同区域中的数据，可以使用以下的方式进行查看。

第1步 在打开的素材中，单击【视图】选项卡下【窗口】选项组中的【新建窗口】按钮 ，即可新建一个名为"装修预算表 .xlsx:2"的同样的窗口，原窗口名称自动改名为"装修预算表 .xlsx:1"。

第2步 选择【视图】选项卡，单击【窗口】选项组中的【并排查看】按钮 并排查看，即可将两个窗口并排放置。

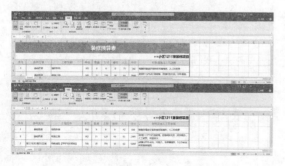

第3步 在【同步滚动】状态下，拖动其中一个窗口的滚动条时，另一个也会同步滚动。

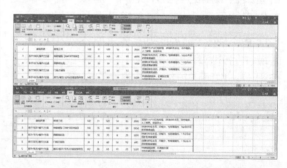

第4步 单击"装修预算表 .xlsx:1"工作表【视图】选项卡下的【全部重排】按钮 ，弹出【重排窗口】对话框，从中可以设置窗口的排列方式。

第5步 选择【垂直并排】单选按钮，即可以垂直方式排列窗口。

第6步 单击【关闭】按钮 ⊠ ，即可恢复到普通视图状态。

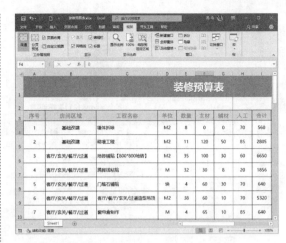

4.1.5 设置冻结让标题始终可见

冻结查看是指将指定区域冻结、固定，滚动条只对其他区域的数据起作用。下面设置冻结让标题始终可见。

1. 冻结首行或首列

第1步 在打开的素材文件中，单击【视图】选项卡下【窗口】选项组中的【冻结窗格】按钮 冻结窗格，在弹出的列表中选择【冻结首行】选项。

> **提示** 只能冻结工作表中的首行和首列，无法冻结工作表中中间的行和列。

当单元格处于编辑模式（即正在单元格中输入公式或数据）或工作表受保护时，【冻结窗格】命令不可用。如果要取消单元格编辑模式，按【Enter】或【Esc】键即可。

第2步 在首行下方会显示一条黑线，并固定首行，向下拖动垂直滚动条，首行一直会显示在当前窗口中。

第3步 在【冻结窗格】下拉列表中选择【冻结首列】选项，在首列右侧会显示一条黑线，并固定首列。

第4步 如果要取消冻结首行和首列，单击【冻结窗格】下拉列表中的【取消冻结窗格】菜单命令，即可取消窗口冻结。

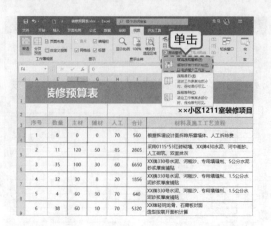

第2步 可以看到前两行和前两列都已被冻结。

2. 自定义冻结

第1步 在打开的素材文件中，选择 C4 单元格，单击【视图】选项卡下【窗口】选项组中的【冻结窗格】按钮 冻结窗格 ，在弹出的列表中选择【冻结窗格】选项。

4.2 行政管理类——商品库存清单

商品库存清单主要用于登记库存商品的基本信息，如商品价格、在库数量等，并需要库管员对商品进行定期盘点，实时更新数据。商品库存清单可以帮助企业有效地控制商品的销售成本。

案例名称	制作商品库存清单	扫一扫看视频
应用领域	各类企事业单位	
素材	素材 \ch04\ 商品库存清单 .xlsx	
结果	结果 \ch04\ 商品库存清单 .xlsx	

4.2.1 案例分析

在制作商品库存清单时，要求准确记录各项数据，并能够正确地反映商品购进、销出以及结存的情况。

1. 设计思路

制作商品库存清单，关键在于确定表中要设置哪些项目，以及如何打印工作表。

(1) 根据需要确定表头项目并填充表格内容。商品库存清单的表头项目通常包括库存 ID、名称、单价、在库数量、库存价值、续订水平、续订时间、续订数量等内容。根据实际情况输入表格内容并美化表格。

(2) 打印工作表。用户可根据实际需求打印工作表，既可以选择打印整张表格，也可以打印工作表中的某一数据区域。

2. 操作步骤

本案例的第 1 步是输入表格内容，第 2 步是美化表格，第 3 步是打印工作表。

3. 涉及知识点

本案例涉及知识点如下。
(1) 打印整张工作表。
(2) 在同一页上打印不连续区域。
(3) 打印行号和列标。

4. 最终效果

通过准备和设计，商品库存清单的打印预览效果如下图所示。

	A	B	C	D	E	F	G	H
1	库存 ID	名称	单价	在库数量	库存价值	续订水平	续订时间(天)	续订数量
2	IN0001	项目 1	¥51.00	25	¥1,275.00	29	13	50
3	IN0002	项目 2	¥93.00	132	¥12,276.00	231	4	50
4	IN0003	项目 3	¥57.00	151	¥8,607.00	114	11	150
5	IN0004	项目 4	¥19.00	186	¥3,534.00	158	6	50
6	IN0005	项目 5	¥75.00	62	¥4,650.00	39	12	50
7	IN0006	项目 6	¥11.00	5	¥55.00	9	13	150
8	IN0007	项目 7	¥56.00	58	¥3,248.00	109	7	100
15	IN0014	项目 14	¥42.00	62	¥2,604.00	83	2	100
16	IN0015	项目 15	¥32.00	46	¥1,472.00	23	15	50
17	IN0016	项目 16	¥90.00	96	¥8,640.00	180	3	50
18	IN0017	项目 17	¥97.00	57	¥5,529.00	98	12	50
19	IN0018	项目 18	¥12.00	6	¥72.00	7	13	50
20	IN0019	项目 19	¥82.00	143	¥11,726.00	164	12	150
21	IN0020	项目 20	¥16.00	124	¥1,984.00	113	14	50

4.2.2 打印整张工作表

打印整张工作表是常用的操作，方便简单，只需选择打印机并设置打印份数即可。具体操作步骤如下。

第1步 打开"素材 \ch04\ 商品库存清单 .xlsx"文件，选择【文件】下的【打印】选项，在弹出的【打印】界面中，单击【打印机】下拉按钮，在弹出的下拉列表中选择要使用的打印机。

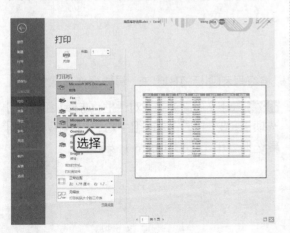

第2步 在【份数】微调框中输入"3"，表示打印 3 份，单击【打印】按钮，即可开始打印 Excel 工作表。

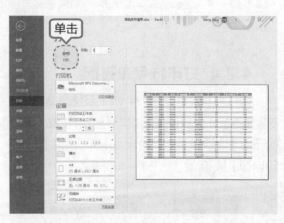

4.2.3 在同一页上打印不连续区域

如果要打印非连续的单元格区域，在打印输出时会将每个区域单独显示在不同的纸张页面。在 Excel 中可以借助"隐藏"功能，将非连续的打印区域显示在一张纸上。

第1步 打开"素材 \ch04\ 商品库存清单 .xlsx"文件。如果希望将工作表中的 A1:H8 和 A15:H21 单元格区域打印在同一张纸上，首先可以将其他区域进行隐藏，然后按住【Ctrl】键同时选中第 9~14 行和第 22~26 行，再在选中的行号处单击鼠标右键，在弹出的快捷菜单中选择【隐藏】选项。

提示 若要重新显示隐藏的行，选中第 8~27 行，并单击鼠标右键，在弹出的快捷菜单中选择【取消隐藏】选项即可。

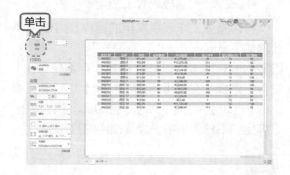

第3步 选择【文件】下的【打印】选项，进入【打印】界面，在右侧预览界面中即可看到所选的不连续区域已显示在一页上，选择合适的打印机，设置打印份数，单击【打印】按钮，即可完成工作表的打印。

第2步 即可看到所选的行已被隐藏。

4.2.4 打印行号和列标

在打印 Excel 表格时，为了方便查看表格，可以将行号和列标打印出来，具体操作步骤如下。

第1步 接着 4.2.3 小节的内容继续操作，单击【页面布局】选项卡下【页面设置】选项组中的【打印标题】按钮。

第2步 弹出【页面设置】对话框，选择【工作表】选项卡，在【打印】选项组中勾选【行和列标题】复选框，单击【打印预览】按钮。

第 3 步 即可预览打印的效果。

> **提示** 在【打印】选项组中单击选中【网格线】复选框，可以在打印预览界面查看网格线。单击选中【单色打印】复选框，可以以灰度的形式打印工作表。单击选中【草稿质量】复选框，可以节约耗材、提高打印速度，同时打印质量会降低。

高手私房菜

技巧 1：Excel 打印每页都有表头标题

在使用 Excel 表格时，可能会遇到超长表格，但是表头只有一个。为了更好地打印查阅，就需要将每页都打印表头标题，这时可以使用以下方法。

第 1 步 单击【页面布局】选项卡下【页面设置】组中的【打印标题】按钮，弹出【页面设置】对话框，单击【工作表】选项卡下【打印标题】区域【顶端标题行】右侧的按钮。

第 2 步 选择要打印表头，单击【页面设置 - 顶端标题行】中的按钮。

第 3 步 返回【页面设置】对话框，单击【确定】按钮。

第 4 步 例如本表，选择要打印的两部分工作表区域，并单击【Ctrl+P】按钮，在预览区域可以看到要打印的效果。

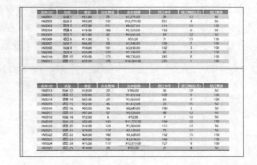

技巧 2：不打印工作表中的零值

默认情况下，如果表内数据包含"0"值，打印工作表时，会将"0"值打印出来，但打印出来"0"值没有意义，还影响美观。此时，我们可以根据需求，不打印工作表中的零值。

在打开的素材中，单击【文件】下的【选项】选项，打开【Excel 选项】对话框，然后选择【高级】选项，并在右侧【此工作表的显示选项】栏中撤销选中【在此具有零值的单元格中显示零】复选框，单击【确定】按钮。此时，再进

行工作表打印，则不会打印工作表中的零值。

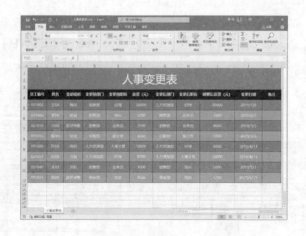

本章以制作装修预算表、商品库存清单为例，介绍了查阅和打印工作表的基本操作。

1. 本章知识点

通过制作装修预算表、商品库存清单，可以学会 Excel 中有关审阅和打印工作表的操作。主要包括以下知识点。

(1) 使用视图方式查看工作表。

(2) 放大和缩放查看工作表。

(3) 多窗口查看数据。

(4) 冻结窗格。

(5) 打印工作表。

(6) 打印行号和列标。

掌握这些内容后，能够轻松进行有关审阅和打印工作表的基本操作。

2. 制作人事变更表

与本章内容类似的表格还有人事变更表、采购表、期末成绩表等，下面以人事变更表为例介绍。

(1) 设计人事变更表有哪些要求？

① 表头包括员工编号、姓名、变动说明、变更前部门、薪资、变更后部门、薪资等。

② 内容要准确无误，可以通过不同的方式查看和打印工作表。

(2) 如何快速制作人事变更表？

① 输入内容后可以通过放大或缩放工作表查看数据。

② 通过冻结窗口查看数据。

③ 打印制作完成的人事变更表。

第二篇

公式与函数篇

第5章

公式的应用

⊃ 高手指引

公式是 Excel 中的重要组成部分，公式就是一个等式，是由一组数据和运算符组成的序列，在单元格中输入公式，可以进行计算然后返回结果。使用公式时必须以等号 "=" 开头，后面紧接数据和运算符。

⊃ 重点导读

- 学会制作家庭收支预算表
- 学会制作公司财政收支利润表

5.1 个人日常类——家庭收支预算表

家庭收支预算表是家庭常用的记账表格，通过记录家庭收支情况，可以掌握个人或家庭收支情况，合理规划消费和投资。

案例名称	制作家庭收支预算表	扫一扫看视频
应用领域	个人	
素材	素材 \ch05\ 家庭收支预算表 .xlsx	
结果	结果 \ch05\ 家庭收支预算表 .xlsx	

5.1.1 案例分析

使用家庭收支预算表可以合理管理收入和支出、检查资金的流动性并制定目标计划，因此，制作一份合理的家庭收支预算表十分必要。

1. 设计思路

家庭收支预算表有两个基本要素：一是分账户来记，分账户可以按成员分类、按银行分类或按现金分类等，不能把所有收支统计在一起。二是分类目来记，收支必须分类，分类必须科学合理、精确简洁。

2. 操作步骤

本案例的第 1 步是根据收支预算表输入内容，第 2 步是使用公式计算。

3. 涉及知识点

本案例涉及知识点如下。
(1) 输入公式。
(2) 编辑公式。

4. 最终效果

通过准备和设计，制作完成的家庭收支预算表效果如下图所示。

5.1.2 公式应用基础

在 Excel 2019 中，应用公式可以帮助分析工作表中的数据，例如对数值进行加、减、乘、除等运算。

1. 公式基本概念

在 Excel 中，应用公式可以帮助分析工作表汇总的数据，例如对数值进行加、减、乘、除等运算。

公式就是一个等式，是由一组数据和运算符组成的序列。使用公式时，必须以等号"="开头，后面紧接数据和运算符。下面列举几个公式的例子：

=15+35

=SUM（B1:F6）

= 现金收入 − 支出

上面的例子体现了 Excel 公式的语法，即公式以等号"="开头，后面紧接运算数和运算符，运算数可以是常数、单元格引用、单元格名称和工作表函数等。

在单元格中输入公式，可以进行计算然后返回结果。公式使用数学运算符来处理数值、文本、工作表函数以及其他的函数，在一个单元格中计算出一个数值。数值和文本可以位于其他的单元格中，这样可以方便地更改数据，赋予工作表动态特征。在更改工作表中数据的同时，让公式来做这个工作，用户可以快速地查看多种结果。

输入单元格中的数据由下列几个元素组成。

(1) 运算符，例如"+"（相加）或"*"（相乘）；

(2) 单元格引用（包含定义了名称的单元格和区域）；

(3) 数值和文本；

(4) 工作表函数（例如 SUM 函数或 AVERAGE 函数）。

在单元格中输入公式后，单元格中会显示公式计算的结果。当选中单元格的时候，公式本身会出现在编辑栏里。下表给出了几个公式的例子。

=150*0.5	公式只使用了数值且不是很有用
=A1+A2	把单元格 A1 和 A2 中的值相加
=Income-Expenses	把单元格 Income（收入）的值减去单元格 Expenses（支出）中的值
=SUM(A1:A12)	区域 A1:A12 相加
=A1=C12	比较单元格 A1 和 C12。如果相等，公式返回值为 TRUE；反之则为 FALSE

2. 运算符

在 Excel 中，运算符分为 4 种类型，分别是算术运算符、比较运算符、文本运算符和引用运算符。

(1) 算术运算符。

算术运算符主要用于数学计算，其组成和含义如下表所示。

算术运算符名称	含义	示例
+（加号）	加	6+8
−（减号）	"减"及负数	6−2 或 −5
/（斜杠）	除	8/2
*（星号）	乘	2*3
%（百分号）	百分比	45%
^（脱字符）	乘幂	2^3

(2) 比较运算符。

比较运算符主要用于数值比较，其组成和含义如下表所示。

比较运算符名称	含义	示例
=（等号）	等于	A1=B2
>（大于号）	大于	A1>B2
<（小于号）	小于	A1<B2
>=（大于等于号）	大于等于	A1>=B2
<=（小于等于号）	小于等于	A1<=B2
<>（不等号）	不等于	A1<>B2

(3) 引用运算符。

引用运算符主要用于合并单元格区域，其组成和含义如下表所示。

引用运算符名称	含义	示例
:（比号）	区域运算符，对两个引用之间包括这两个引用在内的所有单元格进行引用	A1:E1 引用从 A1 到 E1 的所有单元格
,（逗号）	联合运算符，将多个引用合并为一个引用	SUM(A1:E1,B2:F2) 将 A1:E1 和 B2:F2 这两个引用合并为一个引用
（空格）	交叉运算符，产生同时属于两个引用的单元格区域的引用	SUM(A1:F1,B1:B3) 只有 B1 同时属于两个引用 A1:F1 和 B1:B3

(4) 文本运算符。

文本运算符只有一个文本串连字符"&"，用于将两个或多个字符串连接起来，如下表所示。

文本运算符名称	含义	示例
&（连字符）	将两个文本连接起来产生连续的文本	"好好"&"学习"产生"好好学习"

3. 运算符优先级

如果一个公式中包含多种类型的运算符号，Excel 则按下表中的先后顺序进行运算。如果要改变公式中的运算优先级，可以使用括号"()"实现。

运算符（优先级从高到低）	说明
:（比号）	域运算符
,（逗号）	联合运算符
（空格）	交叉运算符
－（负号）	例如 － 10
%（百分号）	百分比
^（脱字符）	乘幂
* 和 /	乘和除
+ 和 －	加和减
&	文本运算符
=,>,<,>=,<=,<>	比较运算符

4. 公式中括号的优先级

如果要改变运算的顺序，可以使用括号"（）"把公式中优先级低的运算括起来。注意，不要用括号把数值的负号单独括起来，而应该把负号放在数值的前面。

在下面的例子中，在公式中使用了括号以控制运算的顺序，即用 A2 中的值减去 A3 的值，然后再与 A4 中的值相乘。

=（A2-A3）*A4

如果输入时没有括号，Excel 将计算出错误的结果。因为乘号拥有较高的优先顺序，所以 A3

会首先与 A4 相乘，然后 A2 才去减它们相乘的结果。这不是所需要的结果。

=A2-A3*A4

在公式中括号还可以嵌套使用，也就是在括号的内部还可以有括号，这样 Excel 会首先计算最里面括号中的内容。下面是一个使用嵌套括号的公式。

=（（A2*C2）+（A3*C3）+(A4*C4)）*A6

公式中有 4 组括号——前 3 个嵌套在第 4 个里面。Excel 会首先计算最里面括号中的内容，再把它们 3 个的结果相加起来，然后将这一结果再乘以 A6 的值。

尽管公式中使用了 4 组括号，但只有最外边的括号才有必要。如果理解了运算符的优先级，这个公式可以被修改如下。

=（A2*C2+A3*C3+A4*C4）*A6

使用额外的括号会使计算更加清晰。

每一个左括号都应该匹配一个相应的右括号。如果有多层嵌套括号，看起来就不够直观。如果括号不匹配，Excel 会显示一个错误信息说明问题，并且不允许用户输入公式。在某些情况下，如果公式中含有不对称括号，Excel 会建议对公式进行更正。

5.1.3 输入公式

使用公式计算就需要先输入公式，然后按【Enter】键。

下面以单击单元格输入公式为例介绍输入公式的具体操作步骤。

第1步 打开"素材\ch05\家庭收支预算表.xlsx"文件，选择 D5 单元格。

第2步 在单元格中输入"="号，单击 B5 单元格，B5 单元格周围会显示一个活动虚框，同时单元格引用会出现在单元格 D5 和编辑栏中。

第3步 输入"加号（+）"，单击单元格 C5。单元格 B5 的虚线边框会变为实线边框。

第4步 按【Enter】键或【输入】按钮 ✔，即可计算出结果。

第5步 将鼠标光标放置在 D5 单元格右下角的填充柄上，当鼠标光标变为 ✚ 形状时，按住鼠标左键，向下拖曳至 D9 单元格，即可计算出各项收入的总和。

第6步 使用同样的方法，在 B10:D10 单元格区域中计算出总计。

5.1.4 编辑公式

输入公式后，如果出现错误，可以重新编辑公式。具体操作步骤如下。

第1步 选择 D16 单元格，输入"="号，选择 B16 单元格。

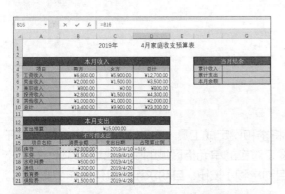

第2步 输入"/"号，单击 B13 单元格，按【Enter】键即可计算出"房贷"支出所占的预算比例。

第3步 使用填充功能，填充至 D17 单元格，可

以看到单元格中不能计算出结果。

提示 错误的原因是由于除数单元格的引用位置错误。在 5.2 节将讲解单元格引用的相关知识，这里暂不赘述。

第4步 双击 D17，即可显示公式。

第5步 输入"15000"，按【Enter】键即可显示结果。

第7步 使用同样的方法，计算出 D27:D33 单元格区域中各项所占的比例，效果如下图所示。

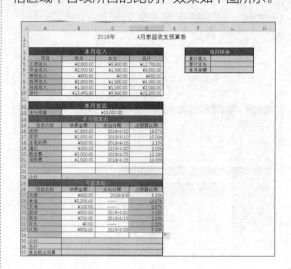

第6步 使用填充功能，填充至 D21 单元格，计算出不可控支出中各项所占的预算比例。

5.1.5 自动求和

在日常工作中，最常用的计算是求和。Excel 将求和设定成工具【自动求和】按钮，位于【开始】选项卡的【编辑】选项组中，该按钮可以自动设定对应的单元格区域的引用地址。另外，在【公式】选项卡下的【函数库】选项组中，也集成了【自动求和】按钮。自动求和的具体操作步骤如下。

第1步 选择要自动求和的单元格 B24。

选项组中的【自动求和】按钮 ∑。

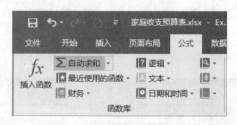

第3步 求和函数 SUM() 即会出现在单元格 B24 中，并且有默认参数 B16:B23，表示求该区域的数据总和，单元格区域 B16:B23 被闪烁的虚线框包围，在此函数的下方会自动显示有关该函数的格式及参数。

第2步 在【公式】选项卡中，单击【函数库】

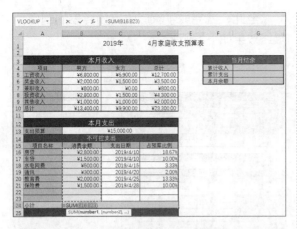

第4步 如果要使用默认的单元格区域，可以单击编辑栏上的【输入】按钮 ✓，或者按【Enter】键，即可在 B24 单元格中计算出 B16:B23 单元格区域中数值的和。

第5步 选择 B35 单元格，直接按【Alt+=】组合键，然后按【Enter】键，也可以快速进行自动求和计算。

	A	B	C	D
24	小计		¥8,600.00	
25			可控支出	
26	项目名称	消费金额	支出日期	占预算比例
27	农服	¥800.00	2019/4/6	5.33%
28	食品	¥2,200.00	——	14.67%
29	交通	¥100.00	——	0.67%
30	旅游	¥500.00	2019/4/21	3.33%
31	娱乐	¥350.00	2019/4/15	2.33%
32	家电	¥0.00	——	0.00%
33	礼物	¥800.00	2019/4/25	5.33%
34				
35	小计		¥4,750.00	
36	总计			
37	是否超出预算			

下面使用公式计算其他单元格中的数值，完成家庭收支预算表的制作。

第6步 选择 B36 单元格，输入公式"=B24+B35"，按【Enter】键计算出支出总额。

第7步 选择 B37 单元格，输入公式"=B13-B36"，按【Enter】键计算出是否超出支出。

第8步 选择 G4 单元格，输入公式"=D10"，按【Enter】键计算出累计收入。

第9步 选择 G5 单元格，输入公式"=B36"，按【Enter】键计算出累计支出。

至此，就完成了家庭收支预算表的制作，最终效果如下图所示。

第10步 选择 G6 单元格，输入公式 "=G4-G5"，按【Enter】键计算出本月余额。

5.2 财务会计类——公司财政收支利润表

公司财政收支利润表是反映公司在一定时期内经营成果的报表。利用利润表，可以评价一家公司的经营成果和投资效率，分析公司的盈利能力及未来一定时期的盈利趋势。利润表属动态报表。

案例名称	制作公司财政收支利润表	扫一扫看视频
应用领域	各类企事业单位的会计、财务部门	
素材	素材 \ch05\ 公司财政收支利润表 .xlsx	
结果	结果 \ch05\ 公司财政收支利润表 .xlsx	

5.2.1 案例分析

利润表是反映公司在一定会计期间经营成果的财务报表。当前，国际上常用的利润表有单步式和多步式两种格式。单步式是将当期收入总额相加，然后将所有费用总额相加，一次计算出当期收益的方式，其特点是所提供的信息都是原始数据，便于理解；多步式是将各种利润分多步计算求得净利润的方式，其特点是便于使用人对公司经营情况和盈利能力进行比较和分析。

1. 设计思路

利润表一般有表首、正表两部分。

(1) 表首说明报表名称、编制单位、编制日期、报表编号、货币名称、计量单位等。

(2) 正表是利润表的主体，反映形成经营成果的各个项目和计算过程。

利润表正表的格式分为单步式利润表和多步式利润表两种。单步式利润表是将当期所有的收入列在一起，然后将所有的费用列在一起，两者相减得出当期净损益；多步式利润表是通过对当期的收入、费用、支出项目按性质加以归类，按利润形成的主要环节列示一些中间性利润指标，如营业利润、利润总额、净利润，分步计算当期净损益。

2. 操作步骤

本案例以制作多步式利润表为例介绍，第 1 步是根据表格内容进行单元格引用，第 2 步是通过名称的引用进行计算，第 3 步是通过审核公式，检查错误。

3. 涉及知识点

本案例涉及知识点如下。

(1) 单元格的引用。

(2) 名称的引用。

(3) 公式的审核。

4. 最终效果

通过准备和设计，制作完成的公司财政收支利润表效果如下图所示。

5.2.2 单元格的引用

单元格的引用就是单元格地址的引用。所谓单元格的引用，就是把单元格的数据和公式联系起来。

1. 单元格引用与引用样式

单元格引用有不同的表示方法，既可以直接使用相应的地址表示，也可以使用单元格的名字表示。用地址来表示单元格引用有两种样式，一种是 A1 引用样式，另一种是 R1C1 样式。

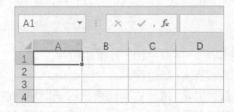

(1) A1 引用样式。

A1 引用样式是 Excel 的默认引用类型。这种类型的引用是用字母表示列（从 A 到 XFD，共 16 384 列），用数字表示行（从 1 到 1 048 576）。引用的时候先写列字母，再写行数字。若要引用单元格，输入列标和行号即可。例如，B2 表示引用了 B 列和 2 行交叉处的单元格。

如果引用单元格区域，可以输入该区域左上角单元格的地址、比例号（：）和该区域右下角单元格的地址。例如下图表示在单元格 B7 的公式中引用单元格区域 A1:A6。

(2) R1C1 引用样式。

在 R1C1 引用样式中，用 R 加行数字和 C 加列数字来表示单元格的位置。若表示相对引用，行数字和列数字都用中括号"0"括起来；

如果不加中括号，则表示绝对引用。如当前单元格是 A1，则单元格引用为 R1C1；加中括号 R(1)C(1)，则表示引用下面一行和右边一列的单元格，即 B2。

> **提示** R 代表 Row，是行的意思；C 代表 Column，是列的意思。R1C1 引用样式与 A1 引用样式中的绝对引用等价。

如果要启用 R1C1 引用样式，可以选择【文件】选项卡，在弹出的列表中选择【选项】选项。在弹出的【Excel 选项】对话框的左侧选择【公式】选项，在右侧的【使用公式】栏中选中【R1C1 引用样式】复选框，单击【确定】按钮即可。

> **提示** 在 Excel 工作表中，如果引用的是同一工作表中的数据，可以使用单元格地址引用；如果引用的是其他工作簿或工作表中的数据，可以使用名称来代表单元格、单元格区域、公式或值。

2. 相对引用

相对引用是指单元格的引用会随公式所在单元格位置的变更而改变。复制公式时，系统不是把原来的单元格地址原样照搬，而是根据公式原来的位置和复制的目标位置来推算公式中单元格地址相对原来位置的变化。默认的情况下，公式使用的是相对引用。

第1步 在"素材 \ch05\ 公司财政收支利润表 .xlsx"工作簿的 C8 单元格中输入公式"=C5-C6-C7"，按【Enter】键显示结果。

表示这种公式为绝对引用。

第2步 使用填充功能，填充至 D8 单元格，则单元格 D8 中的公式会变为"=D5-D6-D7"。

3. 绝对引用

绝对引用是指在复制公式时，无论如何改变公式的位置，其引用单元格的地址都不会改变。绝对引用的表示形式是在普通地址前面加"$"，如 C1 单元格的绝对引用形式是 $C$1。

第1步 在"素材 \ch05\ 公司财政收支利润表 .xlsx"工作簿中，修改 C8 单元格中的公式为"=$C$5-$C$6-$C$7"。

第2步 再次填充至单元格 D8，可以看到单元格 D8 中公式仍然为"=$C$5-$C$6-$C$7"，即

4. 混合引用

除了相对引用和绝对引用之外，还有混合引用，也就是相对引用和绝对引用的共同引用。当需要固定行引用而改变列引用，或者固定列引用而改变行引用时，就要用到混合引用，即相对引用部分发生改变，绝对引用部分不发生改变。例如 $B5、B$5 都是混合引用。

第1步 在"素材 \ch05\ 公司财政收支利润表 .xlsx"工作簿中，修改 C8 单元格中的公式为"=C$5-$C6-C$7"。

第2步 再次填充至单元格 D8，可以看到单元格 D8 中公式变为"=D$5-$C6-D$7"，即表示这种公式为混合引用。

提示 工作簿和工作表中的引用都是绝对引用，没有相对引用；在编辑栏中输入单元格地址后，可以按【F4】键来切换"绝对引用""混合引用"和"相对引用"等 3 个状态。

第3步 这里在 C8 单元格中输入公式"=C5-C6-C7"，按【Enter】键确认后，将公式填充至 D8 单元格中。

5. 三维引用

三维引用是对跨工作表或工作簿中的两个工作表或者多个工作表中的单元格或单元格区域的引用。三维引用的形式为"公司工作表名！单元格地址"。

跨工作簿引用单元格或单元格区域时，引用对象的前面必须用"！"作为工作表分隔符，用中括号作为工作簿分隔符，其一般形式为"（工作簿名）工作表名！单元格地址"。

5.2.3 名称的引用

在 Excel 工作簿中，可以为单元格或单元格区域定义一个名称。当在公式中引用这个单元格或单元格区域时，就可以使用该名称代替。

名称是代表单元格、单元格区域、公式或者常量值的单词或字符串，名称在使用范围内必须保持唯一，但可以在不同的范围中使用同一个名称。如果要引用工作簿中相同的名称，则需要在名称之前加上工作簿名。

1. 为单元格命名

在 Excel 编辑栏的名称文本框中输入名字后按【Enter】键，即可为单元格命名。

第1步 选择单元格 C8，在编辑栏的名称文本框中输入"本月主营业务利润"后按【Enter】键，即可完成为单元格命名的操作。

第2步 在单元格 C13 中输入公式"= 本月主营

业务利润 +C9-C10-C11-C12"，按【Enter】确认，即可计算出本月营业利润。

为单元格命名时必须遵守以下规则。

(1) 名称中的第一个字符必须是字母、汉字、下划线或反斜杠，其余字符可以是字母、汉字、数字、点和下划线。

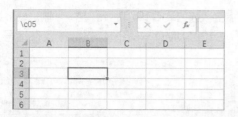

（2）不能将"C"和"R"的大小写字母作为定义的名称。在名称框中输入这些字母时，Excel 会将它们作为当前单元格选择行或列的表示法。例如选择单元格 A2，在名称框中输入"R"，按下【Enter】键后，光标将定位到工作表的第 2 行上。

（3）名称不能与单元格引用相同。例如，不能将单元格命名为"Z100"或"R1C1"。如果将 A2 单元格命名为"Z100"，按下【Enter】键后，光标将定位到"Z100"单元格中。

（4）不允许使用空格。如果要将名称中的单词分开，可以使用下划线或句点作为分隔符。例如选择单元格 C1，在名称框中输入"Excel"，按下【Enter】键后，则会弹出错误提示框。

（5）一个名称最多可以包含 255 个字符。Excel 名称不区分大小写字母，例如在单元格 A2 中创建了名称 Smase，又在单元格 B2 中创建名称 Smase 后，Excel 光标会回到单元格 A2 中，而不能创建单元格 B2 的名称。

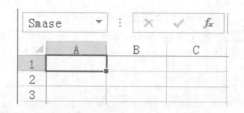

2. 为单元格区域命名

在 Excel 中也可以为单元格区域命名。

（1）在名称框中命名。

利用名称框可以为当前单元格区域定义名称，具体的操作步骤如下。

第1步 选择需要命名的单元格区域 B3:B14。单击名称框，在名称框中输入"Dan"，然后按【Enter】键，即可完成单元格区域名称的定义。

第2步 单击 D13 单元格，输入公式"=D8+D9-SUM(Dan)"，然后按【Enter】键，即可求出本年累计营业利润。

提示 如果输入的名称已经存在，则会立即选定该名称所包含的单元格或单元格区域，表明此命名是无效的，需要重新命名。通过名称框定义的名称的使用范围是本工作簿的当前工作表。如果正在修改当前单元格中的内容，则不能为单元格命名。

(2) 使用【新建名称】对话框命名。

第1步 选择需要命名的单元格区域 C14:C16。

第2步 单击【公式】选项卡下【定义的名称】选项组中的【定义名称】按钮。

第3步 在弹出【新建名称】对话框的【名称】文本框中输入"其他收入",在【范围】下拉列表中选择【工作簿】选项,单击【确定】按钮。

> **提示** 在【备注】列表框中可以输入最多 255 个字符的说明性文字。

第4步 完成命名操作,并返回工作表。

第5步 选择 C19 单元格,输入公式"=C13+SUM()",将鼠标光标放置在括号内。

第6步 单击【公式】选项卡下【定义的名称】选项组中【用于公式】按钮的下拉按钮,在弹出的下拉列表中选择【其他收入】选项。

第7步 继续输入公式"=C13+SUM(其他收入)-C17+C18",按【Enter】键后即可计算出本月利润总额。

第8步 使用公式分别计算出本年累计利润总额、本月净利润和本年累计净利润。

	利 润 表			
				会企04表
公司名称：××公司		2019 年 4 月 30 日		单位：元
项目	行次	本月数		本年累计数
一、主营业务收入	1	¥ 1,280,000.00	¥	6,800,000.00
减：主营业务成本	2	¥ 150,000.00	¥	600,000.00
主营业务税金及附加	3	¥ 240,000.00	¥	980,000.00
二、主营业务利润	4	¥ 890,000.00	¥	5,340,000.00
加：其他业务利润	5	¥ 560,000.00	¥	2,400,000.00
减：营业费用	6	¥ 85,000.00	¥	304,000.00
管理费用	7	¥ 65,000.00	¥	260,000.00
财务费用	8	¥ 74,000.00	¥	296,000.00
三、营业利润	9	¥ 1,225,000.00	¥	6,880,000.00
加：投资收益	10	¥ 580,000.00	¥	2,300,000.00
补贴收入	11	¥ 120,000.00	¥	380,000.00
营业外收入	12	¥ 59,000.00	¥	300,000.00
减：营业外支出	13	¥ 90,000.00	¥	460,000.00
加：以前年度损益调整	14	¥ 1,400,000.00	¥	4,800,000.00
四、利润总额	15	¥ 3,294,000.00	¥	14,200,000.00
减：所得税	16	¥ 900,000.00	¥	3,700,000.00
少数股东损益	17	¥ 140,000.00	¥	240,000.00
五、净利润	18	¥ 2,254,000.00	¥	10,260,000.00
单位负责人：张××		财务负责人：李××		制表人：王××

5.2.4 公式审核

公式审核可以调试复杂的公式，单独计算公式的各个部分。分步计算各个部分可以帮助用户验证计算是否正确。

1. 什么情况下需要调试

在遇到下面的情况时经常需要调试公式。
(1) 输入的公式出现错误提示。
(2) 输入公式的计算结果与实际需求不符。
(3) 需要查看公式各部分的计算结果。
(4) 需要逐步查看公式计算过程。

2. 调试公式

在 Excel 2019 中，可以使用【公式求值】命令调试公式或者使用快捷键【F9】调试公式。使用【公式求值】命令调试公式的具体操作步骤如下。

第1步 选择 C22 单元格，单击【公式】选项卡下【公式审核】组中的【公式求值】按钮 。

第2步 弹出【公式求值】对话框，在【引用】下显示引用的单元格。在【求值】显示框中可以看到求值公式，并且第一个表达式"C19"下显示下划线，单击【步入】按钮。

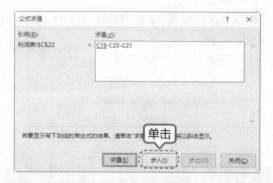

第3步 即可将【求值】显示框分为两部分，下方显示"C19"单元格的值或者显示 C19 单元格中的公式，单击【步出】按钮。

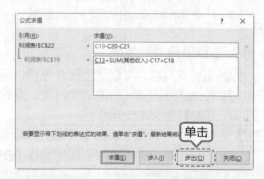

第4步 即可在【求值】显示框中计算出表达式"A1"的结果。

公式求值对话框

提示　单击【求值】按钮将直接计算表达式的结果，单击【步入】按钮则首先显示表达式数据，再单击【步出】按钮计算表达式结果。

第5步 使用同样的方法单击【求值】或【步入】按钮，即可连续分步计算每个表达式的计算结果。

提示　如果要显示任意部分公式的计算结果，选择要计算的公式部分，按【F9】键即可。使用【F9】键调试公式后，单击编辑栏中的【取消】按钮或按【Ctrl+Z】组合键、【Esc】键均可退回到公式模式。如果按【Enter】键或单击编辑栏中的【输入】按钮，调试部分将以计算结果代替公式显示。

3. 追踪引用单元格

追踪引用单元格时将以蓝色箭头标识，用于指明影响当前所选单元格值的单元格。追踪引用单元格的具体操作步骤如下。

第1步 选择 C13 单元格，单击【公式】选项卡下【公式审核】组中的【追踪引用单元格】按钮。

第2步 即可以蓝色箭头显示影响当前所选单元格值的单元格。

第3步 再次单击【公式审核】组中的【追踪引用单元格】按钮，即可显示影响 C8 单元格值的单元格。

4. 追踪从属单元格

追踪从属单元格时将以红色箭头标识，用于指明受当前所选单元格值影响的单元格。追踪从属单元格的具体操作步骤如下。

第1步 选择 C13 单元格，单击【公式】选项卡下【公式审核】组中的【追踪从属单元格】按钮。

第2步 即可显示受当前所选单元格值影响的单元格，即 C19 单元格。

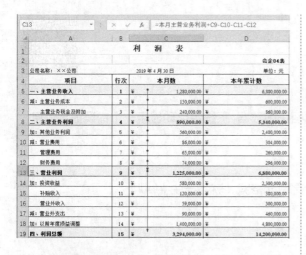

5. 删除追踪箭头

不需要追踪线时，可以删除追踪箭头。单击【公式】选项卡下【公式审核】组中【删除箭头】按钮右侧的下拉按钮，在弹出的下拉列表中选择相应的选项即可。选择【删除箭头】选项可以删除所有箭头，选择【删除引用单元格追踪箭头】选项可以删除所有引用单元格追踪箭头，选择【删除从属单元格追踪箭头】选项可以删除所有从属单元格追踪箭头。

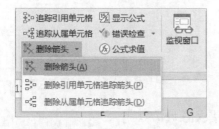

6. 追踪错误

使用追踪错误命令将用箭头标识所有影响当前单元格值的单元格。追踪错误的具体操作步骤如下。

第1步 在 F11 单元格中输入 5，在 F12 单元格中输入公式"=F11/0"，可以看到 F12 单元格会提示错误。

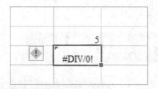

第2步 单击【公式】选项卡下【公式审核】组中【错误检查】按钮右侧的下拉按钮，在弹出的下拉列表中选择【错误检查】选项。

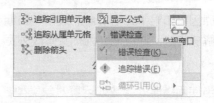

第3步 即可打开【错误检查】对话框，显示有关该错误的提示。

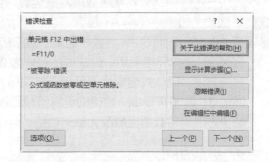

第4步 单击【公式】选项卡下【公式审核】组中【错误检查】按钮右侧的下拉按钮，在弹出的下拉列表中选择【追踪错误】选项。

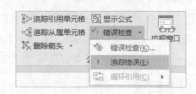

第5步 即可顺序标识所有影响当前单元格值的单元格。

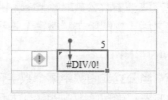

高手私房菜

技巧 1：公式显示错误的原因分析

在公式使用过程中经常由于各种原因不能返回正确数据，系统会自动显示一个错误提示信息，下面简单介绍几个常见错误提示。

1. #####！

原因：如果单元格所含的数字、日期或时间比单元格宽，就会产生 #####！。

解决方法：通过拖动列标头修改列宽。

2. #VALUE!

当使用错误的参数或运算对象类型，或者当公式自动更正功能不能更正公式时，将产生错误值 #VALUE!。这其中主要包括 3 种情况。

原因 1：在需要数字或逻辑值时输入了文本，Excel 不能将文本转换为正确的数据类型。

解决方法：确认公式或函数所需的运算符或参数正确，并且公式引用的单元格中包含有效的数值。例如，如果单元格 A1 包含一个数字，单元格 A2 包含文本，则公式"= A1+A2"将返回错误值 #VALUE!。而 SUM 函数将这两个值相加时忽略文本。

原因 2：将单元格引用、公式或函数作为数组常量输入。

解决方法：确认数组常量不是单元格引用、公式或函数。

原因 3：赋予需要单一数值的运算符或函数一个数值区域。

解决方法：将数值区域改为单一数值。修改数值区域使其包含公式所在的数据行或列。

3. #DIV/O!

原因：当公式被零除时会产生错误值 #DIV/O!。

解决方法：将除数更改为非零值。

4. #N/A

原因：当在函数或公式中没有可用数值时，将产生错误值 #N/A。

解决方法：检查目标数据、源数据、参数是否完整。如果工作表中某些单元格暂时没有数值，可以在这些单元格中输入"#N/A"，当公式引用这些单元格时，将不进行数值计算，而是返回 #N/A。

5. #REF!

原因：删除了由其他公式引用的单元格，或将移动单元格粘贴到了由其他公式引用的单元格中。当单元格引用无效时将产生错误值 #REF！。

解决方法：更改公式，检查被引用单元格或区域、返回参数的值是否有效，或者在删除或粘贴单元格之后，立即单击"撤销"按钮，以恢复工作表中的单元格。

6. #NUM！

原因：当公式或函数中某个数字有问题时将产生错误值 #NUM！。

解决方法：确保函数中的参数为正确的数值类型和数值范围。

7. #NULL！

原因：使用了不正确的区域运算符或不正确的单元格引用。当试图为两个并不相交的区域指定交叉点时将产生错误值 #NULL！。

解决方法：如果要引用两个不相交的区域，应使用联合运算符逗号（，）。公式要对两个区域求和，应确认在引用这两个区域时，使用逗号。

8．#NAME?

原因：使用 Excel 不能识别的文本时将产生错误值 #NAME?。

解决方法：首先确保函数名称拼写正确，之后检查在公式中输入文本时是否使用英文双引号（""）、单元格地址引用是否有误、软件版本是否支持函数等。

技巧 2：显示公式

在调试公式时，为了便于查看公式，可以使用【显示公式】命令将公式在单元格中显示出来。

单击【公式】选项卡下【公式审核】组中的【显示公式】按钮 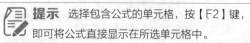，即可将工作表中所有包含公式的单元格中的公式显示出来。

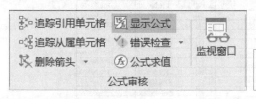

> **提示** 选择包含公式的单元格，按【F2】键，即可将公式直接显示在所选单元格中。

举一反三

本章以制作家庭收支预算表和公司财政收支利润表为例，介绍了公式的基本操作。

1. 本章知识点

通过制作家庭收支预算表和公司财政收支利润表，可以学会 Excel 中有关公式的操作。主要包括以下知识点。

(1) 输入、编辑公式。

(2) 自动求和。

(3) 单元格的引用。

(4) 名称的引用。

(5) 审核公式。

掌握这些内容后，能够轻松进行有关公式的基本操作。

2. 制作现金流量表

与本章内容类似的表格还有资产负债表、现金流量表、投资明细表等，下面以现金流量表为例介绍。

(1) 设计现金流量表有哪些要求？

① 分类反映，现金流量表应当分别反映经营活动产生的现金流量、投资活动产生的现金流量和筹资活动产生的现金流量的总额以及它们相抵后的结果。

② 总额反映与净额反映灵活运用，现金流量表一般应按照现金流量总额反映，一定时期的现金流量通常可按现金流量总额或现金流量净额反映。

③ 合理划分经营活动、投资活动和筹资活动。

(2) 如何快速制作现金流量表？

① 列出相关项目后，在需要计算的单元格中输入计算公式。他人在使用时，直接输入数据即可显示结果。

② 审核公式，确保制作完成的现金流量表计算无误。

	A	B	C	D
1			现金流量表		
2					表3
3	公司名称：××公司		2019 年 4 月 30 日		单位：元
4	项目	行次	本月数	本年累计数
5	一、经营活动产生的现金流量：	1		
6	1.销售商品、提供劳务收到的现金	2	¥154,000.00	¥650,000.00
7	2.收到税费返还	3	¥25,000.00	¥84,000.00
8	3.收到的其他与经营活动有关的现金	4	¥14,000.00	¥68,000.00
9	现金流入小计	5	¥193,000.00	¥802,000.00
10	1.购买商品、接受劳务支付的现金	6	¥50,000.00	¥120,000.00
11	2.支付给职工对职工支付的现金	7	¥45,000.00	¥250,000.00
12	3.支付的各项税费	8	¥15,000.00	¥60,000.00
13	4.支付的其他与经营活动有关的现金	9	¥10,000.00	¥50,000.00
14	现金流出小计	10	¥120,000.00	¥480,000.00
15	**经营活动产生的现金流量净额**	11	**¥73,000.00**	**¥322,000.00**
16	二、投资活动产生的现金流量：	12		
17	1.收回投资所收到的现金	13	¥480,000.00	¥1,200,000.00
18	2.取得投资收益所收到的现金	14	¥150,000.00	¥600,000.00
19	3.处理固定资产、无形资产和其他长期资产而收到的现金净额	15	¥240,000.00	¥850,000.00
20	4.收到的其他与投资活动有关的现金	16	¥10,000.00	¥50,000.00
21	现金流入小计	17	¥880,000.00	¥2,700,000.00
22	1.购建固定资产、无形资产和其他长期资产所支付的现金	18	¥120,000.00	¥480,000.00
23	2.投资所支付的现金	19	¥100,000.00	¥400,000.00
24	3.支付的其他与投资活动有关的现金	20	¥10,000.00	¥50,000.00
25	现金流出小计	21	¥230,000.00	¥930,000.00
26	**投资活动产生的现金流量净额**	22	**¥650,000.00**	**¥1,770,000.00**
27	三、筹资活动产生的现金流量：	23		
28	1.吸收投资所收到的现金	24	¥1,580,000.00	¥6,500,000.00
29	3.借款所收到的现金	25	¥1,400,000.00	¥6,500,000.00
30	3.收到的其他与筹资活动有关的现金	26	¥240,000.00	¥850,000.00
31	现金流入小计	27	¥3,220,000.00	¥13,850,000.00
32	1.偿还债务所支付的现金	28	¥2,400,000.00	¥6,700,000.00
33	2.分配股利或利润或偿付利息所支付的现金	29	¥150,000.00	¥860,000.00
34	3.支付的其他与筹资活动有关的现金	30	¥1,000,000.00	¥3,000,000.00
35	现金流出小计	31	¥3,550,000.00	¥10,560,000.00
36	**筹资活动产生的现金净流量净额**	32	**(¥330,000.00)**	**¥3,290,000.00**
37	四、汇率变动对现金的影响额	33	¥2,480,000.00	¥8,200,000.00
38	五、现金及现金等价物净增加额	34	¥4,800,000.00	¥1,200,000.00
39	单位负责人：张××		财务负责人：李××	制表人：王××

第

6 章

函数的应用

⊃ 高手指引

面对大量的数据，如果使用公式逐个计算、处理，会浪费大量的人力和时间，灵活使用函数可以大大提高数据分析的能力和效率。本章主要介绍函数的使用方法，通过对各种类型函数的学习，可以熟练掌握常用函数的使用技巧和方法，并能够举一反三，灵活运用。

⊃ 重点导读

• 学会制作员工工资核算表
• 学会制作员工培训考核成绩表
• 掌握其他常用函数的使用

6.1 人事管理类——员工工资核算表

员工工资核算表是最常见的工作表之一，该表根据各类工资类型汇总而成，涉及众多函数的使用。

案例名称	制作员工工资核算表	扫一扫看视频
应用领域	文秘、会计、财务、人力资源等部门	
素材	素材 \ch06\ 员工工资核算表 .xlsx	
结果	结果 \ch06\ 员工工资核算表 .xlsx	

6.1.1 案例分析

在制作员工工资核算表的过程中，需要使用多种类型的函数，了解各种函数的性质和用法，对分析数据有很大帮助。

1. 设计思路

员工工资核算表由几个基本表格组成，通常包含以下几个表格。

(1) 工资表。用于汇总各项记录。

(2) 员工基本信息表。记录员工基本信息，如员工编号、员工姓名、基本工资、工龄工资等。

(3) 销售奖金扣款表。包含奖金的计算以及扣款项。

(4) 业绩奖金标准表。记录业绩奖金的计算方法，需根据企业政策更新。

(5) 税率表。记录个人所得税表相关内容。该表需根据国家政策更新。

由于工作表之间的调用关系，需要厘清工作表的制作顺序，设计思路如下。

(1) 应先使用函数完善员工基本信息。

(2) 提取基本工资、工龄工资等信息。

(3) 根据奖金发放标准计算出员工奖金数额。

(4) 汇总得出应发工资数额，得出个人所得税缴纳金额，最后计算实发工资。

2. 操作步骤

本案例的第 1 步是使用文本函数提取员工个人信息及基本工资，第 2 步是使用逻辑函数计算业绩提成奖金，第 3 步是使用查找与引用函数计算个人所得税，第 4 步是计算个人应发工资。

3. 涉及知识点

本案例涉及知识点如下。

(1) 文本函数的使用。

(2) 逻辑函数的使用。

(3) 查找与引用函数的使用。

(4) 公式的使用。

4. 最终效果

通过准备和设计，制作完成的员工工资核算表效果如下图所示。

	A	B	C	D	E	F	G	H	I	J	K
1	编号	员工编号	员工姓名	基本工资	工龄工资	奖金	扣款	五险一金	应发工资	个人所得税	实发工资
2	1	101001	张XX	6500	1200	4800	200	715	¥11,585.0	¥1,071.4	¥10,513.7
3	2	101002	王XX	5800	1100	2660	300	638	¥8,622.0	¥258.7	¥8,363.3
4	3	101003	李XX	5800	1100	8300	500	638	¥14,062.0	¥1,406.2	¥12,655.8
5	4	101004	赵XX	5000	900	4500	200	550	¥9,650.0	¥471.5	¥9,178.5
6	5	101005	钱XX	4800	900	4500	0	528	¥9,672.0	¥478.3	¥9,193.7
7	6	101006	孙XX	4200	700	9800	100	462	¥14,138.0	¥1,413.8	¥12,724.2
8	7	101007	李XX	4000	600	2100	200	440	¥6,060.0	¥181.8	¥5,878.2
9	8	101008	胡XX	3800	500	2380	300	418	¥5,962.0	¥178.9	¥5,783.1
10	9	101009	马XX	3600	500	720	200	396	¥4,224.0	¥126.7	¥4,097.3
11	10	101010	刘XX	3200	400	0	0	352	¥3,248.0	¥97.4	¥3,150.6

6.1.2 输入函数

函数是 Excel 的重要组成部分,有着非常强大的计算功能,为用户分析和处理工作表中的数据提供了很大的方便。在输入函数之前,应首先了解函数的基础知识。

1. 基本概念

Excel 中所提到的函数其实是一些预定义的公式,它们使用一些被称为参数的特定数值按特定的顺序或结构进行计算。每个函数描述都包括一个语法行,它是一种特殊的公式,所有的函数必须以等号"="开始,它是预定义的内置公式,必须按语法的特定顺序进行计算。

【插入函数】对话框为用户提供了一个使用半自动方式输入函数及其参数的方法。使用【插入函数】对话框可以保证正确的函数拼写,以及顺序正确且确切的参数个数。

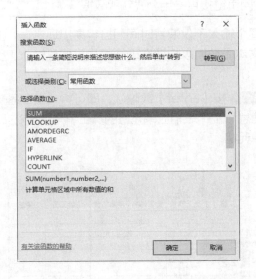

2. 函数的组成

在 Excel 中,一个完整的函数式通常由 3 部分构成,分别是标识符、函数名称、函数参数,其格式如下。

$$=SUM(A1:A6)$$

(1) 标识符。

在单元格中输入计算函数时,必须先输入"=",这个"="称为函数的标识符。如果不输入"=",Excel 通常将输入的函数式作为文本处理,不返回运算结果。

(2) 函数名称。

函数标识符后面的英文是函数名称。大多数函数名称是对应英文单词的缩写。有些函数名称是由多个英文单词(或缩写)组合而成的,例如,条件求和函数 SUMIF 是由求和 SUM 和条件 IF 组成的。

(3) 函数参数。

函数参数主要有以下几种类型。

① 常量参数。

常量参数主要包括数值(如 123.45)、文本(如计算机)和日期(如 2013-5-25)等。

② 逻辑值参数。

逻辑值参数主要包括逻辑真(TRUE)、逻辑假(FALSE)以及逻辑判断表达式(例如,单元格 A3 不等于空表示为"A3<>()")的结果等。

③ 单元格引用参数。

单元格引用参数主要包括单个单元格的引用和单元格区域的引用等。

④ 名称参数。

在工作簿文档中,各个工作表中自定义的名称,可以作为本工作簿内的函数参数直接引用。

⑤ 其他函数式。

用户可以用一个函数式的返回结果作为另

一个函数式的参数。对于这种形式的函数式，通常称为"函数嵌套"。

⑥ 数组参数。

数组参数可以是一组常量（如 2、4、6），也可以是单元格区域的引用。

3. 函数的分类

Excel 2019 提供了丰富的内置函数，按照应用领域，这些函数可以分为 13 大类，用户可以根据需要直接进行调用。函数类型及其作用如下表所示。

函数类型	作用
财务函数	进行一般的财务计算
日期和时间函数	可以分析和处理日期及时间
数学与三角函数	可以在工作表中进行简单的计算
统计函数	对数据区域进行统计分析
查找与引用函数	在数据清单中查找特定数据或查找一个单元格引用
数据库函数	分析数据清单中的数值是否符合特定条件
文本函数	在公式中处理字符串
逻辑函数	进行逻辑判断或者复合检验
信息函数	确定存储在单元格中数据的类型
工程函数	用于工程分析
多维数据集函数	用于从多维数据库中提取数据集和数值
兼容函数	这些函数已由新函数替换，新函数可以提供更好的精确度，且名称更好地反映了其用法
Web 函数	通过网页链接直接用公式获取数据

员工的信息是工资核算表中必不可少的一项，逐个输入不仅浪费时间而且容易出现错误，文本函数则很擅长处理这种字符串类型的数据。使用文本函数可以快速准确地将员工信息输入工资核算表，具体操作步骤如下。

第1步 打开"素材 \ch06\ 员工工资核算表 .xlsx"文件，选择"工资表"工作表，选中 B2 单元格。在编辑栏中输入公式"=TEXT(员工基本信息 !A2,0)"。

> **提示** 公式"=TEXT(员工基本信息 !A2,0)"用于显示员工基本信息表中 A2 单元格的员工编号。

第2步 按【Enter】键确认，即可将"员工基本信息"工作表相应单元格的员工编号引用在 B2 单元格。

第3步 使用快速填充功能可以将公式填充在 B3:B11 单元格区域中，效果如下图所示。

第4步 选中 C2 单元格,在编辑栏中输入"=TEXT(员工基本信息 !B2,0)"。

提示 公式"=TEXT(员工基本信息 !B2,0)"用于显示员工基本信息表中 B2 单元格的员工姓名。

第5步 按【Enter】键确认,即可将员工姓名填充在单元格内,然后使用快速填充功能将公式填充在 C3:C11 单元格区域中,效果如下图所示。

第6步 选中 D2 单元格,在编辑栏中输入"=TEXT(员工基本信息 !D2,0)",按【Enter】键确认,然后使用快速填充功能将公式填充在 D3:D11 单元格区域中,效果如下图所示。

6.1.3 自动更新工龄工资

员工的工龄是计算员工工龄工资的依据。使用日期函数可以准确地计算出员工工龄,根据工龄即可计算出工龄工资,具体操作步骤如下。

第1步 选择"员工基本信息"工作表,选中 E2 单元格,在单元格中输入公式"=(DATEDIF(员工基本信息 !C2,TODAY(),"y"))*100"。

提示 公式"=DATEDIF(员工基本信息 !C2,TODAY(),"y")"用于计算员工的工龄。

第2步 按【Enter】键确认,即可得出员工的工龄工资。

101

第3步 使用快速填充功能可快速计算出其余员工的工龄工资，效果如下图所示。

	A	B	C	D	E	F
1	员工编号	员工姓名	入职日期	基本工资	工龄工资	五险一金
2	101001	张XX	2007/1/20	¥6,500.0	¥1,100.0	
3	101002	王XX	2008/5/10	¥5,800.0	¥1,000.0	
4	101003	李XX	2008/6/25	¥5,800.0	¥1,000.0	
5	101004	赵XX	2010/2/3	¥5,000.0	¥800.0	
6	101005	钱XX	2010/8/5	¥4,800.0	¥800.0	
7	101006	孙XX	2012/4/20	¥4,200.0	¥600.0	
8	101007	李XX	2013/10/20	¥4,000.0	¥500.0	
9	101008	胡XX	2014/6/5	¥3,800.0	¥400.0	
10	101009	马XX	2014/7/20	¥3,600.0	¥400.0	
11	101010	刘XX	2015/6/20	¥3,200.0	¥300.0	

第4步 选中 F2 单元格，输入公式"=D2*11%"。

第5步 按【Enter】键确认，即可计算出对应员工的五险一金扣除金额。

第6步 使用填充柄填充可计算出其余员工的五险一金扣除金额，效果如下图所示。

第7步 选择"工资表"工作表，选中 E2 单元格。在编辑栏中输入公式"=TEXT(员工基本信息 !E2,0)"。

第8步 按【Enter】键确认，即可将"员工基本信息"工作表中的工龄工资显示在 E2 单元格。

第9步 使用快速填充功能可以将公式填充在 E3:E11 单元格区域中，效果如下图所示。

第10步 选中 H2 单元格，在编辑栏中输入"=TEXT(员工基本信息 !F2,0)"，按【Enter】键确认，然后使用快速填充功能将公式填充在

H3:H11 单元格区域中，效果如下图所示。

H11 =TEXT(员工基本信息!F11,0)

	A	B	C	D	E	F	G	H
1	编号	员工编号	员工姓名	基本工资	工龄工资	奖金	扣款	五险一金
2	1	101001	张XX	6500	1100			715
3	2	101002	王XX	5800	1000			638
4	3	101003	李XX	5800	1000			638
5	4	101004	赵XX	5000	800			550
6	5	101005	钱XX	4800	800			528
7	6	101006	孙XX	4200	600			462
8	7	101007	李XX	4000	500			440
9	8	101008	胡XX	3800	400			418
10	9	101009	马XX	3600	400			396
11	10	101010	刘XX	3200	300			352
12								

6.1.4 奖金及扣款数据的链接

业绩奖金是企业员工工资的重要构成部分，业绩奖金根据员工的业绩划分为几个等级，每个等级奖金的奖金比例也不同。逻辑函数可以用来进行复合检验，因此很适合于计算这种类型的数据。具体操作步骤如下。

第 1 步 切换至“销售奖金扣款表”工作表，选中 D2 单元格，在单元格中输入公式“=HLOOKUP(C2, 业绩奖金标准 !$B$2:$F$3,2)”。

SUM =HLOOKUP(C2, 业绩奖金标准!$B$2:$F$3,2)

	B	C	D	E	F	G
1	员工姓名	销售额	奖金比例	奖金	扣款	扣款原因
2	张XX		=HLOOKUP(C2, 业绩奖金标准!$B$2:$F$3,2)		¥200.00	迟到
3	王XX	¥38,000.0			¥300.00	迟到
4	李XX	¥52,000.0			¥500.00	请假
5	赵XX	¥45,000.0			¥200.00	迟到
6	钱XX	¥45,000.0			¥0.00	
7	孙XX	¥62,000.0			¥100.00	请假
8	李XX	¥30,000.0			¥200.00	迟到
9	胡XX	¥34,000.0			¥300.00	请假
10	马XX	¥24,000.0			¥200.00	迟到
11	刘XX	¥8,000.0			¥0.00	

> **提示** HLOOKUP 函数是 Excel 中的横向查找函数，公式“=HLOOKUP(C2, 业绩奖金标准 !$B$2:$F$3,2)”中第 3 个参数设置为“2”，表示取满足条件的记录在“业绩奖金标准! $B$2:$F$3”区域中第 2 行的值。

第 2 步 按【Enter】键确认，即可得出奖金比例。

D2 =HLOOKUP(C2, 业绩奖金标准!$B$2:$F$3,2)

	B	C	D	E	F	G
1	员工姓名	销售额	奖金比例	奖金	扣款	扣款原因
2	张XX	¥48,000.0	0.1		¥200.00	迟到
3	王XX	¥38,000.0			¥300.00	迟到
4	李XX	¥52,000.0			¥500.00	请假
5	赵XX	¥45,000.0			¥200.00	迟到
6	钱XX	¥45,000.0			¥0.00	
7	孙XX	¥62,000.0			¥100.00	请假
8	李XX	¥30,000.0			¥200.00	迟到
9	胡XX	¥34,000.0			¥300.00	请假
10	马XX	¥24,000.0			¥200.00	迟到
11	刘XX	¥8,000.0			¥0.00	

第 3 步 使用填充柄工具将公式填充进其余单元格，效果如下图所示。

D11 =HLOOKUP(C11, 业绩奖金标准!$B$2:$F$3,2)

	B	C	D	E	F	G
1	员工姓名	销售额	奖金比例	奖金	扣款	扣款原因
2	张XX	¥48,000.0	0.1		¥200.00	迟到
3	王XX	¥38,000.0	0.07		¥300.00	迟到
4	李XX	¥52,000.0	0.15		¥500.00	请假
5	赵XX	¥45,000.0	0.1		¥200.00	迟到
6	钱XX	¥45,000.0	0.1		¥0.00	
7	孙XX	¥62,000.0	0.15		¥100.00	请假
8	李XX	¥30,000.0	0.07		¥200.00	迟到
9	胡XX	¥34,000.0	0.07		¥300.00	请假
10	马XX	¥24,000.0	0.03		¥200.00	迟到
11	刘XX	¥8,000.0	0		¥0.00	
12						

第 4 步 选中 E2 单元格，在单元格中输入公式“=IF(C2<50000,C2*D2,C2*D2+500)”。

SUM =IF(C2<50000,C2*D2,C2*D2+500)

	B	C	D	E	F	G
1	员工姓名	销售额	奖金比例	奖金	扣款	扣款原因
2	张XX	¥48,000.0		=IF(C2<50000,C2*D2,C2*D2+500)		迟到
3	王XX	¥38,000.0	0.07		¥300.00	迟到
4	李XX	¥52,000.0	0.15		¥500.00	请假
5	赵XX	¥45,000.0	0.1		¥200.00	迟到
6	钱XX	¥45,000.0	0.1		¥0.00	
7	孙XX	¥62,000.0	0.15		¥100.00	请假
8	李XX	¥30,000.0	0.07		¥200.00	迟到
9	胡XX	¥34,000.0	0.07		¥300.00	请假
10	马XX	¥24,000.0	0.03		¥200.00	迟到
11	刘XX	¥8,000.0	0		¥0.00	

> **提示** 单月销售额大于 50 000 元，给予 500 元的奖励。

第 5 步 按【Enter】键确认，即可计算出该员工的奖金金额。

E2　=IF(C2<50000,C2*D2,C2*D2+500)

员工姓名	销售额	奖金比例	奖金	扣款	扣款原因
张XX	¥48,000.0	0.1	¥4,800.0	¥200.00	迟到
王XX	¥38,000.0	0.07		¥300.00	迟到
李XX	¥52,000.0	0.15		¥500.00	请假
赵XX	¥45,000.0	0.1		¥200.00	迟到
钱XX	¥45,000.0	0.1		¥0.00	
孙XX	¥62,000.0	0.15		¥100.00	请假
李XX	¥30,000.0	0.07		¥200.00	迟到
胡XX	¥34,000.0	0.07		¥300.00	请假
马XX	¥24,000.0	0.03		¥200.00	迟到
刘XX	¥8,000.0	0		¥0.00	

第 6 步 使用快速填充功能得出其余员工奖金金额，效果如下图所示。

E11　=IF(C11<50000,C11*D11,C11*D11+500)

员工姓名	销售额	奖金比例	奖金	扣款	扣款原因
张XX	¥48,000.0	0.1	¥4,800.0	¥200.00	迟到
王XX	¥38,000.0	0.07	¥2,660.0	¥300.00	迟到
李XX	¥52,000.0	0.15	¥8,300.0	¥500.00	请假
赵XX	¥45,000.0	0.1	¥4,500.0	¥200.00	迟到
钱XX	¥45,000.0	0.1	¥4,500.0	¥0.00	
孙XX	¥62,000.0	0.15	¥9,800.0	¥100.00	请假
李XX	¥30,000.0	0.07	¥2,100.0	¥200.00	迟到
胡XX	¥34,000.0	0.07	¥2,380.0	¥300.00	请假
马XX	¥24,000.0	0.03	¥720.0	¥200.00	迟到
刘XX	¥8,000.0	0	¥0.0	¥0.00	

第 7 步 返回“工资表”工作表，在 F2 单元格中输入“=TEXT(销售奖金扣款表 !E2,0)”，按【Enter】键确认，并填充至 F11 单元格，效果如下图所示。

F2　=TEXT(销售奖金扣款表!E2,0)

编号	员工编号	员工姓名	基本工资	工龄工资	奖金	扣款
1	101001	张XX	6500	1100	4800	
2	101002	王XX	5800	1000	2660	
3	101003	李XX	5800	1000	8300	
4	101004	赵XX	5000	800	4500	
5	101005	钱XX	4800	800	4500	
6	101006	孙XX	4200	600	9800	
7	101007	李XX	4000	500	2100	
8	101008	胡XX	3800	400	2380	
9	101009	马XX	3600	400	720	
10	101010	刘XX	3200	300	0	

第 8 步 在 G2 单元格中输入“=TEXT(销售奖金扣款表 !F2,0)”，按【Enter】键确认，并填充至 G11 单元格，效果如下图所示。

G2　=TEXT(销售奖金扣款表!F2,0)

编号	员工编号	员工姓名	基本工资	工龄工资	奖金	扣款	五险一金
1	101001	张XX	6500	1100	4800	200	715
2	101002	王XX	5800	1000	2660	300	638
3	101003	李XX	5800	1000	8300	500	638
4	101004	赵XX	5000	800	4500	200	550
5	101005	钱XX	4800	800	4500	0	528
6	101006	孙XX	4200	600	9800	100	462
7	101007	李XX	4000	500	2100	200	440
8	101008	胡XX	3800	400	2380	300	418
9	101009	马XX	3600	400	720	200	396
10	101010	刘XX	3200	300	0	0	352

第 9 步 选择 I2 单元格，输入公式“=D2+E2+F2-G2-H2”，按【Enter】键确认，计算出员工编号为“101001”员工的应发工资。

I2　=D2+E2+F2-G2-H2

编号	员工编号	员工姓名	基本工资	工龄工资	奖金	扣款	五险一金	应发工资
1	101001	张XX	6500	1100	4800	200	715	¥11,485.0
2	101002	王XX	5800	1000	2660	300	638	
3	101003	李XX	5800	1000	8300	500	638	
4	101004	赵XX	5000	800	4500	200	550	
5	101005	钱XX	4800	800	4500	0	528	
6	101006	孙XX	4200	600	9800	100	462	
7	101007	李XX	4000	500	2100	200	440	
8	101008	胡XX	3800	400	2380	300	418	
9	101009	马XX	3600	400	720	200	396	
10	101010	刘XX	3200	300	0	0	352	

第 10 步 填充至 I11 单元格，计算出每名员工的应发工资。

I11　=D11+E11+F11-G11-H11

编号	员工编号	员工姓名	基本工资	工龄工资	奖金	扣款	五险一金	应发工资	个人所得税
1	101001	张XX	6500	1100	4800	200	715	¥11,485.0	
2	101002	王XX	5800	1000	2660	300	638	¥8,522.0	
3	101003	李XX	5800	1000	8300	500	638	¥13,962.0	
4	101004	赵XX	5000	800	4500	200	550	¥9,550.0	
5	101005	钱XX	4800	800	4500	0	528	¥9,572.0	
6	101006	孙XX	4200	600	9800	100	462	¥14,038.0	
7	101007	李XX	4000	500	2100	200	440	¥5,960.0	
8	101008	胡XX	3800	400	2380	300	418	¥5,862.0	
9	101009	马XX	3600	400	720	200	396	¥4,124.0	
10	101010	刘XX	3200	300	0	0	352	¥3,148.0	

6.1.5 计算个人所得税

个人所得税根据个人收入的不同实行阶梯形式的征收方式，因此直接计算起来比较复杂。需要根据本期纳税金额、前期累计纳税金额、累计扣税金额计算，在“纳税表”工作表中给出了每位员工前期的累计纳税金额和累计扣税，现在需要根据这些数据计算出个人所得税，具体操作步骤如下。

第 1 步 如要计算员工“张 ×× ”的个人所得税金额，选中 J3 单元格。在单元格中输入公式“=MAX(ROUND(MAX((工资表!I2+税率表!H3)*{0.03,0.1,0.2,0.25,0.3,0.35,0.45}-

{0,210,1410,2660,4410,7160,15160}*12,0)),2)-
税率表 !I3,0)"。按【Enter】键确认，计算出
员工"张 × ×"应缴纳的个人所得税金额。

员工编号	员工姓名	前期累计纳税额	累计扣税	应纳税额
101001	张XX	34755	1042.65	1071.35
101002	王XX	25866	775.98	258.66
101003	李XX	42186	1698.6	1406.2
101004	赵XX	28950	868.5	471.5
101005	钱XX	29016	870.48	478.32
101006	孙XX	42414	1721.4	1413.8
101007	李XX	18180	545.4	181.8
101008	胡XX	17886	536.58	178.86
101009	马XX	12672	380.16	126.72
101010	刘XX	19744	592.32	97.44

第3步 选择"工资表"工作表，在 J2 单元格输
入公式"= 税率表 !J3"，按【Enter】键，并
填充至 J11 单元格，即可在工资表中计算出每
位员工本期的应纳税额。

第2步 使用快速填充功能填充其余单元格，计
算出其余员工应缴纳的个人所得税金额，效果
如下图所示。

6.1.6 计算个人实发工资

计算出各项工资数据后，就可以通过公式计算每名员工的实发工资。

第1步 单击 K2 单元格，输入公式"=I2-J2"。

第3步 使用填充柄工具将公式填充进其余单元
格，得出其余员工实发工资金额，效果如下图
所示。

第2步 按【Enter】键确认，即可得出第一名员
工的实发工资金额。

6.2 人力管理类——员工培训考核成绩表

员工培训考核成绩表用于记录员工的考核成绩，目的是让员工的工作更规范、更完善，让每
名员工都能掌握培训的技能，成为本岗位的技能专家，更好地体现自身价值。

案例名称	制作员工培训考核成绩表	扫一扫看视频
应用领域	文秘、会计、财务、人力资源等部门	
素材	素材 \ch06\ 员工培训考核成绩表 .xlsx	
结果	结果 \ch06\ 员工培训考核成绩表 .xlsx	

6.2.1 案例分析

员工培训考核成绩表是记录员工培训成绩的表格，用于检查员工培训的效果是否达到预期目的。

1. 设计思路

员工培训考核成绩表通常包含员工基本信息表、成绩表、考核成绩统计表 3 部分，员工基本信息表包含员工的基本信息，成绩表是记录考核的成绩，考核成绩统计表是主要表格，用于统计培训成绩，并进行相关的数据计算和分析。

2. 操作步骤

本案例的第 1 步是根据员工基本信息在考核成绩统计表中统计出员工信息，第 2 步是判断员工培训成绩是否合格，第 3 步是排序员工培训考核成绩并统计合格人数。

3. 涉及知识点

本案例涉及知识点如下。
(1) 文本函数的使用。
(2) 逻辑函数的使用。
(3) 统计函数的使用。

4. 最终效果

通过准备和设计，制作完成的员工培训考核成绩表效果如下图所示。

	A	B	C	D	E	F	G	H
1	员工编号	姓名	部门	理论成绩	应用成绩	是否合格	总分	总分排名
2	321001	王××	研发部	90	80	合格	170	8
3	321002	石××	测试部	99	73	不合格	172	6
4	321003	李××	研发部	86	76	合格	162	12
5	321004	宁××	市场部	96	79	合格	175	5
6	321005	杨××	技术部	90	98	合格	188	2
7	321006	钱××	研发部	67	79	不合格	146	16
8	321007	胡××	办公室	82	62	不合格	144	17
9	321008	谢××	技术部	78	69	不合格	147	15
10	321009	柴××	市场部	86	90	合格	176	4
11	321010	周××	办公室	85	38	不合格	123	20
12	321011	黄××	研发部	86	83	合格	169	9
13	321012	朱××	技术部	100	99	合格	199	1
14	321013	孔××	办公室	49	72	不合格	121	21
15	321014	林××	技术部	48	76	不合格	124	19
16	321015	毛××	测试部	87	79	合格	166	10
17	321016	史××	技术部	72	86	合格	158	13
18	321017	祝××	市场部	80	86	合格	166	10
19	321018	赵××	研发部	92	94	合格	186	3
20	321019	马××	研发部	86	85	合格	171	7
21	321020	冯××	办公室	84	68	不合格	152	14
22	321021	刘××	测试部	84	58	不合格	142	18
23								
24	合格人数	11						

6.2.2 使用文本函数获取特定的文本信息

在制作员工培训考核成绩表时，可以使用文本函数从其他表中获取特定的文本信息，具体操作步骤如下。

第1步 打开"素材\ch06\员工工资核算表.xlsx"文件，在"考核成绩统计表"工作表中选择 B2 单元格，输入公式"=TEXT(员工基本信息表!B2,0)"。

员工编号	姓名	部门	理论成绩	应用成绩
321001	=TEXT(员工基本信息表!B2,0)			
321002				
321003				
321004				
321005				
321006				
321007				
321008				
321009				
321010				
321011				
321012				
321013				
321014				
321015				
321016				
321017				
321018				
321019				
321020				
321021				

第2步 按【Enter】键确认，即可显示员工编号为"321001"员工的姓名。

员工编号	姓名	部门	理论成绩	应用成绩
321001	王××			
321002				
321003				
321004				
321005				
321006				
321007				
321008				
321009				
321010				
321011				
321012				
321013				
321014				
321015				
321016				
321017				
321018				
321019				
321020				
321021				

第3步 填充至 B22 单元格，即可得到所有员工的姓名。

员工编号	姓名	部门	理论成绩	应用成绩
321001	王××			
321002	石××			
321003	李××			
321004	宁××			
321005	杨××			
321006	钱××			
321007	胡××			
321008	谢××			
321009	柴××			
321010	周××			
321011	黄××			
321012	朱××			
321013	孔××			
321014	林××			
321015	毛××			
321016	史××			
321017	祝××			
321018	赵××			
321019	马××			
321020	冯××			
321021	刘××			

第4步 选择 C2 单元格，输入公式"=TEXT(员工基本信息表!E2,0)"。

员工编号	姓名	部门	理论成绩	应用成绩
321001	王××	=TEXT(员工基本信息表!E2,0)		
321002	石××			
321003	李××			
321004	宁××			
321005	杨××			
321006	钱××			
321007	胡××			
321008	谢××			
321009	柴××			
321010	周××			
321011	黄××			
321012	朱××			
321013	孔××			
321014	林××			
321015	毛××			
321016	史××			
321017	祝××			
321018	赵××			
321019	马××			
321020	冯××			
321021	刘××			

第5步 按【Enter】键确认，即可显示员工编号为"321001"员工所属的部门。

C2			× ✓ fx	=TEXT(员工基本信息表!E2,0)

	A	B	C	D	E
1	员工编号	姓名	部门	理论成绩	应用成绩
2	321001	王××	研发部		
3	321002	石××			
4	321003	李××			
5	321004	宁××			
6	321005	杨××			
7	321006	钱××			
8	321007	胡××			
9	321008	谢××			
10	321009	柴××			
11	321010	周××			
12	321011	黄××			
13	321012	朱××			
14	321013	孔××			
15	321014	林××			
16	321015	毛××			
17	321016	史××			
18	321017	祝××			
19	321018	赵××			
20	321019	马××			
21	321020	冯××			
22	321021	刘××			

C22			× ✓ fx	=TEXT(员工基本信息表!E22,0)

	A	B	C	D	E
1	员工编号	姓名	部门	理论成绩	应用成绩
2	321001	王××	研发部		
3	321002	石××	测试部		
4	321003	李××	研发部		
5	321004	宁××	市场部		
6	321005	杨××	技术部		
7	321006	钱××	研发部		
8	321007	胡××	办公室		
9	321008	谢××	技术部		
10	321009	柴××	市场部		
11	321010	周××	办公室		
12	321011	黄××	研发部		
13	321012	朱××	技术部		
14	321013	孔××	办公室		
15	321014	林××	技术部		
16	321015	毛××	测试部		
17	321016	史××	技术部		
18	321017	祝××	市场部		
19	321018	赵××	研发部		
20	321019	马××	研发部		
21	321020	冯××	办公室		
22	321021	刘××	测试部		

第6步 填充至 C22 单元格，即可得到所有员工所属的部门。

6.2.3 使用查找函数获取成绩信息

下图所示为"成绩表"工作表中的数据，可以看到"员工编号"列的数据并不是按顺序编号的。如果需要将"理论成绩"和"应用成绩"列中的数据提取到"考核成绩统计表"工作表中，可以使用查找函数获取数据。

	A	B	C	D
1	员工编号	理论成绩	应用成绩	
2	321009	86	90	
3	321005	90	98	
4	321012	100	99	
5	321020	84	68	
6	321013	49	72	
7	321019	86	85	
8	321007	82	62	
9	321004	96	79	
10	321014	48	76	
11	321010	85	38	
12	321001	90	80	
13	321006	67	79	
14	321017	80	86	
15	321021	84	58	
16	321018	92	94	
17	321002	99	73	
18	321011	86	83	
19	321015	87	79	
20	321008	78	69	
21	321016	72	86	
22	321003	86	76	
23				

SUM			× ✓ fx	=VLOOKUP(A2,成绩表!$A$2:$C$22,2,FALSE)

	A	B	C	D	E	F	G
1	员工编号	姓名	部门	理论成绩	应用成绩	是否合格	总分
2	321001	王××	研发部	=VLOOKUP(A2,成绩表!$A$2:$C$22,2,FALSE)			
3	321002	石××	测试部				
4	321003	李××	研发部				
5	321004	宁××	市场部				
6	321005	杨××	技术部				
7	321006	钱××	研发部				
8	321007	胡××	办公室				
9	321008	谢××	技术部				
10	321009	柴××	市场部				
11	321010	周××	办公室				
12	321011	黄××	研发部				
13	321012	朱××	技术部				
14	321013	孔××	办公室				
15	321014	林××	技术部				
16	321015	毛××	测试部				

提 示 公式"=VLOOKUP(A2,成绩表!$A$2:$C$22,2,FALSE)"中，A2 表示要匹配的员工编号是"张三"；成绩表!$A$2:$C$22 表示要查找的区域是"成绩表"中的"A2:C22"单元格区域，为了确保查找区域不变，可以使用绝对引用"$A$2:$B$7"；2 表示返回查找区域第 2 列的值，即 B 列；FALSE 表示精确匹配。

第1步 在"考核成绩统计表"工作表中选择D2 单元格，输入公式"=VLOOKUP(A2,成绩表!$A$2:$C$22,2,FALSE)"。

第2步 按【Enter】键确认，即可显示员工编号为"321001"员工的理论成绩。

第5步 按【Enter】键确认，即可显示员工编号为"321001"员工的应用成绩。

第3步 填充至 D22 单元格，即可得到所有员工的理论成绩。

第6步 填充至 E22 单元格，即可得到所有员工的应用成绩。

第4步 选择 E2 单元格，输入公式"=VLOOKUP(A2, 成绩表 !$A$2:$C$22,3,FALSE)"。

6.2.4 使用逻辑函数进行判断

逻辑函数的主要作用是进行判断。在"考核成绩统计表"中，如果理论成绩大于等于 80 并且应用成绩大于等于 75 为合格，否则为不合格，这可使用 IF 函数进行判断。

第1步 在"考核成绩统计表"工作表中选择 F2 单元格，输入公式"=IF(AND(D2>=80,E2>=75),"合格"，"不合格"）"。

> **提示** 公式"=IF(AND(D2>=80,E2>=75),"合格"，"不合格"）"中，AND(D2>=80,E2>=75)表示同时满足 D2>=80,E2>=75；如果满足，则显示"合格"，否则显示"不合格"。

第2步 按【Enter】键确认，即可判断出员工编号为"321001"员工的成绩是否合格。

第3步 填充至 F22 单元格，即可判断出每名员工的成绩是否合格。

6.2.5 使用统计函数对成绩进行统计和排位

如果要根据考核成绩的总分进行排名，可以使用统计函数。使用统计函数 RANK 对总成绩进行排名的具体操作步骤如下。

第1步 在"考核成绩统计表"工作表中选择 G2 单元格，输入公式"=D2+E2)"，按【Enter】键确认，并填充至 G22 单元格，即可计算出所有员工的考核成绩总分。

第2步 选择 H2 单元格，输入公式 "=RANK(G2,$G$2:$G$22)"，按【Enter】键确认，即可计算出第一名员工的总分排名。

第3步 填充至 H22 单元格，即可计算出每名员工的总分排名情况。

第4步 填充至 F22 单元格，即可判断出每名员工的成绩是否合格。

第5步 如果要统计出合格的人数，在 A24 单元格中输入"合格人数"，选择 B24 单元格，输入公式 "=COUNTIF(F2:F22,"= 合格")"，按【Enter】键确认，即可计算出考核合格的人数。

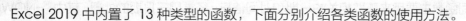

6.3 其他常用函数

Excel 2019 中内置了 13 种类型的函数，下面分别介绍各类函数的使用方法。

6.3.1 文本函数

文本函数是在公式中处理文字串的函数，主要用于查找、提取文本中的特定字符，转换数据类型，以及结合相关的文本内容等。

1. 从身份证号码中提取出生日期

18 位身份证号码的第 7~14 位，15 位身份证号码的第 7~12 位，代表的是出生日期。为了节省时间，登记出生年月时可以用 MID 函数将出生日期提取出来。

第1步 打开"素材 \ch06\Mid.xlsx"文件，选择单元格 D2，在其中输入公式 "=MID(C2,7,8)"，

按【Enter】键确认后即可得到该居民的出生日期。

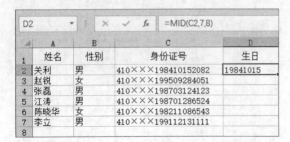

第2步 将鼠标指针放在单元格 D2 右下角的填充柄上，当鼠标指针变为╋形状时按住鼠标左键并向下拖曳鼠标，将公式复制到该列的其他单元格中。

	A	B	C	D
1	姓名	性别	身份证号	生日
2	关利	男	410××198410152082	19841015
3	赵锐	女	410××199509284051	19950928
4	张磊	男	410××198703124123	19870312
5	江涛	男	410××198701286524	19870128
6	陈晓华	女	410××198211086543	19821108
7	李立	男	410××199112131111	19911213
8				

> **提示** MID 函数
> 功能：返回文本字符串中从指定位置开始的特定个数的字符函数，该个数由用户指定。
> 格式：MID(text, start_num, num_chars)。
> 参数：text 是指包含要提取的字符的文本字符串，也可以是单元格引用；start_num 表示字符串中要提取字符的起始位置；num_chars 表示 MID 从文本中返回字符的个数。

6.3.2 日期与时间函数

日期和时间函数主要用来获取相关的日期和时间信息，经常用于日期的处理。其中"=NOW()"可以返回当前系统的时间。

1. 统计员工上岗的年份

公司每年都有新来的员工和离开的员工，可以利用 YEAR 函数统计员工上岗的年份。

> **提示** YEAR 函数
> 功能：显示日期值或日期文本对应的年份，返回值为 1900~9999 之间的整数。
> 格式：YEAR(serial_number)。
> 参数：serial_number 为一个日期值，其中包含需要查找年份的日期。可以使用 DATE 函数输入日期，或者将函数作为其他公式或函数的结果输入。如果参数以非日期形式输入，则返回错误值 #VALUE！。

2. 按工作量结算工资

工作量按件计算，每件 10 元。假设员工的工资组成包括基本工资和工作量工资，月底时，公司需要把员工的工作量转换为工作量工资，加上基本工资进行当月工资收入的核算。这需要用到 TEXT 函数将数字转换为文本格式，并添加货币符号。

> **提示** TEXT 函数
> 功能：设置数字格式，并将其转换为文本函数。将数值转换为按指定数字格式表示的文本。
> 格式：TEXT(value,format_text)。
> 参数：value 表示数值，计算结果为数值的公式，也可以是对包含数字的单元格引用；format_text 是用引号括起来的文本字符串的数字格式。

第1步 打开"素材\ch06\Text.xlsx"文件，选择单元格 E3，在其中输入公式"=TEXT(C3+D3*10,"￥#.00")"，按【Enter】键确认后即可完成"工资收入"的计算。

第2步 将鼠标指针放在单元格 D2 右下角的填充柄上，当鼠标指针变为╋形状时按住鼠标左键并向下拖曳鼠标，将公式复制到该列的其他单元格中。

	A	B	C	D	E	F
1			员工工资表			
2	姓名	性别	基本工资	工作量	工资收入	
3	张晨	男	3600	60	￥4200.00	
4	马飞	女	4000	72	￥4720.00	
5	赵忠前	男	3850	65	￥4500.00	
6	张可强	男	2620	60	￥3220.00	
7	蔡青蓝	女	2010	75	￥2760.00	
8	王欢换	女	3065	80	￥3865.00	
9						

E8 单元格公式：=TEXT(C8+D8*10,"￥#.00")

第1步 打开"素材 \ch06\Year.xlsx"文件，选择单元格D3，在其中输入公式"=YEAR(C3)"，按【Enter】键确认后即可计算出"上岗年份"。

第2步 将鼠标指针放在单元格 D3 右下角的填充柄上，当鼠标指针变为 **+** 形状时按住鼠标左键并向下拖曳鼠标，将公式复制到该列的其他单元格中。

	A	B	C	D	E
1	员工统计表				
2	员工编号	性别	上岗日期	上岗年份	
3	1189	男	2016/5/8	2016	
4	1190	女	2016/8/9	2016	
5	1191	男	2016/10/10	2016	
6	1192	男	2016/12/11	2016	
7	1193	女	2017/3/12	2017	
8					

2. 计算停车的小时数

根据停车的开始时间和结束时间计算停车时间，不足1小时则舍去。使用HOUR函数计算。

> **提示** HOUR 函数
> 功能：返回时间值的小时数。计算某个时间值或者代表时间的序列编号对应的小时数。
> 格式：HOUR(serial_number)。
> 参数：serial_number 表示需要计算小时数的时间，这个参数的数据格式是所有 Excel 可以识别的时间格式。

第1步 打开"素材 \ch06\Hour.xlsx"文件，选择单元格D3，在其中输入公式"=HOUR(C3-B3)"，按【Enter】键确认后即可计算出停车的小时数。

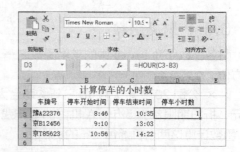

第2步 将鼠标指针放在单元格 D3 右下角的填充柄上，当鼠标指针变为 **+** 形状时按住鼠标左键并向下拖曳鼠标，将公式复制到该列的其他单元格中。

	A	B	C	D
1	计算停车的小时数			
2	车牌号	停车开始时间	停车结束时间	停车小时数
3	豫A22376	8:46	10:35	1
4	京B12456	9:10	13:03	3
5	京T85623	10:56	14:22	3
6				

6.3.3 统计函数

统计函数的出现方便了 Excel 用户从复杂的数据中筛选有效的数据。由于筛选具有多样性，因此 Excel 中提供了多种统计函数。

公司考勤表中记录了员工是否缺勤，要统计缺勤的总人数，就需使用 COUNT 函数。表格中的"正常"表示不缺勤，"0"表示缺勤。

> **提示** COUNT 函数
> 功能：统计参数列表中含有数值数据的单元格个数。
> 格式：COUNT(value1,value2⋯⋯)。
> 参数：value1,value2⋯⋯表示可以包含或引用各种类型数据的 1~255 个参数，但只有数值型的数据才被计算。

第1步 打开"素材 \ch06\Count.xlsx"文件。

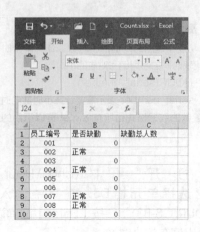

第2步 在单元格 C2 中输入公式"=COUNT(B2:B10)"，按【Enter】键确认后即可得到"缺勤总人数"。

6.3.4 财务函数

财务函数作为 Excel 中的常用函数之一，为财务和会计核算（记账、算账和报账）提供了很多方便。

××公司 2014 年 7 月 16 日新购两台大型机器，购买价格 A 机器为 52 万元、B 机器为 480 万元，折旧期限都为 5 年，A 机器的资产残值为 6 万元，B 机器的资产残值为 3.5 万元，试利用 DB 函数计算这两台机器每一年的折旧值。

 提示 DB 函数

功能：使用固定余数递减法，计算资产在一定期间内的折旧值。

格式：DB(cost,salvage,life,period,month)。

参数：cost 为资产原值，用单元格或数值来指定；salvage 为资产在折旧期末的价值，用单元格或数值来指定；life 为固定资产的折旧期限；period 为计算折旧值的期间；month 为购买固定资产后第一年的使用月份数。

第1步 打开"素材 \ch06\Db.xlsx"文件，并设置 B8:C12 单元格区域的数字格式为【货币】格式，小数位数为"0"。

第2步 在单元格 B8 中输入公式"=DB($B$2, $B$3,$B$4,A8,$B$5)"，按【Enter】键确认后即可计算出机器 A 第一年的折旧值。

第3步 在单元格 C8 中输入公式"=DB($C$2, $C$3,$C$4,A8,$C$5)"，按【Enter】键确认后即可计算出机器 B 第一年的折旧值。

鼠标左键并向下拖曳鼠标，将公式复制到该列的其他单元格中。

第4步 将鼠标指针放在单元格区域 B8:C8 右下角的填充柄上，当鼠标指针变为 **+** 形状时按住

6.3.5 数据库函数

数据库是包含一组相关数据的列表，其中包含相关信息的行称为记录，包含数据的列称为字段。

1. 统计成绩最高的学生成绩

可以使用 DMAX 函数统计成绩表中成绩最高的学生成绩。

> **提示 DMAX 函数**
> 功能：计算数据库中满足指定条件的记录字段中的最大数字。
> 格式：DMAX(database,field,criteria)。
> 参数：database 表示构成列表的单元格区域，field 表示指定函数使用的数据列，criteria 表示一组包含给定条件的单元格区域。

第1步 打开 "素材 \ch06\Dmax.xlsx" 文件。

第2步 在单元格 D18 中输入公式 "=DMAX(A1:E14,5,A16:E17)"，按【Enter】键确认后即可求出数据区域中最高的成绩。

2. 计算员工的平均销售量

使用 DAVERAGE 函数可以计算指定单元格区域员工的平均销售量。

> **提示 DAVERAGE 函数**
> 功能：返回数据库中满足指定条件的记录字段中的数字平均值。
> 格式：DAVERAGE(database,field,crit eria)。
> 参数：database 表示构成数据的单元格区域，field 表示指定函数使用的数据列，criteria 表示一组包含给定条件的单元格区域。

第1步 打开"素材 \ch06\Daverage.xlsx"文件。

第2步 在单元格C12中输入公式"=DAVERAGE(A1:C8,3,A10:C11)",按【Enter】键确认后即可求出"公司所有员工平均销售量"。

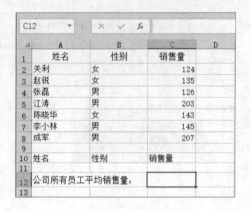

6.3.6 逻辑函数

逻辑函数是根据不同的条件进行不同处理的函数。条件格式中使用比较运算符号指定逻辑式,并用逻辑值表示结果。

这里使用 AND 函数判断员工是否完成工作量。每个人 4 个季度销售计算机的数量均大于 100 台为完成工作量,否则为没有完成工作量。

> **提示** AND 函数
>
> 功能:返回逻辑值。如果所有的参数值均为逻辑"真(TRUE)",则返回逻辑"真(TRUE)",反之返回逻辑"假(FALSE)"。
>
> 格式:AND(logical1,logical2……)。
>
> 参数:Logical1,Logical2……表示待测试的条件值或表达式,最多为 255 个。

第1步 打开"素材 \ch06\And.xlsx"文件,在单元格 F2 中输入公式"=AND(B2>100,C2>100,D2>100,E2>100)",按【Enter】键确认后即可显示完成工作量的信息。

第2步 将鼠标指针放在单元格 F2 右下角的填充柄上,当鼠标指针变为 ✚ 形状时按住鼠标左键并向下拖曳鼠标,将公式复制到该列的其他单元格中。

6.3.7 查找与引用函数

查找与引用函数主要用于对单元格区域进行数值的查找。

某软件研发公司拥有一批软件开发人员,包括高级开发人员、高级测试人员、项目经理、高级项目经理等。这里使用 CHOOSE 函数输入该公司部分员工的职称。

功能：可以根据索引号从最多 254 个数值中选择一个。

格式：CHOOSE(index_num,value1, value2……)。

参数：index_num 指定所选参数序号的值参数；value1,value2……为 1 ~ 254 个数值参数。

第1步 打开"素材 \ch06\Choose.xlsx"文件，在单元格 D3 其中输入"=CHOOSE(C3,"高级项目经理","项目经理","高级开发人员","高级测试人员")"，按【Enter】键确认后即可显示该员工的"岗位职称"。

第2步 将鼠标指针放在单元格 D3 右下角的填充柄上，当鼠标指针变为十形状时按住鼠标左键并向下拖曳鼠标，将公式复制到该列的其他单元格中。并根据实际需要调整列的宽度。

6.3.8 其他函数

Excel 2019 中还包含数学与三角函数、信息函数和工程函数。

1. 数学与三角函数

Excel 2019 提供了一些常用的数学与三角函数。用户在使用 Excel 进行财务处理时，如果遇到运算，可以适当地使用相应的数学函数。

(1) ABS 函数。

可以使用 ABS 函数输出数值的绝对值。新建一个文档，在 A1 单元格中输入"-120"，在 A2 单元格中输入"=ABS(A1)"，按【Enter】键确认后即可求出 A1 单元格中数值的绝对值。

功能：求出相应数值或引用单元格中数值的绝对值。

格式：ABS(number)。

参数：number 代表需要求绝对值的数值或引用的单元格。

(2) INT 函数。

可以使用 INT 函数将数值向下取整为最接近的整数。新建一个文档，在 A2 单元格中输入"=INT(19.69)"，按【Enter】键确认后即可求出将 19.69 向下取整后得到的最接近的整数。

功能：返回实数向下取整后的整数值。INT 函数在取整时，不进行四舍五入。

格式：INT(number)。

参数：number 表示需要取整的数值或包含数值的引用单元格。

(3) MOD 函数。

可以使用 MOD 函数返回两数相除的余数。新建一个文档，选择 B2 单元格，在其中输入"=MOD(13,4)"，按【Enter】键确认后即可显示出结果为"1"。

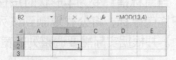

> **提示** MOD 函数
>
> 功能：返回两数相除的余数，结果的正负号与除数相同。
>
> 格式：MOD(number, divisor)。
>
> 参数：number 表示被除数，divisor 表示除数。

(4) SIN 函数。

可以使用 SIN 函数返回给定角度的正弦值。新建一个文档，选择 B2 单元格，在其中输入"=SIN(30*PI()/180）"，按【Enter】键确认后即可显示 30° 的正弦值。

> **提示** SIN 函数
>
> 功能：计算角度的三角函数的正弦值。
>
> 格式：SIN (number)。
>
> 参数：number 表示需要计算的角度。

2. 信息函数

信息函数用来获取单元格内容信息。信息函数可以使单元格在满足条件时返回逻辑值，从而获取单元格的信息，还可以确定存储在单元格中的内容的格式、位置、错误类型等信息。

(1) CELL 函数。

可以使用 CELL 函数返回引用中第 1 个单元格的格式、位置或内容等有关信息。

> **提示** CELL 函数
>
> 功能：返回指定引用区域的左上角单元格的样式、位置或内容等信息。
>
> 格式：CELL(info_type,reference)。
>
> 参数：info_type 表示一个文本框，用双引号的半角文本指明需要的单元格信息的类型；reference 表示要查找的内容相关信息的单元格或者单元格区域。

(2) TYPE 函数。

可以使用 TYPE 函数以整数形式返回参数的数据类型。

> **提示** TYPE 函数
>
> 功能：检测数据的类型。如果检测对象是数值，则返回"1"；如果是文本，则返回"2"；如果是逻辑值，则返回"4"；如果是公式，则返回"8"；如果是误差值，则返回"16"；如果是数组，则返回"64"。
>
> 格式：TYPE(value)。
>
> 参数：value 可以为任意 Mircrosoft Excel 数据或引用的单元格。

3. 工程函数

工程函数主要用于解决一些数学问题。如果能够合理地使用工程函数，可以极大地简化程序。

(1) DEC2BIN 函数。

可以使用 DEC2BIN 函数将十进制数转换为二进制数。新建一个文档，选择 B2 单元格，在其中输入"=DEC2BIN(8)"，按【Enter】键确认后即可将十进制数"8"转换为二进制数"1000"。

> **提示** DEC2BIN 函数
>
> 功能：将十进制数转换为二进制数。如果参数不是一个十进制格式的数字，则函数返回错误值"#NAME？"。
>
> 格式：DEC2BIN(number)。
>
> 参数：number 为待转换的十进制整数。

(2) BIN2DEC 函数。

可以使用 BIN2DEC 函数将二进制数转换为十进制数。新建一个文档，选择 B2 单元格，在其中输入"=BIN2DEC(1010)"，按【Enter】键确认后即可将二进制数"1010"转换为十进制数"10"。

> **提示** BIN2DEC 函数
> 功能：将二进制数转换为十进制数。如果参数不是一个二进制格式的数字，函数则返回错误值"#NUM！"。
> 格式：BIN2DEC(number)。
> 参数：number 为待转换的二进制数。

高手私房菜

技巧 1：大小写字母转换技巧

与大小写字母转换相关的 3 个函数分别为 LOWER、UPPER 和 PROPER。

第1步 将字符串中所有的大写字母转换为小写字母。

> **提示** 如果需要将一个字符串中的某个或几个字符转换为大写字母或小写字母，可以使用 LOWER 函数和 UPPER 函数与其他的查找函数结合进行。

第3步 将字符串的首字母及任何非字母字符后面的首字母转换为大写字母。

第2步 将字符串中所有的小写字母转换为大写字母。

技巧 2：Excel 2019 新增函数的使用

Excel 2019 中新增了几款函数，如"IFS"函数、"CONCAT"函数、"TEXTJOIN"函数等。下面简单介绍这些新函数的应用。

1. IFS 函数

IFS 函数是一个多条件判断函数，可以取代多个 IF 语句的嵌套。

IFS 函数的语法：IFS((条件 1, 值 1,(条件 2, 值 2),……(条件 127, 值 127))，即如果（A1 等于 1，则显示 1，如果 A1 等于 2，则显示 2，或如果 A1 等于 3，则显示 3）。

IFS 函数允许测试最多 127 个不同的条件。

第1步 打开"素材 \ch06\ IFS 函数 .xlsx"工作簿，选择 C2 单元格，在编辑栏中输入公式"=IFS(B2>=90,"优秀",B2>=80,"良好",B2>=70,"中等",B2>=60,"及格",B2<=59,"不及格")"。

第2步 按【Enter】键确认后即可得出结果。

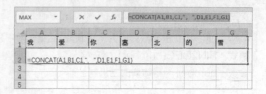

第2步 按【Enter】键确认后即可得出结果。

第3步 使用快速填充功能计算其他学生的评价结果。

3. TEXTJOIN 函数

TEXTJOIN 函数可以将多个区域的文本组合起来，且包括用户指定的用于要组合的各文本项之间的分隔符。

TEXTJOIN 函数的语法：TEXTJOIN(分隔符, ignore_empty, text1, (text2), ……)。

分隔符：文本字符串，可以为空，也可以是通过双引号引起来的一个或多个字符，或者是对有效字符串的引用，如果是一个数字，则将会被视为文本。

ignore_empty：如果为 TRUE，则忽略空白单元格。

text1：要连接的文本项，如单元格区域。

(text2)：要连接的其他文本项。文本项最多可以有 253 个文本参数，每个参数可以是一个字符串或字符串数组，如单元格区域。

第1步 打开"素材 \ch06\TEXTJOIN 函数 .xlsx"工作簿，选择 C2 单元格，在编辑栏中输入公式"=TEXTJOIN（"；"，FALSE,A2:A7）"。

2. CONCAT 函数

CONCAT 函数是一个文本函数，可以将多个区域的文本组合起来，在 Excel 中可以实现多列合并。

CONCAT 函数的语法：CONCAT(text1, (text2),……)。

text1：要连接的文本项，如单元格区域。

(text2)：要连接的其他文本项。文本项最多可以有 253 个文本参数。每个参数可以是一个字符串或字符串数组，如单元格区域。

第1步 打开"素材 \ch06\ CONCAT 函数 .xlsx"工作簿，选择 A2 单元格，在编辑栏中输入公式"=CONCAT(A1,B1,C1,"，",D1,E1,F1,G1)"。

第2步 按【Enter】键确认后即可得出选择的数据区域中包含空白单元格的结果。

第3步 选择 C3 单元格，在编辑栏中输入公式"=TEXTJOIN（"；"，TRUE,A2:A7）"。

第4步 按【Enter】键确认后即可得出选择的数据区域中不包含空白单元格的结果。

举一反三

本章以制作员工工资核算表和员工培训考核成绩表为例，介绍了函数的应用。

1. 本章知识点

通过制作员工工资核算表和员工培训考核成绩表，可以学会 Excel 中有关函数的操作。主要包括以下知识点。

(1) 函数的输入。

(2) 各类函数的使用。

2. 制作公司年度开支凭证明细表

与本章内容类似的表格还有公司年度开支凭证明细表、固定资产统计表、商品采购统计表等，下面以公司年度开支凭证明细表为例介绍。

(1) 设计公司年度开支凭证明细表有哪些要求？

① 在不同的表格中列出各项开支情况，如列出工资支出及其他支出。

② 在"开支凭证明细表"工作表中列出需要统计的各项数据。

(2) 如何快速制作公司年度开支凭证明细表？

在"开支凭证明细表"工作表中列出需要统计的相关项目后，即可综合利用各种函数进行计算。

月份	工资支出	招待费用	差旅费用	公车费用	办公用品费用	员工福利费用	房租费用	其他	合计
1月	¥35,700.0	¥15,000.0	¥4,000.0	¥1,200.0	¥800.0	¥0.0	¥9,000.0	¥0.0	¥65,700.0
2月	¥36,800.0	¥15,000.0	¥6,000.0	¥2,500.0	¥800.0	¥6,000.0	¥9,000.0	¥0.0	¥76,100.0
3月	¥36,700.0	¥15,000.0	¥3,500.0	¥1,200.0	¥800.0	¥0.0	¥9,000.0	¥800.0	¥67,000.0
4月	¥35,600.0	¥15,000.0	¥4,000.0	¥4,000.0	¥800.0	¥0.0	¥9,000.0	¥0.0	¥68,400.0
5月	¥34,600.0	¥15,000.0	¥4,800.0	¥1,200.0	¥800.0	¥0.0	¥9,000.0	¥0.0	¥65,400.0
6月	¥35,100.0	¥15,000.0	¥6,200.0	¥800.0	¥800.0	¥4,000.0	¥9,000.0	¥0.0	¥70,900.0
7月	¥35,800.0	¥15,000.0	¥4,000.0	¥1,200.0	¥800.0	¥0.0	¥9,000.0	¥1,500.0	¥67,300.0
8月	¥35,700.0	¥15,000.0	¥1,500.0	¥1,200.0	¥800.0	¥0.0	¥9,000.0	¥1,600.0	¥64,800.0
9月	¥36,500.0	¥15,000.0	¥4,000.0	¥3,200.0	¥800.0	¥4,000.0	¥9,000.0	¥0.0	¥72,500.0
10月	¥35,800.0	¥15,000.0	¥3,800.0	¥1,200.0	¥800.0	¥0.0	¥9,000.0	¥0.0	¥65,600.0
11月	¥36,500.0	¥15,000.0	¥3,000.0	¥1,500.0	¥800.0	¥0.0	¥9,000.0	¥0.0	¥65,800.0
12月	¥36,500.0	¥15,000.0	¥1,000.0	¥1,200.0	¥800.0	¥26,000.0	¥9,000.0	¥5,000.0	¥93,500.0

第三篇

图表与数据分析篇

第 7 章

图表在数据分析中的应用

⊃ 高手指引

图表设计的过程实际是将数据进行可视化表达的过程，用图表来展示数据、传递信息，将其作为与他人沟通的有效工具。图表的设计不合理，就缺乏灵魂，再漂亮的图表也仅仅是"花瓶"而已。本章就来介绍怎样将一堆杂乱无章的数据转化为一眼就能看懂的数据。

⊃ 重点导读

- 学会制作销售金额分析表
- 学会制作公司财政支出分析表
- 学会创建销售迷你图
- 学会其他常用图表的选择与使用

7.1 市场营销类——销售金额分析表

销售金额分析表是对产品销售的金额进行分析的表格，可以使用图表进行分析，从而直观地获取产品销售情况，达到调整销售策略的目的。

案例名称	制作销售金额分析表	扫一扫看视频
应用领域	市场部门、销售部门、渠道部门等	
素材	素材 \ch07\ 销售金额分析表 .xlsx	
结果	结果 \ch07\ 销售金额分析表 .xlsx	

7.1.1 案例分析

销售金额分析表可以反映一段时间内产品的销售情况，先选定销售周期内的销售金额，再通过插入图表功能，通过柱形图或折线图等看出其销售走势，从而判断其销售生命周期。

1. 设计思路

数据分析是指用适当的统计分析方法对收集来的大量数据进行分析，提取有用信息和形成结论而对数据加以详细研究和概括总结的过程。Excel 作为常用的分析工具，可以实现基本的分析工作。在 Excel 中使用图表可以清楚地表达数据的变化关系，并且可以分析数据的规律，进行预测。本节以制作商品销售金额分析表为例，介绍使用 Excel 的图表功能分析销售数据的方法。

制作销售金额分析表时，需要注意以下几点。

(1) 表格的设计要合理。

① 表格要有明确的表格名称，以快速向读者传达要制作图表的信息。

② 表头的设计要合理，能够指明每一项数据要反映的销售信息。

③ 表格中的数据格式、单位要统一，以正确地反映销售金额分析表中的数据。

(2) 表格类型的选择要合适。

① 制作图表时首先要选择正确的数据源，有时表格的标题不可以作为数据源，而表头通常要作为数据源的一部分。

② Excel 2019 提供了柱形图、折线图、饼图、条形图、面积图、XY 散点图、地图、股价图、曲面图、雷达图、树状图、旭日图、直方图、箱形图、瀑布图、漏斗图等 16 种图表类型以及组合图表类型，每一类图表所反映的数据主题不同，用户需要根据要表达的主题选择合适的图表。

③ 图表中可以添加合适的图表元素，如图表标题、数据标签、数据表、图例等，通过这些图表元素可以更直观地反映图表信息。

2. 操作步骤

本案例的第 1 步是根据表格数据创建图表，第 2 步是对创建的图表进行编辑操作。

3. 涉及知识点

本案例涉及知识点如下。

(1) 认识图表的组成。

(2) 插入图表。

(3) 编辑图表，如设置并调整图表的位置、大小及添加图表元素等。

4. 最终效果

通过准备和设计，制作完成的销售金额分析表效果如下图所示。

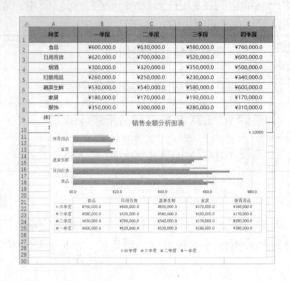

7.1.2 认识图表的特点及其构成

在图表中可以非常直观地反映工作表中数据之间的关系，方便对比与分析数据。

1. 图表的特点

(1)直观形象。

利用下面的图表可以非常直观地显示 2017 学年和 2018 学年各项经费支出情况。

(2)种类丰富。

Excel 2019 提供有 16 种内部的图表类型以及组合图表类型，每一种图表类型又有多种子类型。用户可以根据实际情况，选择原有的图表类型或者自定义图表。

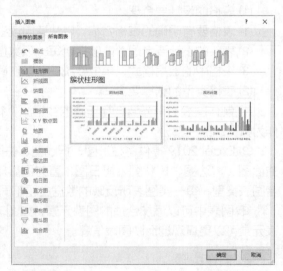

(3)双向联动。

在图表上可以增加数据源，使图表和表格双向结合，更直观地表达丰富的含义。

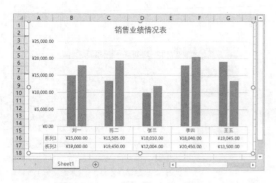

(4)二维坐标。

一般情况下，图表上有两个用于对数据进行分类和度量的坐标轴，即分类（x）轴和数值（y）轴。在 x、y 轴上可以添加标题，以更明确图表所表示的含义。

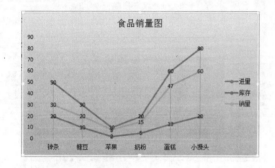

2. 图表的组成

图表主要由图表区、绘图区、标题、数据标签、坐标轴、图例、数据表和背景等组成。

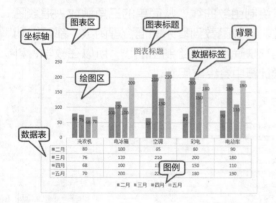

(1) 图表区。

整个图表以及图表中的数据称为图表区。在图表区中，当鼠标指针停留在图表元素上方时，Excel 会显示元素的名称，从而方便用户查找图表元素。

(2) 绘图区。

绘图区主要显示数据表中的数据，数据随

着工作表中数据的更新而更新。

(3) 标题。

创建图表完成后，图表中会自动创建标题文本框，用户只需在文本框中输入标题即可。

(4) 数据标签。

图表中绘制的相关数据点的数据来自数据的行和列。如果要快速标识图表中的数据，可以为图表的数据系列添加数据标签，在数据标签中可以显示系列名称、类别名称和百分比。

(5) 坐标轴。

默认情况下，Excel 会自动确定图表坐标轴中图表的刻度值，用户也可以自定义刻度，以满足使用需要。当在图表中绘制的数值涵盖范围较大时，可以将垂直坐标轴改为对数刻度。

(6) 图例。

图例用方框表示，用于标识图表中的数据系列所指定的颜色或图案。创建图表后，图例以默认的颜色显示图表中的数据系列。

(7) 数据表。

数据表是反映图表中源数据的表格，默认的图表一般不显示数据表。单击【图表工具】▶【设计】选项卡下【图表布局】组中的【添加图表元素】按钮，在弹出的下拉列表中选择【数据表】选项，在其子菜单中选择【显示图例项标示】选项即可显示数据表。

(8) 背景。

背景主要用于衬托图表，以使图表更加美观。

3. 如何选择合适的图表

Excel 2019 提供了柱形图、折线图、饼图、条形图、面积图、XY 散点图、地图、股价图、曲面图、雷达图、树状图、旭日图、直方图、箱形图、瀑布图、漏斗图等 16 种图表类型以及组合图表类型，用户需要根据图表的特点选择合适的图表类型。

(1) 柱形图——以垂直条跨若干类别比较值。

柱形图由一系列垂直条组成，通常用来比较一段时间中两个或多个项目的相对尺寸，例如不同产品季度或年销售量对比、在几个项目中不同部门的经费分配情况、每年各类资料的数目等。

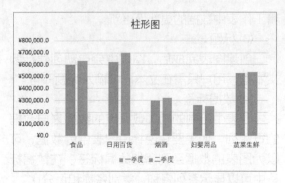

(2) 折线图——按时间或类别显示趋势。

折线图用来显示一段时间内的趋势。例如，数据在一段时间内呈增长趋势，另一段时间内处于下降趋势，则可以通过折线图对将来做出预测。

(5) 面积图——显示变动幅度。

面积图显示一段时间内变动的幅值。当有几个部分的数据都在变动时，选择显示需要的部分，即可看到单独各部分的变动，同时看到总体的变化。

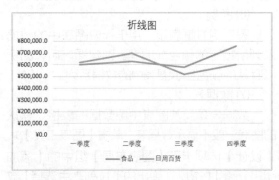

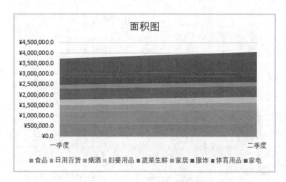

(3) 饼图——显示比例。

饼图用于对比几个数据在其形成的总和中所占的百分比值。整个饼代表总和，每一个数用一个楔形或薄片代表。

(6) XY 散点图——显示值集之间的关系。

XY 散点图展示成对的数和它们所代表的趋势之间的关系。散点图的重要作用是可以用来绘制函数曲线，从简单的三角函数、指数函数、对数函数到复杂的混合型函数，都可以利用它快速准确地绘制出曲线，所以在教学、科学计算中会经常用到。

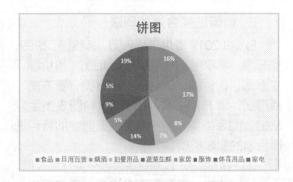

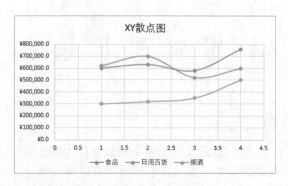

(4) 条形图——以水平条跨若干类别比较值。

条形图由一系列水平条组成，使得对于时间轴上的某一点，两个或多个项目的相对尺寸具有可比性。条形图中的每一条在工作表上是一个单独的数据点或数。

(7) 地图——跨地理区域比较值。

地图是 Excel 2019 新增的图表类型。当数据中有地理区域（如国家 / 地区、省 / 市 /

自治区、县或邮编）时，可以使用地图。

（8）股价图——显示股票变化趋势。

股价图是具有三个数据序列的折线图，用来显示一段给定时间内一种股票的最高价、最低价和收盘价。股价图多用于金融、商贸等行业，用来描述商品价格、货币兑换率和温度、压力测量等。

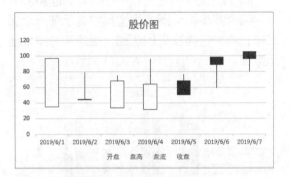

（9）曲面图——在曲面上显示两个或更多个数据。

曲面图显示的是连接一组数据点所形成的三维曲面，主要用于寻找两组数据的最优组合。

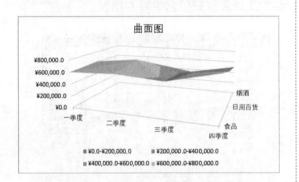

（10）雷达图——显示相对于中心点的值。

雷达图用于显示数据如何按中心点或其他数据变动。在雷达图中，每个类别的坐标值都从中心点辐射。

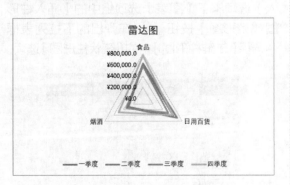

（11）树状图——以矩形显示比例。

树状图主要用于比较层次结构中不同级别的值，可以使用矩形显示层次结构级别中的比例。

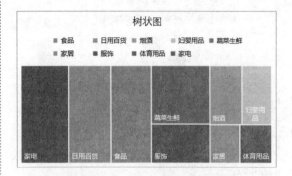

（12）旭日图——以环形显示比例。

旭日图主要用来分析数据的层次及所占比例。旭日图可以直观地查看不同时段的分段销售额及占比情况。

（13）直方图——显示数据分布情况。

直方图由一系列高度不等的纵向条纹或线段表示数据分布的情况。一般地，横轴表示数据类型，纵轴表示分布情况。

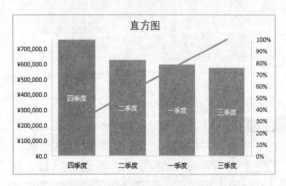

（14）箱形图——显示一组数据的变体。

箱形图主要用于显示一组数据中的变体。

⒂ 瀑布图——显示值的演变。

瀑布图用于显示一系列正值和负值的累积影响。

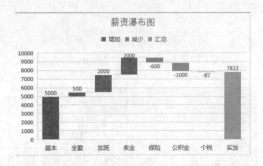

⒃ 漏斗图——通过漏斗显示各环节业务数据的比较。

漏斗图一般用于业务流程比较规范、周期长、环节多的流程分析，通过各个环节业务数据的对比，发现并找出问题所在。

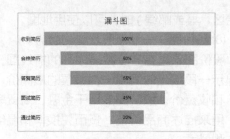

⒄ 组合图——突出显示不同类型的信息。

组合图将多个图表类型集中显示在一个图表中，集合各类图表的优点，更直观形象地显示数据。

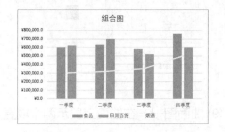

7.1.3 创建图表的 3 种方法

Excel 2019 可以创建嵌入式图表和工作表图表。嵌入式图表就是与工作表数据在一起或者与其他嵌入式图表在一起的图表；工作表图表则是特定的工作表，只包含单独的图表。

1. 使用快捷键创建图表

按【Alt+F1】组合键可以创建嵌入式图表，按【F11】键可以创建工作表图表。使用按键创建图表的具体步骤如下。

第1步 打开"素材 \ch07\ 销售金额分析表 .xlsx"工作簿，选择 A1:E10 单元格区域。

第2步 按【F11】键，即可插入一个名为"Chart1"的工作表，并根据所选区域的数据创建图表。

第3步 选中需要创建图表的单元格区域，按【Alt+F1】组合键，可在当前工作表中快速插入簇状柱形图图表。

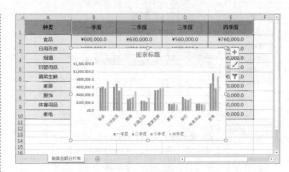

2. 使用功能区创建图表

在 Excel 2019 的功能区中也可以方便地创建图表。选择数据区域任意单元格，单击【插入】选项卡下【图表】选项组中的【插入柱形图或条形图】按钮，在弹出的下拉列表框中选择【二维柱形图】中的【簇状柱形图】选项。

3. 使用图表向导创建图表

使用图表向导也可以创建图表。选择数据区域任意单元格区域，单击【插入】选项卡下【图表】选项组右下角的【查看所有图表】按钮 ，弹出【插入图表】对话框，在【推荐的图表】选项卡下可以选择系统推荐的图表类型，也可以选择【所有图表】选项卡，查看所有图表类型。然后选择要插入的图表类型，单击【确定】按钮即可。

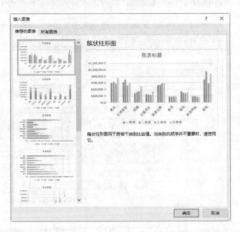
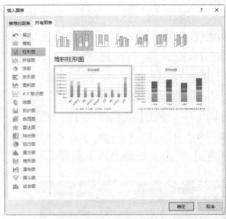

7.1.4 创建图表

下面以创建簇状柱形图图表为例介绍创建图表的具体操作步骤。

第1步 打开"素材 \ch07\ 销售金额分析表 .xlsx"工作簿，选择数据区域任意单元格。单击【插入】选项卡下【图表】选项组右下角的【查看所有图表】按钮 。

第2步 弹出【插入图表】对话框，选择【所有图表】选项卡，在左侧列表中选择【柱形图】选项，在右侧选择"簇状柱形图"图表类型，单击【确定】按钮。

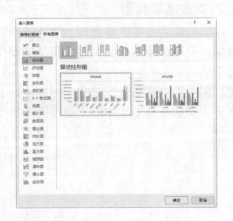

第3步 即可完成创建图表的操作，效果如下图所示。

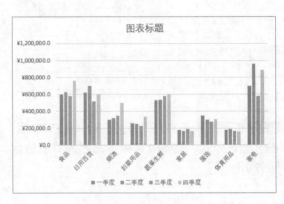

7.1.5 编辑图表

创建图表后,可以通过在图表中添加图表元素、更改图表类型、调整图表的位置和大小、更改图表样式等方法编辑图表。

1. 在图表中添加图表元素

创建图表后,可以在图表中添加坐标轴、坐标轴标题、图表标题、数据标签、数据表、误差线、网格线、图例等图表元素。下面以添加图表标题和数据表为例介绍在图表中添加图表元素的具体操作步骤。

第1步 选择7.1.4小节创建的柱形图图表,在【图表设计】选项卡中,单击【图表布局】组中的【添加图表元素】按钮,在弹出的下拉菜单中选择【图表标题】下的【图表上方】菜单命令。

第2步 即可在图表上方显示【图表标题】文本框,在"图表标题"文本处将标题命名为"销售金额分析图表"。

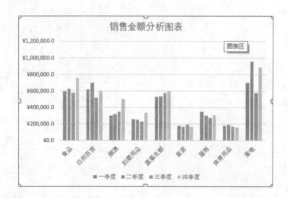

第3步 再次单击【图表布局】组中的【添加图

表元素】按钮,在弹出的下拉菜单中选择【数据表】下的【显示图例项标示】菜单项。

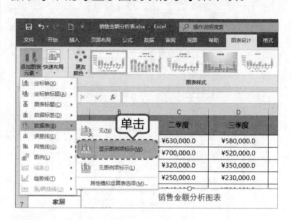

第4步 即可在图表中显示数据表,最终效果如下图所示。

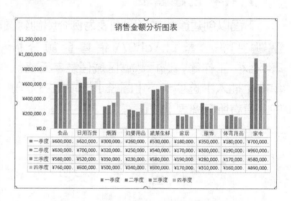

> **提示** 添加其他图表元素的操作与添加图表标题和数据表的操作类似,这里不再赘述。

2. 更改图表类型

如果创建的图表不能直观地表达工作表中的数据,则可更改图表的类型。具体的操作步骤如下。

第1步 选择创建的图表,单击【图表设计】选项卡下【类型】选项组中的【更改图表类型】按钮。

第2步 弹出【更改图表类型】对话框，在【更改图表类型】对话框中选择【条形图】中的一种，单击【确定】按钮。

第3步 即可将柱形图图表更改为条形图图表。

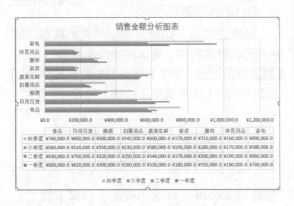

> **提示** 在需要更改类型的图表上右键单击，在弹出的快捷菜单中选择【更改图表类型】菜单项，即可在弹出的【更改图表类型】对话框中更改图表的类型。

3. 在图表中添加 / 删除数据

如果不删除源数据，可以通过选择数据源功能减小数据源区域，删除图表中显示的数据。在数据源添加新数据后，使用选择数据源功能

选择新数据，即可将新增数据添加至图表中。具体操作步骤如下。

第1步 选择图表，单击【图表设计】选项卡下【数据】选项组中的【选择数据】按钮。

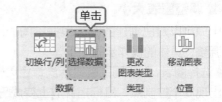

第2步 弹出【选择数据源】对话框。

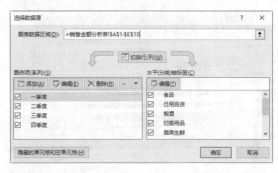

第3步 如果不需要显示"烟酒""妇婴用品""服饰""家电"的数据，可以在【水平（分类）轴标签】列表框中取消选中【烟酒】【妇婴用品】【服饰】【家电】复选框，单击【确定】按钮。

第4步 即可看到如下图所示的在图表中删除部分数据后的效果。

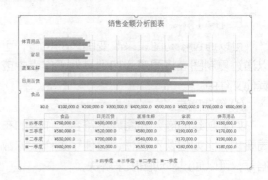

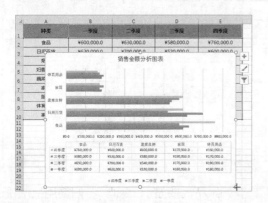

提示 重复上面的操作，选中复选框即可显示数据。如果增加新数据，单击【图表数据区域】文本框右侧的 ⬆ 按钮，重新选择数据源即可。

4. 调整图表大小

用户可以对已创建的图表根据不同的需求进行调整，具体的操作步骤如下。

第1步 选择图表，图表周围会显示浅绿色边框，同时出现 8 个控制点，鼠标指针放上变成形状时单击并拖曳控制点，可以调整图表的大小。

第2步 如要精确地调整图表的大小，在【格式】选项卡中选择【大小】选项组，然后在【形状高度】和【形状宽度】微调框中输入图表的高度和宽度值，按【Enter】键确认即可。

提示 单击【格式】选项卡中【大小】选项组右下角的【大小和属性】按钮，在弹出的【设置图表区格式】窗格的【大小属性】选项卡下，可以设置图表的大小或缩放百分比。

5. 移动和复制图表

可以通过移动图表来改变图表的位置，可以通过复制图表将图表添加到其他工作表中或其他文件中。

(1) 移动图表。

如果创建的嵌入式图表不符合工作表的布局要求，比如位置不合适、遮住了工作表的数据等，可以通过移动图表来解决。

方法一：在同一工作表中移动。选择图表，将鼠标指针放在图表的边缘，当指针变成形状时，按住鼠标左键拖曳到合适的位置，然后释放即可。

方法二：移动图表到其他工作表中。选中图表，单击【图表设计】选项卡下【位置】选项组中的【移动图表】按钮，在弹出的【移动图表】对话框中选择图表移动的位置后，如单击【新工作表】单选项，在文本框中输入新工作表名称，单击【确定】按钮即可。

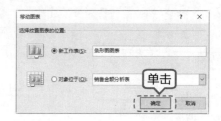

(2) 复制工作表。

要将图表复制到另外的工作表中，可以在要复制的图表上右键单击，在弹出的快捷菜单中选择【复制】菜单命令。在新的工作表中右键单击，在弹出的快捷菜单中选择【粘贴】菜单项，即可将图表复制到新的工作表中。

6. 显示与隐藏图表

创建图表后，如果只需显示原始数据，则可把图表隐藏起来。具体的操作步骤如下。

第1步 选择图表，单击【格式】选项卡下【排列】选项组中的【选择窗格】按钮。

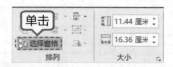

第2步 在 Excel 工作区中弹出【选择】窗格，在【选择】窗格中单击【图表 3】右侧的 👁 按钮，即可隐藏图表。

第3步 在【选择】窗格中单击【图表3】右侧的—按钮，图表就会显示出来。

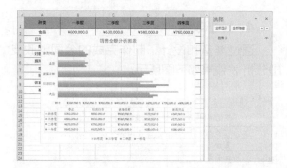

> **提示** 如果工作表中有多个图表，可以单击【选择】窗格上方的【全部显示】或者【全部隐藏】按钮，以显示或隐藏所有的图表。

7. 更改坐标刻度

对坐标轴中刻度不满意，还可以修改坐标轴刻度。具体操作步骤如下。

第1步 选择图表，选中【水平（值）轴】坐标轴数据，单击鼠标右键，在弹出的快捷菜单中选择【设置坐标轴格式】选项。

第2步 弹出【设置坐标轴格式】窗格，在【坐标轴选项】选项卡的【坐标轴选项】选项下，【单位】选项下【大】文本框中输入"200000.0"，在【显示单位】下拉列表中选择【10000】选项。

第3步 关闭【设置坐标轴格式】窗格，修改图表坐标刻度效果如下图所示。

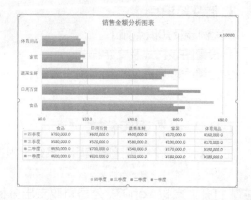

7.2 财务会计类——公司财政支出分析表

公司财政支出分析表是反映公司在一定时期内经费预算支出情况的报表。可以使用图表直观地展示公司财政支出分析表。

案例名称	制作公司财政支出分析表	扫一扫看视频
应用领域	财务部门、会计部门等	
素材	素材 \ch07\ 公司财政支出分析表 .xlsx	
结果	结果 \ch07\ 公司财政支出分析表 .xlsx	

7.2.1 案例分析

通过图表可以清晰地展示公司财政支出情况。

1. 设计思路

制作公司财政收支分析表设计思路如下。

(1) 图表的样式设计要合理，可以使用系统自带的图表样式，也可以自定义图表样式。

(2) 自定义图表样式时，图表的显示要美观、大方，要能凸显出图表中的数据。

2. 操作步骤

本案例以制作公司财政支出分析表为例介绍设置图表样式的操作，第 1 步是使用内置的图表样式，第 2 步是设置图表中的文字样式，第 3 步是设置图表填充效果，第 4 步是设置网格线效果。

3. 涉及知识点

本案例涉及知识点如下。

(1) 设置图表样式及文字样式。

(2) 设置图表填充效果和网格线效果。

4. 最终效果

通过准备和设计，制作完成的公司财政支出分析表效果如下图所示。

7.2.2 设置图表样式

在 Excel 2019 中创建图表后，系统会根据创建的图表提供多种图表样式，起到美化图表的作用。

第1步 打开"素材 \ch07\ 公司财政支出分析表 .xlsx"工作簿，选择数据区域任意单元格，并创建折线图。

第2步 选中图表，单击【图表设计】选项卡下【图

表样式】组中的【其他】按钮 ，在弹出的下拉列表中选择一种图表样式，这里选择"样式10"。

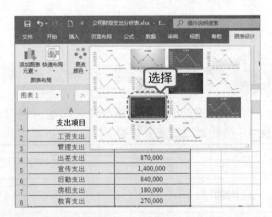

第3步 更改图表样式后的效果如下图所示。

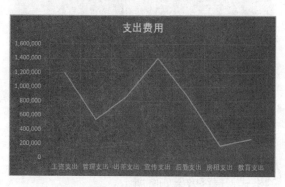

第4步 单击【更改颜色】按钮 ，可以为图表应用不同的颜色。

第5步 最终修改后的图表如下图所示。

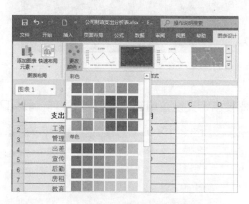

7.2.3 设置图表的文字样式

创建图表后，可以根据需要设置图表中文字的样式，具体操作步骤如下。

第1步 选择图表标题文本框，在【开始】选项卡下【字体】组中设置【字体】为"微软雅黑"，【字号】为"15"，【字体颜色】为"红色"。

第3步 此外，还可以为图表中的文字设置艺术效果。选择图表标题，单击【格式】选项卡下【艺术字样式】组中【快速样式】按钮的下拉按钮，在弹出的下拉列表中选择一种艺术字样式。

第2步 效果如下图所示。

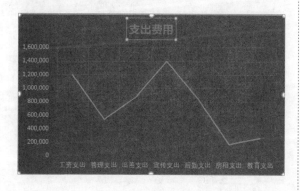

第4步 即可看到为文字添加艺术字样式后的效果。

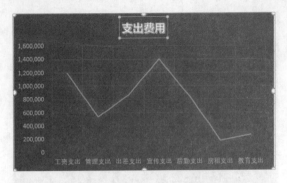

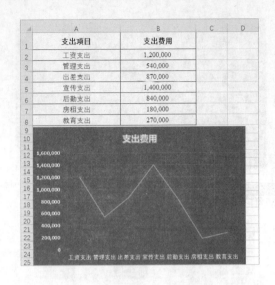

第5步 使用同样的方法还可以设置坐标轴文本的格式，最终效果如图所示。

7.2.4 设置图表填充效果

除了使用默认的图表样式美化图表外，还可以根据需要自定义设置填充效果，具体操作步骤如下。

第1步 选中图表，单击鼠标右键，在弹出的快捷菜单中选择【设置图表区域格式】菜单项。

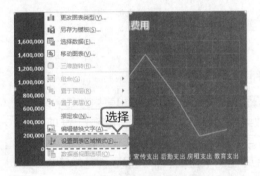

第2步 弹出【设置图表区格式】窗格，在【填充与线条】选项卡下【填充】组中选择【图案填充】单选项，并在【图案】区域选择一种图案。

第3步 在【图案】区域下方设置前景色，关闭【设置图表区格式】窗格。

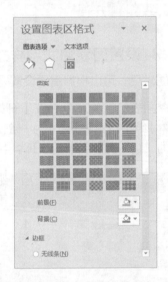

第4步 设置图表填充后的最终效果如下图所示。

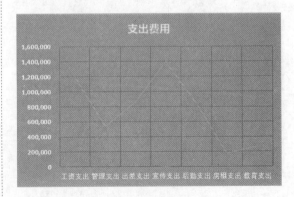

7.2.5 设置网格线效果

设置网格线效果的具体步骤如下所示。

第1步 选中图表，单击【格式】选项卡下【当前所选内容】组中【图表元素】下拉按钮，选择【垂直（值）轴 主要网格线】选项，单击【设置所选内容格式】按钮。

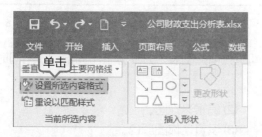

第2步 弹出【设置主要网格线格式】窗格，在【线条】组中选择【实线】单选项，在【颜色】下拉列表中选择【白色】，并根据需要设置其他选项。

第3步 关闭【设置主要网格线格式】窗格，设置后的效果如下图所示。

第4步 使用同样的方法，设置水平网格线格式，最终效果如下图所示。

7.3 市场营销类——销售迷你图

迷你图是一种小型图表，可放在工作表内的单个单元格中。由于尺寸已经过压缩，因此迷你图能够以简明且非常直观的方式显示大量数据集所反映出的图案。使用迷你图可以显示一系列数值的趋势，如季节性增长或降低、经济周期或突出显示最大值和最小值。将迷你图放在它所表示的数据附近时会产生最大的效果。

案例名称	创建销售迷你图	扫一扫看视频
应用领域	市场部门、销售部门等	
素材	素材 \ch07\ 销售迷你图 .xlsx	
结果	结果 \ch07\ 销售迷你图 .xlsx	

7.3.1 案例分析

通过创建销售迷你图可以为不同部门、不同时间单独创建图表，方便分析不同部门、不同时间的数据。

1. 设计思路

创建迷你图需要注意以下几点。

(1) 创建迷你图的源数据是二维表格。

(2) 行、列总计数据不显示在迷你图中。

2. 操作步骤

本案例的第 1 步是创建迷你图，第 2 步是编辑和设置迷你图颜色。

3. 涉及知识点

本案例涉及知识点如下。

(1) 创建迷你图。

(2) 编辑迷你图。

(3) 设置迷你图颜色。

(4) 清除迷你图。

4. 最终效果

制作完成的销售迷你图效果如下图所示。

季度 分店	一季度	二季度	三季度	四季度	
一分店	12568	18567	24586	15962	
二分店	12365	16452	25698	15896	
三分店	12458	20145	35632	18521	
四分店	18265	9876	15230	50420	
五分店	12698	9989	15896	25390	

7.3.2 创建销售迷你图

若要创建迷你图，必须先选择要分析的数据区域，然后选择要放置迷你图的位置。在单元格中创建迷你折线图的具体步骤如下。

第1步 打开"素材 \ch07\ 销售迷你图 .xlsx"工作簿，选择单元格 F3，单击【插入】选项卡【迷你图】组中的【折线】按钮。

第2步 弹出【创建迷你图】对话框，在【数据范围】文本框中选择引用数据单元格，在【位置范围】文本框中选择插入迷你折线图的目标位置单元格，然后单击【确定】按钮。

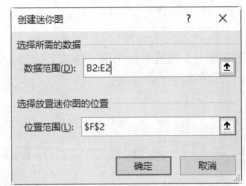

第3步 即可创建迷你折线图，效果如下图所示。

季度 分店	一季度	二季度	三季度	四季度	
一分店	12568	18567	24586	15962	
二分店	12365	16452	25698	15896	
三分店	12458	20145	35632	18521	
四分店	18265	9876	15230	50420	
五分店	12698	9989	15896	25390	

季度 分店	一季度	二季度	三季度	四季度	
一分店	12568	18567	24586	15962	
二分店	12365	16452	25698	15896	
三分店	12458	20145	35632	18521	
四分店	18265	9876	15230	50420	
五分店	12698	9989	15896	25390	

第4步 使用同样的方法，创建其他分店的迷你折线图。另外，也可以把鼠标指针放在创建好迷你折线图的单元格右下角，待鼠标指针变为 **+** 形状时，拖曳鼠标创建其他分店的折线迷你图。

提示 如果使用填充方式创建迷你图，修改其中一个迷你图时，其他迷你图也随之变化。

7.3.3 编辑销售迷你图

当插入的迷你图不合适时，可以对其进行编辑修改，如更改迷你图图表样式、设计显示效果等。具体的操作步骤如下。

第1步 接 7.3.2 小节操作，选中插入的迷你图，单击【迷你图】选项卡下【类型】组中的【柱形图】按钮 ，即可快速更改为柱形图。

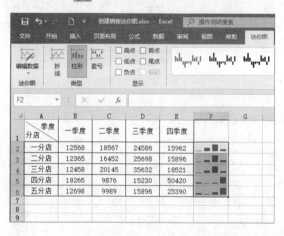

第2步 选中插入的迷你图，在【迷你图】选项卡下【显示】组中，勾选要突出显示的点，如单击勾选【高点】【低点】复选框，则以红色突出显示迷你图的最高点和最低点。

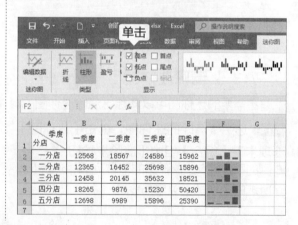

7.3.4 设置销售迷你图的颜色和样式

创建迷你图后可以根据需要修改迷你图的样式及颜色，具体操作步骤如下。

第1步 选中插入的迷你图，单击【迷你图】选项卡下【样式】组中的【其他】按钮，在弹出的迷你图样式列表中，单击要更改的样式。

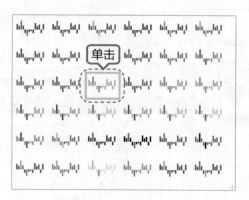

第2步 即可看到设置迷你图样式后的效果。

	A	B	C	D	E	F
1	季度 分店	一季度	二季度	三季度	四季度	
2	一分店	12568	18567	24586	15962	
3	二分店	12365	16452	25698	15896	
4	三分店	12458	20145	35632	18521	
5	四分店	18265	9876	15230	50420	
6	五分店	12698	9989	15896	25390	
7						
8						
9						

第3步 单击【迷你图颜色】按钮后的下拉按钮，在弹出的下拉列表中选择"紫色"选项。

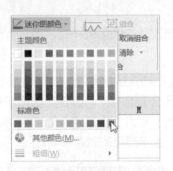

第4步 单击【标记颜色】按钮后的下拉按钮，在弹出的下拉列表中设置【高点】为"红色"，【低点】为"橙色"。

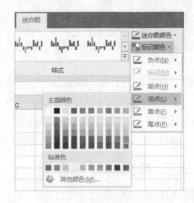

第5步 更改迷你图颜色后的效果如下图所示。

	A	B	C	D	E	F
1	季度 分店	一季度	二季度	三季度	四季度	
2	一分店	12568	18567	24586	15962	
3	二分店	12365	16452	25698	15896	
4	三分店	12458	20145	35632	18521	
5	四分店	18265	9876	15230	50420	
6	五分店	12698	9989	15896	25390	
7						

7.3.5 清除迷你图

不需要的迷你图可以清除。清除迷你图的具体操作步骤如下。

第1步 选中要清除的迷你图，单击【迷你图】选项卡下【组合】组中【清除】按钮右侧的下拉箭头，在弹出的下拉列表中选择【清除所选的迷你图】菜单命令。

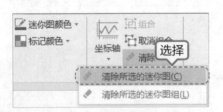

第2步 即可将选中的迷你图清除。

	A	B	C	D	E	F
1	季度 分店	一季度	二季度	三季度	四季度	
2	一分店	12568	18567	24586	15962	
3	二分店	12365	16452	25698	15896	
4	三分店	12458	20145	35632	18521	
5	四分店	18265	9876	15230	50420	
6	五分店	12698	9989	15896	25390	
7						

> **提示** 当在【清除】下拉列表中选择【清除所选的迷你图组】选项时，可将填充所得的迷你图全部清除。

7.4 其他常用图表的选择与使用

不同的图表类型适合展示不同的数据。下面分别介绍其他常用图表的选择与使用方法。

7.4.1 折线图

折线图可以显示随时间（根据常用比例设置）而变化的连续数据，因此非常适用于显示在相等时间间隔下的数据变化趋势。在折线图中，类别数据沿水平轴均匀分布，所有值数据沿垂直轴均匀分布。折线图类图表包括折线图、堆积折线图、百分比堆积折线图、带数据标记的堆积折线图、带数据标记的百分比堆积折线图和三维折线图。

以折线图描绘食品销量波动情况为例，具体操作步骤如下。

第1步 打开"素材 \ch07\ 食品销量表 .xlsx"工作簿，并选择 A1:C7 单元格区域，在【插入】选项卡中，单击【图表】选项组中的【插入折线图或面积图】按钮，在弹出的下拉菜单中选择一种折线图，如选择【带数据标记的折线图】图表类型。

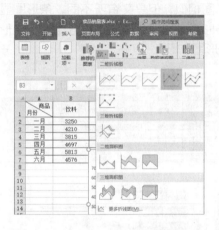

第2步 即可在当前工作表中创建一个折线图表。

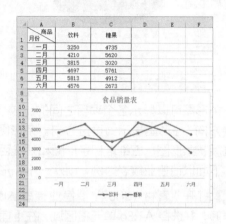

> **提示** 从图表上可以看出，折线图不仅能显示每个月份各品种的销量差距，而且可以显示各个月份的销量变化。

7.4.2 饼图

饼图是显示一个数据系列中各项的大小与各项总和比例的图形。在工作中如果遇到需要计算总费用或金额的各个部分构成比例的情况，一般是通过各个部分与总额相除来计算，而且这种比例表示方法很抽象，可以使用饼图，直接以图形的方式显示各个组成部分所占比例。饼图类图表包括饼图、三维饼图、复合饼图、复合条饼图和圆环图。

以饼图显示公司费用支出情况为例，具体操作步骤如下。

第1步 打开"素材 \ch07\ 公司费用支出情况 .xlsx"工作簿，并选择 A1:B9 单元格区域，在【插入】选项卡中，单击【图表】选项组中的【插入饼图或圆环图】按钮，在弹出的下拉菜单中选择一种饼图，如选择【三维饼图】图表类型。

第2步 即可在当前工作表中创建一个三维饼图图表。

> **提示** 可以看出，饼图中显示了各元素所占的比例状况，以及各元素和整体之间、元素和元素之间的对比情况。

7.4.3 条形图

条形图可以显示各个项目之间的比较情况，与柱形图相似，但是又有所不同，条形图显示为水平方向，柱形图显示为垂直方向。条形图包括簇状条形图、堆积条形图、百分比堆积条形图、三维簇状条形图、三维堆积条形图和三维百分比堆积条形图。

下面以销售业绩表为例，创建一个条形图。

第1步 打开"素材 \ch07\ 销售业绩表 .xlsx"工作簿，并选择 A1:E6 单元格区域，在【插入】选项卡中，单击【图表】选项组中的【插入柱形图或条形图】按钮，在弹出的下拉菜单中选择任意一种条形图的类型，如选择【簇状条形图】图表类型。

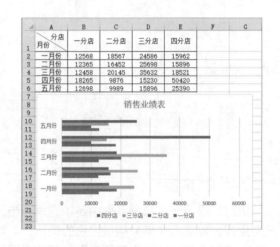

> **提示** 从条形图中可以清晰地看到每个月份各分店的销量差距情况。

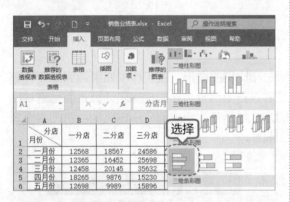

第2步 即可在当前工作表中创建一个条形图图表。

7.4.4 面积图

在工作表中以列或行的形式排列的数据可以绘制为面积图。面积图可用于绘制随时间发生的变化量，用于引起人们对总值趋势的关注。通过显示所绘制的值的总和，面积图还可以显示部分与整体的关系。例如，表示随时间而变化的销售数据。面积图类图表包括面积图、堆积面积图、百分比堆积面积图、三维面积图、三维堆积面积图和三维百分比堆积面积图。

以面积图显示各销售区域在各季度的销售情况为例，具体操作步骤如下。

第1步 打开"素材 \ch07\ 各区销售情况表 .xlsx"工作簿，并选择 A1:E6 单元格区域，在【插入】

选项卡中，单击【图表】选项组中的【插入折线图或面积图】按钮，在弹出的下拉菜单中选择任意一种面积图的类型，如选择【三维面积图】图表类型。

第2步 即可在当前工作表中创建一个面积图图表，将图表标题更改为"各区销售情况"，效果如下图所示。

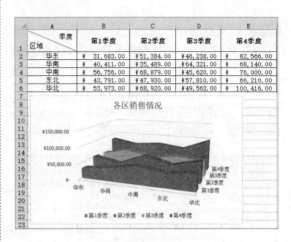

> **提示** 从面积图中可以清晰地看到，面积图强调幅度随时间的变化，通过显示所绘数据的总和，说明部分与整体的关系。

7.4.5 散点图、气泡图

XY 散点图表示因变量随自变量而变化的大致趋势，据此可以选择合适的函数对数据点进行拟合。如果要分析多个变量间的相关关系时，可利用散点图矩阵来同时绘制各自变量间的散点图，这样可以快速发现多个变量间的主要相关性，例如科学数据、统计数据和工程数据。

气泡图与散点图相似，可以把气泡图当作显示一个额外数据系列的 XY 散点图，额外的数据系列以气泡的尺寸代表。与 XY 散点图一样，气泡图所有的轴线都是数值，没有分类轴线。

XY 散点图（气泡图）包括散点图、带平滑线和数据标记的散点图、带平滑线的散点图、带直线和数据的散点图、带直线的散点图、气泡图和三维气泡图。

以 XY 散点图和气泡图描绘各区域销售完成情况为例，具体操作步骤如下。

第1步 打开"素材 \ch07\ 各区域销售情况完成统计表 .xlsx"工作簿，并选择 B1:C7 单元格区域，在【插入】选项卡中，单击【图表】选项组中的【插入散点图（x，y）或气泡图】按钮，在弹出的下拉菜单中选择任意一种散点图类型，如选择【散点图】图表类型。

第2步 即可在当前工作表中创建一个散点图图表。

提示 从 XY 散点图中可以看到，图表以销售额为 X 轴，销售额增长率为 Y 轴，XY 散点图通常用来显示成组的两个变量之间的关系。

第3步 如果要创建气泡图，可以以市场占有率作为气泡的大小，选择 B1:B7、D1:D7 单元格区域。在【插入】选项卡中，单击【图表】选项组中的【插入散点图（x，y）或气泡图】按钮，在弹出的下拉菜单中选择任意一种气泡图类型，如选择【三维气泡图】图表类型。

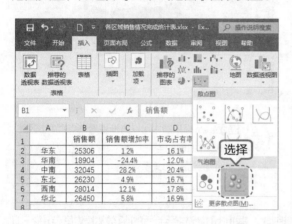

第4步 即可在当前工作表中创建下图所示气泡图图表。

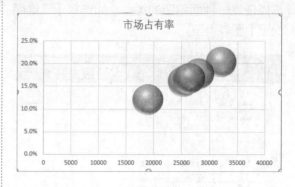

7.4.6 股价图

股价图可以显示股价的波动，以特定顺序排列在工作表的列或行中的数据可以绘制为股价图，不过这种图表也可以显示其他数据（如日降雨量和每年温度）的波动，必须按正确的顺序组织数据才能创建股价图。股价图包括盘高 - 盘低 - 收盘图、开盘 - 盘高 - 盘低 - 收盘图、成交量 - 盘高 - 盘低 - 收盘图、成交量 - 开盘 - 盘高 - 盘低 - 收盘图。

使用股价图显示股价涨跌的具体操作步骤如下。

第1步 打开"素材 \ch07\ 股价表 .xlsx"工作簿，并选择数据区域的任一单元格，在【插入】选项卡中，单击【图表】选项组中的【插入瀑布图、漏斗图、股价图、曲面图或雷达图】按钮，在弹出的下拉菜单中选择开盘 - 盘高 - 盘低 - 收盘图图表类型。

第2步 即可在当前工作表中创建下图所示股价图图表。

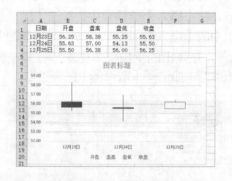

提示 从股价图中可以清晰地看到股票的价格走势，股价图对于显示股票市场信息很有用处。

7.4.7 曲面图

曲面图实际上是折线图和面积图的另一种形式，其有 3 个轴，分别代表分类、系列和数值。在工作表中以列或行的形式排列的数据可以绘制为曲面图，可以使用曲面图找到两组数据之间的最佳组合。曲面图类图表包括曲面图、三维曲面图、三维线框曲面图和曲面图（俯视框架图）。

创建一个成本分析的曲面图的具体操作步骤如下。

第1步 打开"素材 \ch07\ 成本分析表 .xlsx"工作簿，并选择 A1:G6 单元格区域，在【插入】选项卡中，单击【图表】选项组中的【插入瀑布图、漏斗图、股价图、曲面图或雷达图】按钮 ，在弹出的下拉菜单中选择【曲面图】中的任一类型。

	A	B	C	D	E	F	G
1	项目	1月	2月	3月	4月	5月	6月
2	期初数	5000	900	820	390	570	410
3	直接材料	320	450	520	430	750	250
4	直接人工	1500	1200	1100	1150	1800	2200
5	制造费用	880	920	530	480	690	720
6	其他	0	80	100	0	50	30

提示 从曲面图中看到在每个成本价格阶段不同时期内的使用情况。曲面中的颜色和图案用来指示在同一取值范围内的区域。

第2步 如选择【三维曲面图】图表类型，即可在当前工作表中创建下图所示曲面图表。

7.4.8 旭日图

旭日图非常适合显示分层数据，当层次结构内存在空（空白）单元格时可以绘制。层次结构的每个级别均通过一个环或圆形表示，最内层的圆表示层次结构的顶级，不含任何分层数据（类别的一个级别）的旭日图与圆环图类似，但具有多个级别的类别的旭日图显示外环与内环的关系。旭日图在显示一个环如何被划分为作用片段时最有效。

以旭日图表示不同季度、月份产品销售额所占比为例，具体操作步骤如下。

第1步 打开"素材 \ch07\ 产品销售情况统计表 .xlsx"工作簿，并选择单元格区域 A1:D19，单击【图表】选项组中的【插入层次结构图表】按钮 ，在弹出的下拉菜单中选择旭日图。

第2步 即可在当前工作表中创建下图所示旭日图表。

从旭日图中可以看出，不同季度、月份、周产品的销售情况，以及销量所占的总销量的比例。

7.4.9 箱形图

箱形图，又称为盒须图、盒式图或箱线图，用于显示数据到四分位点的分布，突出显示平均值和离群值。箱形可能具有可垂直延长的名为"须线"的线条，这些线条指示超出四分位点上限和下限的变化程度，处于这些线条或须线之外的任何点都被视为离群值。当有多个数据集以某种方式彼此相关时，就可以使用箱形图。

第1步 打开"素材 \ch07\ 各季度销售情况表 .xlsx"工作簿，并选择单元格区域 A1:B13，单击【图表】选项组中的【插入统计图表】按钮 ，在弹出的下拉菜单中选择箱形图图表。

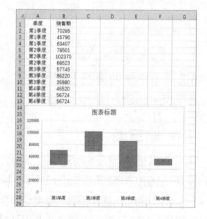

第2步 即可在当前工作表中创建一个箱形图。

提示 从箱形图可以看到各季度销售的最高值、最低值、平均值和中间值等，如下图可以看到箱形图的结构分布情况。

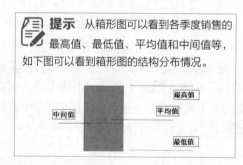

7.4.10 雷达图

雷达图是专门用来进行多指标体系比较分析的专业图表。从雷达图中可以看出指标的实际值与参照值的偏离程度，从而为分析者提供有益的信息。雷达图通常由一组坐标轴和三个同心圆构成，每个坐标轴代表一个指标。在实际运用中，可以计算出实际值与参考的标准值的比值，以比值大小来绘制雷达图，以比值在雷达图的位置进行分析评价。雷达图类图表包括雷达图、带数据标记的雷达图、填充雷达图。

创建一个产品销售情况的雷达图的具体操作步骤如下。

第1步 打开"素材 \ch07\2018 年皮鞋销售情况表 .xlsx"工作簿，并选择单元格区域 A2:D14，单击【图表】选项组中的【插入瀑布图、漏斗图、股价图、曲面图或雷达图】按钮，在弹出的下拉菜单中选择【雷达图】中的任一类型。

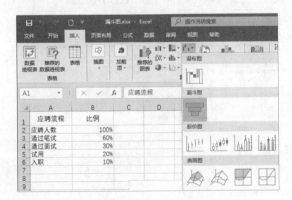

第2步 如选择【填充雷达图】类型，即可在当前工作表中创建一个雷达图图表。

7.4.11 漏斗图

漏斗图主要用于数据值越来越小的情况。创建公司应聘流程情况的漏斗图的具体操作步骤如下。

第1步 打开"素材 \ch07\ 漏斗图 .xlsx"工作簿，并选择单元格区域 A1:B6，单击【图表】选项组中的【插入瀑布图、漏斗图、股价图、曲面图或雷达图】按钮，在弹出的下拉菜单中选择【漏斗图】图表类型。

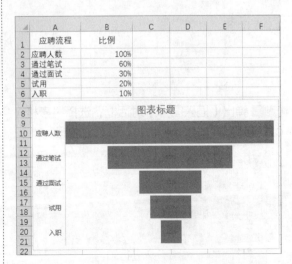

提示 从雷达图中可以看出，每个分类都有一条单独的轴线，轴线从图表的中心向外伸展，并且每个数据点的值均被绘制在相应的轴线上。

第2步 即可在当前工作表中创建一个漏斗图图表。

高手私房菜

技巧 1：在图表中插入图片

在图表中插图图片可以是图表看起来更美观，具体操作步骤如下。

第1步 选择创建的图表，在图表区单击鼠标右键，选择【设置图表区域格式】菜单命令。

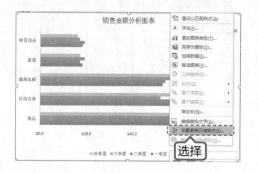

第2步 打开【设置图表区格式】窗格，在【图表选项】选项卡下的【填充】组中选择【图片或纹理填充】单选项，单击【文件】按钮。

第3步 弹出【插入图片】对话框，选择"素材\ch07\背景.jpg"，单击【插入】按钮。

第4步 关闭【设置图表区格式】窗格，调整字体颜色，使用图片填充图表后的最终效果如下图所示。

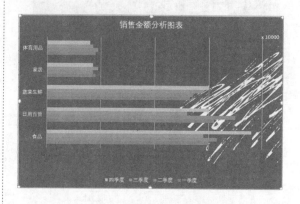

技巧 2：制作双坐标轴图表

在 Excel 制作双坐标轴的图表，有利于更好地理解数据之间的关联关系，例如分析价格和销量之间的关系。制作双坐标轴图表的步骤如下。

第1步 打开"素材\ch07\品牌手机销售额.xlsx"工作簿，选择数据区域中的任意一单元格。单击【插入】选项卡下【图表】选项组中的【插入折线图或面积图】按钮，在弹出的下拉列表中选择【折线图】类型。

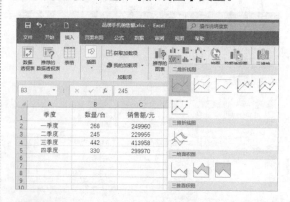

第2步 即可插入折线图，更改图表标题为"手机销售额图表"后的效果如下图所示。

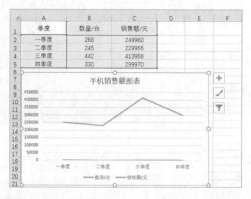

第3步 选中图表中的折线，并单击鼠标右键，在弹出的快捷菜单中选择【设置数据系列格式】选项。

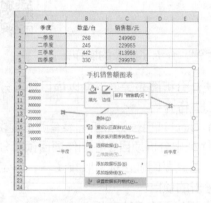

第4步 弹出【设置数据系列格式】任务窗格，选中【次坐标轴】单选按钮，单击【关闭】按钮 ✕。

第5步 即可得到一个有双坐标轴的折线图表，从中可以清楚地看到销售数量和销售额之间的对应关系。

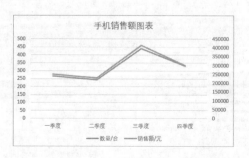

技巧 3：创建组合图表

一般情况下，在工作表中制作的图表是某一种类型的，如线形图、柱形图等，这样的图表只能单一地体现出数据的大小或者变化趋势。如果希望在一个图表中即可以清晰地表示出某项数据的大小，又可以显示出其他数据的变化趋势，则可以就使用组合图表来达到目的。

第1步 打开"素材 \ch07\ 海华销售表 .xlsx"工作簿，选中 A2:E8 单元格区域，单击【插入】选项卡下【图表】组中的【插入组合图】按钮，在弹出的下拉列表中选择【创建自定义组合图】选项。

第2步 弹出【插入图表】对话框，在【自定义组合】组中，根据需要设置不同系列的图表类型，单击【确定】按钮。

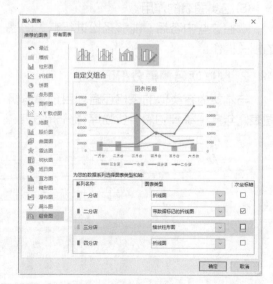

第3步 插入的组合图表如下图所示。

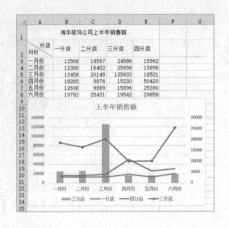

举一反三

本章以制作销售金额分析表和公司财政支出分析表为例，介绍了图表的操作。

1. 本章知识点

通过制作销售金额分析表和公司财政支出分析表，可以学会 Excel 中有关图表的操作。主要包括以下知识点。

(1) 创建图表。
(2) 编辑图表。
(3) 美化图表。
(4) 创建迷你图。
(5) 各类图表的作用。

掌握这些内容后，能够轻松进行有关图表的相关操作。

2. 制作项目预算分析图表

与本章内容类似的表格还有项目预算分析图表、年产量统计图表、货物库存分析图表、

成绩统计分析图表等。下面以项目预算分析图表为例进行介绍。

(1) 设计项目预算分析图表有哪些要求？

① 列出分析项目，在制作项目预算分析表之前，首先要明确目标，收集资料，确定各类需要分析的项目。

② 通过图表对比分析。

③ 根据图表对项目预算结果进行分析，以改进工作。

(2) 如何快速制作项目预算分析图表？

① 可以通过柱形图、折线图、饼图等各类图表类型展示预算数据。

② 对不同的子项目还可以使用迷你图辅助说明。

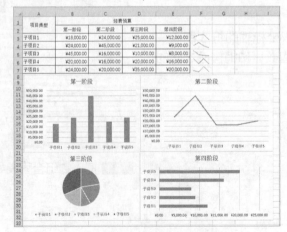

第8章

第 **8** 章

表格数据的基本分析

⊃ **高手指引**

　　数据分析是 Excel 处理数据的重头戏，主要是用适当的统计分析方法对收集来的大量数据进行分析，提取有用信息和形成结论，以利于对数据加以详细研究和概括总结。在 Excel 中常用的分析数据方法包括排序、筛选、合并计算、分类汇总等。

⊃ **重点导读**

- 学会制作销售业绩统计表
- 学会制作产品销售情况表
- 学会制作汇总销售记录表
- 学会制作销售情况总表

8.1 市场营销类——销售业绩统计表

销售业绩统计表是记录员工销售数据的表格，创建表格后，可以通过排序功能分析员工的销售情况。

案例名称	制作销售业绩统计表	扫一扫看视频
应用领域	市场部门、销售部门、渠道部门等	
素材	素材 \ch08\ 销售业绩统计表 .xlsx	
结果	结果 \ch08\ 销售业绩统计表 .xlsx	

8.1.1 案例分析

通过创建销售业绩统计表，可以分析出每名员工的销售情况，进而调整销售策略，增加销售业绩。

1. 设计思路

制作销售业绩统计表的思路如下。

(1) 表格的表头通常包含员工编号、销售产品、销售数量、单价、销售总额等信息。

(2) 通过排序对数据进行简单的分析。

2. 操作步骤

本案例主要通过简单排序、多条件排序、自定义排序分析数据。

3. 涉及知识点

本案例涉及知识点如下。

(1) 简单排序。

(2) 多条件排序。

(3) 自定义排序。

4. 最终效果

制作完成的销售业绩统计表效果如下图所示。

	A	B	C	D	E
1	员工编号	销售产品	销售数量	单价	销售总额
2	YG1011	电视机	102	¥2,800.00	¥285,600.00
3	YG1016	电视机	89	¥2,800.00	¥249,200.00
4	YG1002	电视机	82	¥2,800.00	¥229,600.00
5	YG1007	电视机	68	¥2,800.00	¥190,400.00
6	YG1006	电视机	59	¥2,800.00	¥165,200.00
7	YG1001	电视机	45	¥2,800.00	¥126,000.00
8	YG1015	洗衣机	104	¥1,800.00	¥187,200.00
9	YG1018	洗衣机	100	¥1,800.00	¥180,000.00
10	YG1003	洗衣机	89	¥1,800.00	¥160,200.00
11	YG1004	冰箱	105	¥3,200.00	¥336,000.00
12	YG1017	冰箱	99	¥3,200.00	¥316,800.00
13	YG1012	冰箱	96	¥3,200.00	¥307,200.00
14	YG1014	冰箱	96	¥3,200.00	¥307,200.00
15	YG1020	冰箱	86	¥3,200.00	¥275,200.00
16	YG1009	冰箱	52	¥3,200.00	¥166,400.00
17	YG1010	空调	151	¥3,400.00	¥513,400.00
18	YG1005	空调	121	¥3,400.00	¥411,400.00
19	YG1021	空调	106	¥3,400.00	¥360,400.00
20	YG1008	空调	79	¥3,400.00	¥268,600.00
21	YG1013	空调	78	¥3,400.00	¥265,200.00
22	YG1019	空调	68	¥3,400.00	¥231,200.00

8.1.2 对销售业绩进行简单排序

简单排序就是对列进行升序、降序的排序。

第1步 打开"素材 \ch08\ 销售业绩统计表 .xlsx"工作簿。如果要按照销售总额由高到低排序，可以先选择 E 列任意单元格。

第2步 单击【数据】选项卡下【排序和筛选】组中的【降序】按钮。

8.1.3 根据多条件进行排序

在打开的"销售业绩统计表 .xlsx"工作簿中，如果希望按照销售产品排序，销售产品相同时再按照销售数量排序，就可以使用多条件排序。

第1步 选择表格中的任意一个单元格（如 B7），单击【数据】选项卡下【排序和筛选】组中的【排序】按钮。

第2步 打开【排序】对话框，单击【主要关键字】后的下拉按钮，在下拉列表中选择【销售产品】选项，设置【排序依据】为【单元格值】，设置【次序】为【升序】。

第3步 即可看到按照销售总额由高到低排序后的效果。

第3步 单击【添加条件】按钮，新增排序条件，单击【次要关键字】后的下拉按钮，在下拉列表中选择【销售数量】选项，设置【排序依据】为【单元格值】，设置【次序】为【降序】，单击【确定】按钮。

第4步 返回至工作表，就可以看到数据按照销售产品升序排序，销售产品相同时则按照销售数量降序排序，效果如下图所示。

	A	B	C	D	E
1	员工编号	销售产品	销售数量	单价	销售总额
2	YG1004	冰箱	105	¥3,200.00	¥336,000.00
3	YG1017	冰箱	99	¥3,200.00	¥316,800.00
4	YG1012	冰箱	96	¥3,200.00	¥307,200.00
5	YG1014	冰箱	96	¥3,200.00	¥307,200.00
6	YG1020	冰箱	86	¥3,200.00	¥275,200.00
7	YG1009	冰箱	52	¥3,200.00	¥166,400.00
8	YG1011	电视机	102	¥2,800.00	¥285,600.00
9	YG1016	电视机	89	¥2,800.00	¥249,200.00
10	YG1002	电视机	82	¥2,800.00	¥229,600.00
11	YG1007	电视机	68	¥2,800.00	¥190,400.00
12	YG1006	电视机	59	¥2,800.00	¥165,200.00
13	YG1001	电视机	45	¥2,800.00	¥126,000.00
14	YG1010	空调	151	¥3,400.00	¥513,400.00
15	YG1005	空调	121	¥3,400.00	¥411,400.00
16	YG1021	空调	106	¥3,400.00	¥360,400.00
17	YG1008	空调	79	¥3,400.00	¥268,600.00
18	YG1013	空调	78	¥3,400.00	¥265,200.00
19	YG1019	空调	68	¥3,400.00	¥231,200.00
20	YG1015	洗衣机	104	¥1,800.00	¥187,200.00
21	YG1018	洗衣机	100	¥1,800.00	¥180,000.00
22	YG1003	洗衣机	89	¥1,800.00	¥160,200.00

8.1.4 对销售数据进行自定义排序

Excel 具有自定义排序功能，用户可以根据需要设置自定义排序序列。例如按照电视机、洗衣机、冰箱和空调的顺序进行排序，就可以使用自定义排序的方式。

第1步 选择 B 列数据区域任意一个单元格，单击【数据】选项卡下【排序和筛选】组中的【排序】按钮。

第2步 弹出【排序】对话框，在【主要关键字】下拉列表中选择【销售产品】选项，在【次序】下拉列表中选择【自定义序列】选项。

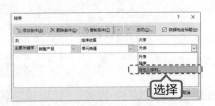

第3步 弹出【自定义序列】对话框，在【输入序列】列表框中输入"电视机""洗衣机""冰箱""空调"文本，单击【添加】按钮。

第4步 将自定义序列添加至【自定义序列】列表框，单击【确定】按钮。

第5步 返回至【排序】对话框，即可看到【次序】文本框中显示的为自定义的序列，单击【确定】按钮。

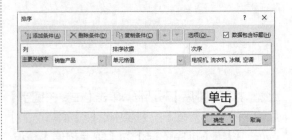

第6步 即可查看按照自定义排序列表排序后的结果。

	A	B	C	D	E
1	员工编号	销售产品	销售数量	单价	销售总额
2	YG1011	电视机	102	¥2,800.00	¥285,600.00
3	YG1016	电视机	89	¥2,800.00	¥249,200.00
4	YG1002	电视机	82	¥2,800.00	¥229,600.00
5	YG1007	电视机	68	¥2,800.00	¥190,400.00
6	YG1006	电视机	59	¥2,800.00	¥165,200.00
7	YG1001	电视机	45	¥2,800.00	¥126,000.00
8	YG1015	洗衣机	104	¥1,800.00	¥187,200.00
9	YG1018	洗衣机	100	¥1,800.00	¥180,000.00
10	YG1003	洗衣机	89	¥1,800.00	¥160,200.00
11	YG1004	冰箱	105	¥3,200.00	¥336,000.00
12	YG1017	冰箱	99	¥3,200.00	¥316,800.00
13	YG1012	冰箱	96	¥3,200.00	¥307,200.00
14	YG1014	冰箱	96	¥3,200.00	¥307,200.00
15	YG1020	冰箱	86	¥3,200.00	¥275,200.00
16	YG1009	冰箱	52	¥3,200.00	¥166,400.00
17	YG1010	空调	151	¥3,400.00	¥513,400.00
18	YG1005	空调	121	¥3,400.00	¥411,400.00
19	YG1021	空调	106	¥3,400.00	¥360,400.00
20	YG1008	空调	79	¥3,400.00	¥268,600.00
21	YG1013	空调	78	¥3,400.00	¥265,200.00
22	YG1019	空调	68	¥3,400.00	¥231,200.00

8.2 市场营销类——产品销售情况表

产品销售情况表主要是记录企业或单位产品销售情况的表格,用于统计近一段时间的销售量。

案例名称	制作产品销售情况表	扫一扫看视频
应用领域	市场部门、销售部门、渠道部门等	
素材	素材 \ch08\ 产品销售情况表 .xlsx	
结果	结果 \ch08\ 产品销售情况表 .xlsx	

8.2.1 案例分析

记录产品销售情况表后,可以通过筛选功能筛选出所需的数据。

1. 设计思路

制作产品销售情况表时,需要注意以下几点。

(1) 表格的设计要合理,包含销售日期、产品分类、产品名称、销售区域、销售数量、产品单价、销售额等关键信息。

(2) 掌握通过各种筛选方式筛选需要的数据。

2. 涉及知识点

本案例涉及知识点如下。

(1) 简单的筛选。

(2) 多条件筛选。

(3) 自定义筛选。

(4) 模糊筛选。

3. 最终效果

制作完成的产品销售情况表效果如下图所示。

销售日期	产品分类	产品名称	销售区域	销售数量（吨）	产品单价（元/吨）	销售额
2019/1/26	水果	苹果	上海	27	¥15,000.00	¥405,000.00
2019/1/28	水果	葡萄	深圳	24.5	¥20,000.00	¥490,000.00
2019/1/29	水果	草莓	广州	16.8	¥48,000.00	¥806,400.00
2019/1/29	水果	砂糖橘	北京	38	¥14,000.00	¥532,000.00
2019/2/10	水果	芒果	天津	24	¥24,000.00	¥576,000.00
2019/2/11	水果	圣女果	重庆	28.3	¥10,080.00	¥285,264.00
2019/2/12	水果	甘蔗	北京	75	¥4,200.00	¥315,000.00
2019/2/12	水果	火龙果	天津	24	¥16,000.00	¥384,000.00
2019/2/13	水果	油栗	杭州	35.2	¥8,000.00	¥281,600.00

8.2.2 对数据进行筛选

筛选数据最常用的方法是单条件筛选，将符合一种条件的数据筛选出来。在产品销售情况表中，将蔬菜的销售情况筛选出来的具体操作步骤如下。

第1步 打开"素材 \ch08\ 产品销售情况表 .xlsx"工作簿，选择数据区域内的任一单元格。

销售日期	产品分类	产品名称	销售区域	销售数量（吨）	产品单价（元/吨）	销售额
2019/1/24	蔬菜	芹菜	北京	28	¥3,500.00	¥98,000.00
2019/1/24	蔬菜	苦菊	天津	18	¥6,800.00	¥122,400.00
2019/1/26	水果	苹果	上海	27	¥15,000.00	¥405,000.00
2019/1/26	蔬菜	西蓝花	杭州	8	¥5,800.00	¥46,400.00
2019/1/28	蔬菜	紫甘蓝	重庆	15	¥6,200.00	¥93,000.00
2019/1/28	水果	葡萄	深圳	24.5	¥20,000.00	¥490,000.00
2019/1/29	水果	草莓	广州	16.8	¥48,000.00	¥806,400.00
2019/1/29	水果	砂糖橘	北京	38	¥14,000.00	¥532,000.00
2019/2/10	水果	芒果	天津	24	¥24,000.00	¥576,000.00
2019/2/10	蔬菜	彩椒	上海	18	¥5,800.00	¥104,400.00
2019/2/10	蔬菜	黄心菜	杭州	10.5	¥3,000.00	¥31,500.00
2019/2/11	水果	圣女果	重庆	28.3	¥10,080.00	¥285,264.00
2019/2/11	蔬菜	土豆	深圳	15.2	¥2,400.00	¥36,480.00
2019/2/11	蔬菜	娃娃菜	广州	32	¥2,500.00	¥80,000.00
2019/2/12	水果	甘蔗	北京	75	¥4,200.00	¥315,000.00
2019/2/12	水果	火龙果	天津	24	¥16,000.00	¥384,000.00
2019/2/12	蔬菜	韭菜	上海	15.2	¥12,000.00	¥182,400.00
2019/2/13	水果	油栗	杭州	35.2	¥8,000.00	¥281,600.00
2019/2/13	蔬菜	平菇	重庆	15.8	¥6,000.00	¥94,800.00
2019/2/13	蔬菜	番茄	深圳	20	¥5,782.00	¥115,640.00
2019/2/15	水果	木瓜	广州	20	¥9,000.00	¥108,000.00
2019/2/15	蔬菜	蒜薹	北京	14	¥7,000.00	¥98,000.00
2019/2/15	蔬菜	西葫芦	上海	26	¥5,024.00	¥130,624.00

第2步 在【数据】选项卡中，单击【排序和筛选】选项组中的【筛选】按钮。

第3步 进入【自动筛选】状态，此时在标题行每列的右侧出现一个下拉箭头。单击【产品分类】列右侧的下拉箭头，在弹出的下拉列表中取消【全选】复选框，选择【蔬菜】复选框，单击【确定】按钮。

8.2.3 多条件进行筛选

多条件筛选就是将符合多个条件的数据筛选出来。将产品销售情况表中销售区域是北京和天津的数据筛选出来的具体操作步骤如下。

第1步 取消 8.2.2 小节的筛选，选择数据区域内的任一单元格。

第4步 经过筛选后的数据清单如下图所示。可以看出，表中仅显示了有关蔬菜的销售记录，其他记录被隐藏。

销售日期	产品分类	产品名称	销售区域	销售数量（吨）	产品单价（元/吨）	销售额
2019/1/24	蔬菜	芹菜	北京	28	¥3,500.00	¥98,000.00
2019/1/24	蔬菜	苦菊	天津	18	¥6,800.00	¥122,400.00
2019/1/26	蔬菜	西蓝花	杭州	8	¥5,800.00	¥46,400.00
2019/1/28	蔬菜	紫甘蓝	重庆	15	¥6,200.00	¥93,000.00
2019/2/10	蔬菜	彩椒	上海	18	¥5,800.00	¥104,400.00
2019/2/10	蔬菜	黄心菜	杭州	10.5	¥3,000.00	¥31,500.00
2019/2/11	蔬菜	土豆	深圳	15.2	¥2,400.00	¥36,480.00
2019/2/11	蔬菜	娃娃菜	广州	32	¥2,500.00	¥80,000.00
2019/2/12	蔬菜	韭菜	上海	15.2	¥12,000.00	¥182,400.00
2019/2/13	蔬菜	平菇	重庆	15.8	¥6,000.00	¥94,800.00
2019/2/13	蔬菜	番茄	深圳	20	¥5,782.00	¥115,640.00
2019/2/15	蔬菜	蒜薹	北京	14	¥7,000.00	¥98,000.00
2019/2/15	蔬菜	西葫芦	上海	26	¥5,024.00	¥130,624.00

视频扩展教学：取消筛选的 3 种方法

方法 1：单击【数据】选项卡下【排序和筛选】选项组中的【筛选】按钮，退出筛选模式。

方法 2：单击【数据】选项卡下【排序和筛选】选项组中的【清除】按钮。

方法 3：按【Ctrl+Shift+L】组合键，可以快速取消筛选的结果。

第2步 在【数据】选项卡中，单击【排序和筛选】选项组中的【筛选】按钮，进入【自动筛选】状态，此时在标题行每列的右侧出现一个下拉箭头。单击【销售区域】列右侧的下拉箭头，在弹出的下拉列表中取消【全选】复选框，选择【北京】和【天津】复选框，单击【确定】按钮。

第3步 筛选后的结果如下图所示。

8.2.4 自定义筛选

自定义筛选通常也可称为通配符筛选，模糊筛选常用的数值类型有数值型、日期型和文本型，通配符？和＊只能配合"文本型"数据使用，如果数据是日期型和数值型，则需要设置限定范围（如大于、小于、等于等）来实现。筛选出销售数量介于"10"至"20"吨之间销售情况的具体操作步骤如下。

第1步 取消 8.2.3 小节的筛选结果，选择 E 列数据区域任意一个单元格，按【Ctrl+Shift+L】组合键，在标题行每列的右侧出现一个下拉箭头。

第2步 单击【销售数量】列右侧的下拉箭头，在弹出的下拉列表中选择【数字筛选】下的【自定义筛选】选项。

第3步 弹出【自定义自动筛选方式】对话框，在【销售数量】下方选择"小于"选项，后方输入"20"，选中【与】单选项，选择"大于"选项，后方输入"10"，单击【确定】按钮。

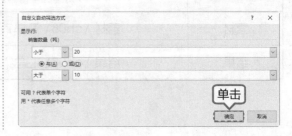

第4步 即可筛选出销售数量介于"10"至"20"吨之间的销售情况。

8.2.5 筛选高于平均销售额的产品

如果要查看高于平均值的商品，可以通过 Excel 提供的自动筛选功能筛选，筛选出销售额高于平均销售额商品的具体操作步骤如下。

第1步 取消 8.2.4 小节的筛选结果，选择任意一个单元格，按【Ctrl+Shift+L】组合键，在标题行每列的右侧出现一个下拉箭头。

第2步 单击【销售额】列右侧的下拉箭头，在弹出的下拉列表中选择【数字筛选】下的【高于平均值】选项。

第3步 即可筛选出高于平均销售额的商品。

8.3 市场营销类——汇总销售记录表

汇总销售记录表就是记录销售过程的记录表格，可用于统计、分析销售成果。

案例名称	制作汇总销售记录表	扫一扫看视频
应用领域	市场部门、销售部门等	
素材	素材 \ch08\ 汇总销售记录表 .xlsx	
结果	结果 \ch08\ 汇总销售记录表 .xlsx	

8.3.1 案例分析

汇总销售记录表主要是使用分类汇总功能，将大量的数据分类后进行汇总计算，并显示各级别的汇总信息。

1. 设计思路

制作汇总销售记录图表时，需要注意以下几点。

(1) 汇总销售记录表分别设有销售日期、购货单位、产品、数量、单价、合计等名称。

(2) 分类汇总的前提是排序，首先需要按照要分类汇总的字段排序。

2. 操作步骤

本案例的第 1 步是建立简单的分类汇总，第 2 步是创建多重分类汇总。

3. 涉及知识点

本案例涉及知识点如下。

(1) 建立分类显示。

(2) 创建简单分类汇总。

(3) 创建多重分类汇总。

(4) 分级显示数据。

4. 最终效果

通过分类汇总操作，制作完成的汇总销售记录表效果如下图所示。

	A	B	C	D	E	F
	销售日期	购货单位	产品	数量	单价	合计
2	2019/4/25	XX数码店	AI音箱	260	￥ 199.00	￥ 51,740.00
3			AI音箱 汇总			￥ 51,740.00
4	2019/4/5	XX数码店	VR眼镜	100	￥ 213.00	￥ 21,300.00
5	2019/4/15	XX数码店	VR眼镜	50	￥ 213.00	￥ 10,650.00
6			VR眼镜 汇总			￥ 31,950.00
7	2019/4/15	XX数码店	蓝牙音箱	60	￥ 78.00	￥ 4,680.00
8			蓝牙音箱 汇总			￥ 4,680.00
9	2019/4/30	XX数码店	平衡车	30	￥ 999.00	￥ 29,970.00
10			平衡车 汇总			￥ 29,970.00
11	2019/4/16	XX数码店	智能手表	60	￥ 399.00	￥ 23,940.00
12			智能手表 汇总			￥ 23,940.00
13		XX数码店 汇总				￥ 142,280.00
14	2019/4/15	YY数码店	AI音箱	300	￥ 199.00	￥ 59,700.00
15			AI音箱 汇总			￥ 59,700.00
16	2019/4/25	YY数码店	VR眼镜	200	￥ 213.00	￥ 42,600.00
17			VR眼镜 汇总			￥ 42,600.00
18	2019/4/16	YY数码店	蓝牙音箱	50	￥ 78.00	￥ 3,900.00
19			蓝牙音箱 汇总			￥ 3,900.00
20	2019/4/30	YY数码店	智能手表	200	￥ 399.00	￥ 79,800.00
21	2019/4/30	YY数码店	智能手表	150	￥ 399.00	￥ 59,850.00
22			智能手表 汇总			￥ 139,650.00
23		YY数码店 汇总				￥ 245,850.00
24		总计				￥ 388,130.00

8.3.2 建立分类显示

为了便于管理 Excel 中的数据，可以建立分类显示，分级最多为 8 个级别，每组 1 级。每个内部级别在分级显示符号中由较大的数字表示，它们分别显示其前一外部级别的明细数据，这些外部级别在分级显示符号中均由较小的数字表示。使用分级显示，可以对数据分组并快速显示汇总行或汇总列，或者显示每组的明细数据。在 Excel 中，可创建行的分级显示、列的分级显示或者行和列的分级显示。

第1步 打开"素材 \ch08\ 汇总销售记录表 .xlsx"文件，选择 A1:F1 单元格区域。

	销售日期	购货单位	产品	数量	单价	合计
1	销售日期	购货单位	产品	数量	单价	合计
2	2019/4/5	XX数码店	VR眼镜	100	¥ 213.00	¥ 21,300.00
3	2019/4/15	XX数码店	VR眼镜	50	¥ 213.00	¥ 10,650.00
4	2019/4/16	XX数码店	智能手表	60	¥ 399.00	¥ 23,940.00
5	2019/4/30	XX数码店	平衡车	30	¥ 999.00	¥ 29,970.00
6	2019/4/15	XX数码店	蓝牙音箱	60	¥ 78.00	¥ 4,680.00
7	2019/4/25	XX数码店	AI音箱	260	¥ 199.00	¥ 51,740.00
8	2019/4/25	YY数码店	VR眼镜	200	¥ 213.00	¥ 42,600.00
9	2019/4/30	YY数码店	智能手表	200	¥ 399.00	¥ 79,800.00
10	2019/4/15	YY数码店	AI音箱	300	¥ 199.00	¥ 59,700.00
11	2019/4/16	YY数码店	蓝牙音箱	50	¥ 78.00	¥ 3,900.00
12	2019/4/30	YY数码店	智能手表	150	¥ 399.00	¥ 59,850.00
13						

第2步 单击【数据】选项卡下【分级显示】选项组中的【组合】按钮,在弹出的下拉列表中选择【组合】选项。

第3步 弹出【组合】对话框,单击选中【行】单选项,单击【确定】按钮。

第4步 将单元格区域 A1:F1 设置为一个组类。

第5步 使用同样的方法设置单元格区域 A2:F12。

	销售日期	购货单位	产品	数量	单价	合计
1	销售日期	购货单位	产品	数量	单价	合计
2	2019/4/5	XX数码店	VR眼镜	100	¥ 213.00	¥ 21,300.00
3	2019/4/15	XX数码店	VR级镜	50	¥ 213.00	¥ 10,650.00
4	2019/4/16	XX数码店	智能手表	60	¥ 399.00	¥ 23,940.00
5	2019/4/30	XX数码店	平衡车	30	¥ 999.00	¥ 29,970.00
6	2019/4/15	XX数码店	蓝牙音箱	60	¥ 78.00	¥ 4,680.00
7	2019/4/25	XX数码店	AI音箱	260	¥ 199.00	¥ 51,740.00
8	2019/4/25	YY数码店	VR眼镜	200	¥ 213.00	¥ 42,600.00
9	2019/4/30	YY数码店	智能手表	200	¥ 399.00	¥ 79,800.00
10	2019/4/15	YY数码店	AI音箱	300	¥ 199.00	¥ 59,700.00
11	2019/4/16	YY数码店	蓝牙音箱	50	¥ 78.00	¥ 3,900.00
12	2019/4/30	YY数码店	智能手表	150	¥ 399.00	¥ 59,850.00
13						

第6步 单击 1 图标,即可将分组后的区域折叠显示。

8.3.3 创建简单分类汇总

使用分类汇总的数据列表,每一列数据都要有列标题。Excel 使用列标题来决定如何创建数据组以及如何计算总和。

第1步 打开"素材\ch08\汇总销售记录表.xlsx"文件,单击 F 列数据区域内任一单元格,单击【数据】选项卡下【排序和筛选】组中的【降序】按钮进行排序。

第2步 在【数据】选项卡中，单击【分级显示】选项组中的【分类汇总】按钮。

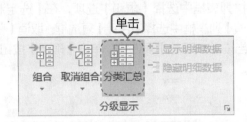

第3步 弹出【分类汇总】对话框，在【分类字段】列表框中选择【产品】选项，表示以"产品"字段进行分类汇总，在【汇总方式】列表框中选择【求和】选项，在【选定汇总项】列表框中选择【合计】复选框，并选择【汇总结果显示在数据下方】复选框。单击【确定】按钮。

第4步 创建简单分类汇总后的效果如下图所示。

8.3.4 创建多重分类汇总

在 Excel 中，要根据两个或更多个分类项对工作表中的数据进行分类汇总，可以使用以下方法。

(1) 先按分类项的优先级对相关字段排序。

(2) 再按分类项的优先级多次执行分类汇总，后面执行分类汇总时，需撤销对对话框中的【替换当前分类汇总】的选择。

第1步 打开"素材 \ch08\ 汇总销售记录表 .xlsx"文件，单击 F 列数据区域内任一单元格，选择数据区域中的任意单元格，单击【数据】选项卡下【排序和筛选】选项组中的【排序】按钮。

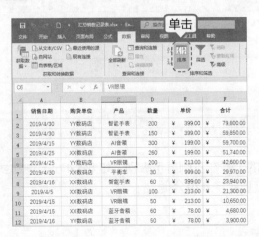

第2步 弹出【排序】对话框，设置【主要关键字】为【购货单位】，【次序】为【升序】；单击【添加条件】按钮，设置【次要关键字】为【产品】，【次序】为【升序】。单击【确定】按钮。

第3步 排序后的工作表如下图所示。

	A	B	C	D	E	F
1	销售日期	购货单位	产品	数量	单价	合计
2	2019/4/25	XX数码店	AI音箱	260	¥ 199.00	¥ 51,740.00
3	2019/4/5	XX数码店	VR眼镜	100	¥ 213.00	¥ 21,300.00
4	2019/4/15	XX数码店	VR眼镜	50	¥ 213.00	¥ 10,650.00
5	2019/4/15	XX数码店	蓝牙音箱	60	¥ 78.00	¥ 4,680.00
6	2019/4/30	XX数码店	平衡车	30	¥ 999.00	¥ 29,970.00
7	2019/4/16	XX数码店	智能手表	60	¥ 399.00	¥ 23,940.00
8	2019/4/15	YY数码店	AI音箱	300	¥ 199.00	¥ 59,700.00
9	2019/4/25	YY数码店	VR眼镜	200	¥ 213.00	¥ 42,600.00
10	2019/4/16	YY数码店	蓝牙音箱	50	¥ 78.00	¥ 3,900.00
11	2019/4/30	YY数码店	智能手表	200	¥ 399.00	¥ 79,800.00
12	2019/4/30	YY数码店	智能手表	150	¥ 399.00	¥ 59,850.00
13						

第4步 单击【分级显示】选项组中的【分类汇总】按钮，弹出【分类汇总】对话框。在【分类字段】列表框中选择【购货单位】选项，在【汇总方式】列表框中选择【求和】选项，在【选定汇总项】列表框中选择【合计】复选框，并选择【汇总结果显示在数据下方】复选框，单击【确定】按钮。

第5步 分类汇总后的工作表效果如下图所示。

1 2 3		A	B	C	D	E	F
	1	销售日期	购货单位	产品	数量	单价	合计
	2	2019/4/25	XX数码店	AI音箱	260	¥ 199.00	¥ 51,740.00
	3	2019/4/5	XX数码店	VR眼镜	100	¥ 213.00	¥ 21,300.00
	4	2019/4/15	XX数码店	VR眼镜	50	¥ 213.00	¥ 10,650.00
	5	2019/4/15	XX数码店	蓝牙音箱	60	¥ 78.00	¥ 4,680.00
	6	2019/4/30	XX数码店	平衡车	30	¥ 999.00	¥ 29,970.00
	7	2019/4/16	XX数码店	智能手表	60	¥ 399.00	¥ 23,940.00
	8		XX数码店 汇总				¥ 142,280.00
	9	2019/4/15	YY数码店	AI音箱	300	¥ 199.00	¥ 59,700.00
	10	2019/4/25	YY数码店	VR眼镜	200	¥ 213.00	¥ 42,600.00
	11	2019/4/16	YY数码店	蓝牙音箱	50	¥ 78.00	¥ 3,900.00
	12	2019/4/30	YY数码店	智能手表	200	¥ 399.00	¥ 79,800.00
	13	2019/4/30	YY数码店	智能手表	150	¥ 399.00	¥ 59,850.00
	14		YY数码店 汇总				¥ 245,850.00
	15		总计				¥ 388,130.00
	16						

第6步 再次单击【分类汇总】按钮，在【分类字段】下拉列表框中选择【产品】选项，在【汇总方式】下拉列表框中选择【求和】选项，在【选定汇总项】列表框中选择【合计】复选框，取消【替换当前分类汇总】复选框，单击【确定】按钮。

第7步 此时，即建立了两重分类汇总，效果如下图所示。

1 2 3 4		A	B	C	D	E	F
	1	销售日期	购货单位	产品	数量	单价	合计
	2	2019/4/25	XX数码店	AI音箱	260	¥ 199.00	¥ 51,740.00
	3			AI音箱 汇总			¥ 51,740.00
	4	2019/4/5	XX数码店	VR眼镜	100	¥ 213.00	¥ 21,300.00
	5	2019/4/15	XX数码店	VR眼镜	50	¥ 213.00	¥ 10,650.00
	6			VR眼镜 汇总			¥ 31,950.00
	7	2019/4/15	XX数码店	蓝牙音箱	60	¥ 78.00	¥ 4,680.00
	8			蓝牙音箱 汇总			¥ 4,680.00
	9	2019/4/30	XX数码店	平衡车	30	¥ 999.00	¥ 29,970.00
	10			平衡车 汇总			¥ 29,970.00
	11	2019/4/16	XX数码店	智能手表	60	¥ 399.00	¥ 23,940.00
	12			智能手表 汇总			¥ 23,940.00
	13		XX数码店 汇总				¥ 142,280.00
	14	2019/4/15	YY数码店	AI音箱	300	¥ 199.00	¥ 59,700.00
	15			AI音箱 汇总			¥ 59,700.00
	16	2019/4/25	YY数码店	VR眼镜	200	¥ 213.00	¥ 42,600.00
	17			VR眼镜 汇总			¥ 42,600.00
	18	2019/4/16	YY数码店	蓝牙音箱	50	¥ 78.00	¥ 3,900.00
	19			蓝牙音箱 汇总			¥ 3,900.00
	20	2019/4/30	YY数码店	智能手表	200	¥ 399.00	¥ 79,800.00
	21	2019/4/30	YY数码店	智能手表	150	¥ 399.00	¥ 59,850.00
	22			智能手表 汇总			¥ 139,650.00
	23		YY数码店 汇总				¥ 245,850.00
	24		总计				¥ 388,130.00

8.3.5 分级显示数据

在建立的分类汇总工作表中，数据是分级显示的，并在左侧显示级别。如 8.3.4 小节创建多重分类汇总后的《汇总销售记录表》的左侧列表中就显示了 4 级分类。

第1步 单击 1 按钮，则显示一级数据，即汇总项的总和。

1 2 3 4	A	B	C	D	E	F
1	销售日期	购货单位	产品	数量	单价	合计
24		总计				￥ 388,130.00
25						
26						
27						
28						
29						
30						
31						
32						
33						
34						
35						
36						
37						
38						
39						

第2步 单击 2 按钮，则显示一级和二级数据，即总计和购货单位汇总。

1 2 3 4	A	B	C	D	E	F
1	销售日期	购货单位	产品	数量	单价	合计
13		XX数码店 汇总				￥ 142,280.00
23		YY数码店 汇总				￥ 245,850.00
24		总计				￥ 388,130.00
25						
26						
27						
28						
29						
30						
31						
32						
33						
34						

第3步 单击 3 按钮，则显示一、二、三级数据，即总计、购货单位和产品汇总。

1 2 3 4	A	B	C	D	E	F
1	销售日期	购货单位	产品	数量	单价	合计
3			AI音箱 汇总			￥ 51,740.00
6			VR眼镜 汇总			￥ 31,950.00
8			蓝牙音箱 汇总			￥ 4,680.00
10			平衡车 汇总			￥ 29,970.00
12			智能手表 汇总			￥ 23,940.00
13		XX数码店 汇总				￥ 142,280.00
15			AI音箱 汇总			￥ 59,700.00
17			VR眼镜 汇总			￥ 42,600.00
19			蓝牙音箱 汇总			￥ 3,900.00
22			智能手表 汇总			￥ 139,650.00
23		YY数码店 汇总				￥ 245,850.00
24		总计				￥ 388,130.00
25						
26						

第4步 单击 4 按钮，则显示所有汇总的详细信息。

1 2 3 4	A	B	C	D	E	F
1	销售日期	购货单位	产品	数量	单价	合计
2	2019/4/25	XX数码店	AI音箱	260	￥ 199.00	￥ 51,740.00
3			AI音箱 汇总			￥ 51,740.00
4	2019/4/5	XX数码店	VR眼镜	100	￥ 213.00	￥ 21,300.00
5	2019/4/15	XX数码店	VR眼镜	50	￥ 213.00	￥ 10,650.00
6			VR眼镜 汇总			￥ 31,950.00
7	2019/4/15	XX数码店	蓝牙音箱	60	￥ 78.00	￥ 4,680.00
8			蓝牙音箱 汇总			￥ 4,680.00
9	2019/4/30	XX数码店	平衡车	30	￥ 999.00	￥ 29,970.00
10			平衡车 汇总			￥ 29,970.00
11	2019/4/16	XX数码店	智能手表	60	￥ 399.00	￥ 23,940.00
12			智能手表 汇总			￥ 23,940.00
13		XX数码店 汇总				￥ 142,280.00
14	2019/4/15	YY数码店	AI音箱	300	￥ 199.00	￥ 59,700.00
15			AI音箱 汇总			￥ 59,700.00
16	2019/4/25	YY数码店	VR眼镜	200	￥ 213.00	￥ 42,600.00
17			VR眼镜 汇总			￥ 42,600.00
18	2019/4/16	YY数码店	蓝牙音箱	50	￥ 78.00	￥ 3,900.00
19			蓝牙音箱 汇总			￥ 3,900.00
20	2019/4/30	YY数码店	智能手表	200	￥ 399.00	￥ 79,800.00
21	2019/4/30	YY数码店	智能手表	150	￥ 399.00	￥ 59,850.00
22			智能手表 汇总			￥ 139,650.00
23		YY数码店 汇总				￥ 245,850.00
24		总计				￥ 388,130.00

8.3.6 清除分类汇总

如果不再需要分类汇总，可以将其清除，具体操作步骤如下。

第1步 选择分类汇总后工作表数据区域内的任一单元格。在【数据】选项卡中，单击【分级显示】选项组中【分类汇总】按钮，弹出【分类汇总】对话框，单击【全部删除】按钮。

第2步 即可清除创建的分类汇总。

	A	B	C	D	E	F
1	销售日期	购货单位	产品	数量	单价	合计
2	2019/4/25	XX数码店	AI音箱	260	￥ 199.00	￥ 51,740.00
3	2019/4/5	XX数码店	VR眼镜	100	￥ 213.00	￥ 21,300.00
4	2019/4/15	XX数码店	VR眼镜	50	￥ 213.00	￥ 10,650.00
5	2019/4/15	XX数码店	蓝牙音箱	60	￥ 78.00	￥ 4,680.00
6	2019/4/30	XX数码店	平衡车	30	￥ 999.00	￥ 29,970.00
7	2019/4/16	XX数码店	智能手表	60	￥ 399.00	￥ 23,940.00
8	2019/4/15	YY数码店	AI音箱	300	￥ 199.00	￥ 59,700.00
9	2019/4/25	YY数码店	VR眼镜	200	￥ 213.00	￥ 42,600.00
10	2019/4/16	YY数码店	蓝牙音箱	50	￥ 78.00	￥ 3,900.00
11	2019/4/30	YY数码店	智能手表	200	￥ 399.00	￥ 79,800.00
12	2019/4/30	YY数码店	智能手表	150	￥ 399.00	￥ 59,850.00
13						

8.4 市场营销类——销售情况总表

制作销售情况总表就是将不同的表格合并到一张表格中，以便于对总体数据进行分析。

案例名称	制作销售情况总表	扫一扫看视频
应用领域	市场部门、销售部门、渠道部门等	
素材	素材 \ch08\ 销售情况总表 .xlsx	
结果	结果 \ch08\ 销售情况总表 .xlsx	

8.4.1 案例分析

在统计销售情况时，不同区域、不同部门甚至不同员工都会有各自的销售情况表，对于总公司或总部门来说需要将所有的销售表合并到一起，制作销售情况总表。

1. 设计思路

本节主要使用合并计算来汇总多个表格数据，合并计算就是将多个相似格式的工作表或数据区域，按指定的方式进行自动匹配计算。

制作销售情况总表时，需要注意以下几点。

(1) 表格的设计一致，表头顺序、产品顺序等要相同。

(2) 合并计算时，不仅可以计算求和，还可以计数、计算平均值、计算乘积等。

2. 操作步骤

本案例的第 1 步是按位置合并计算，第 2 步是将多个明细表生成汇总表。

3. 涉及知识点

本案例涉及知识点如下。

(1) 按照位置合并计算。

(2) 汇总明细表。

4. 最终效果

制作完成的销售情况总表效果如下图所示。

8.4.2 按照位置合并计算

按位置进行合并计算就是按同样的顺序排列所有工作表中的数据，将它们放在同一位置中。

第1步 打开"素材 \ch08\ 销售情况总表 .xlsx"工作簿。选择"一月报表"工作表中的 A1:C5 区域。在【公式】选项卡中，单击【定义的名称】选项组中的【定义名称】按钮。

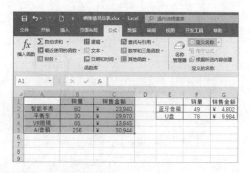

并计算】按钮。

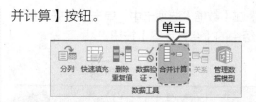

第2步 弹出【新建名称】对话框，在【名称】文本框中输入"一月报表1"，单击【确定】按钮。

第5步 在弹出的【合并计算】对话框的【引用位置】文本框中输入"一月报表2"，单击【添加】按钮，把"一月报表2"添加到【所有引用位置】列表框中并勾选【最左列】复选框，单击【确定】按钮。

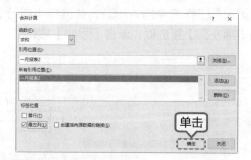

第3步 选择当前工作表的单元格区域 E1:G3，使用同样方法打开【新建名称】对话框，在【名称】文本框中输入"一月报表2"，单击【确定】按钮。

第6步 此时，即可将名称为"一月报表2"的区域合并到"一月报表1"区域中，如下图所示。

	A	B	C
1		销量	销售金额
2	智能手表	60	¥　23,940
3	平衡车	30	¥　29,970
4	VR眼镜	65	¥　13,845
5	AI音箱	256	¥　50,944
6	蓝牙音箱	49	¥　4,802
7	U盘	78	¥　9,984
8			
9			

> **提示** 合并前要确保每个数据区域都采用了列表格式，第一行中的每列都具有标签，同一列中包含相似的数据，并且在列表中没有空行或空列。

第4步 选择工作表中的单元格 A6，在【数据】选项卡中，单击【数据工具】选项组中的【合

8.4.3 由多个明细表快速生成汇总表

如果数据分散在各个明细表中，需要将这些数据汇总到一个总表中，也可以使用合并计算。具体操作步骤如下。

第1步 接 8.4.2 小节的操作，单击"第 1 季度销售报表"工作表 A1 单元格。

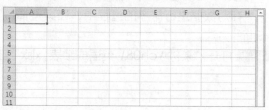

第2步 在【数据】选项卡中，单击【数据工具】选项组中的【合并计算】按钮。

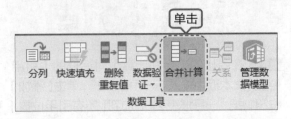

第3步 弹出【合并计算】对话框，将鼠标光标定位在"引用位置"文本框中，然后选择"一月报表"工作表中的A1:C7，并选择【首行】和【最左列】复选框，单击【添加】按钮。

第4步 重复第3步的操作，依次添加"二月报表"的A1:C7数据区域，并选择【首行】和【最左列】复选框。单击【添加】按钮。

第5步 添加"三月报表"的A1:C7数据区域，并选择【首行】和【最左列】复选框，单击【添加】按钮，并单击【确定】按钮。

第6步 合并计算后的数据如下图所示。

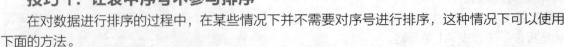 高手私房菜

技巧1：让表中序号不参与排序

在对数据进行排序的过程中，在某些情况下并不需要对序号进行排序，这种情况下可以使用下面的方法。

第1步 打开"素材\ch08\英语成绩表.xlsx"工作簿。

	A	B	C
1	序号	姓名	成绩
2	1	刘XX	60
3	2	张XX	59
4	3	李XX	88
5	4	赵XX	76
6	5	徐XX	63
7	6	夏XX	35
8	7	马XX	90
9	8	孙XX	92
10	9	翟XX	77
11	10	郑XX	65
12	11	林XX	68
13	12	钱XX	72

第2步 选中 B2:C13 单元格区域，单击【数据】选项卡下【排序和筛选】选项组内的【排序】按钮。

第3步 弹出【排序】对话框，将【主要关键字】设置为"成绩"，【排序依据】设置为"单元格值"，【次序】设置为"降序"，单击【确定】按钮。

第4步 即可将名单进行以成绩为依据的从高到低的排序，而序号不参与排序，效果如下图所示。

	A	B	C
1	序号	姓名	成绩
2	1	孙XX	92
3	2	马XX	90
4	3	李XX	88
5	4	翟XX	77
6	5	赵XX	76
7	6	钱XX	72
8	7	林XX	68
9	8	郑XX	65
10	9	徐XX	63
11	10	刘XX	60
12	11	张XX	59
13	12	夏XX	35

提示 在排序之前选中数据区域，则只对数据区域内的数据进行排序。

技巧 2：通过筛选删除空白行

对于不连续的多个空白行，可以使用筛选功能快速删除，具体操作步骤如下。

第1步 打开"素材 \ch08\ 删除空白行 .xlsx"工作簿。选中 A1:A10 单元格区域，单击【数据】选项卡下【排序和筛选】选项组中的【筛选】按钮。

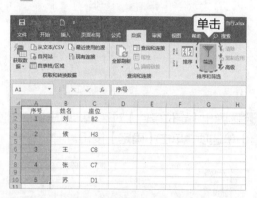

第2步 单击 A1 单元格右侧的下拉按钮，选中【空白】复选框，单击【确定】按钮。

第3步 即可将 A1:A10 单元格区域内的空白行选中。

	A	B	C
1	序号	姓名	座位
3			
5			
7			
9			
11			

第4步 单击【开始】选项卡下【编辑】选项组中的【查找和选择】选项，在弹出的下拉列表中选择【定位条件】选项。

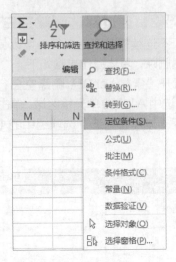

第5步 弹出【定位条件】对话框，单击选中【空值】单选项，单击【确定】按钮。

第6步 即可将空值选中。

	A	B	C
1	序号 ▼	姓名	座位
3			
5			
7			
9			
11			
12			

第7步 将鼠标光标放置在选定的空值单元格区域，单击鼠标右键，在弹出的快捷菜单中选择【删除行】菜单命令。

第8步 弹出【是否删除工作表的整行】对话框，单击【确定】按钮即可。

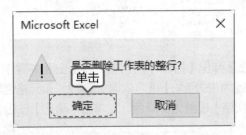

第9步 单击【数据】选项卡下【排序和筛选】选项组中的【筛选】按钮。

第10步 即可退出筛选状态，效果如下图所示。

	A	B	C
1	序号	姓名	座位
2	1	刘	B2
3	2	候	H3
4	3	王	C8
5	4	张	C7
6	5	苏	D1
7			

技巧 3：筛选多个表格的重复值

使用下面的方法可以快速地在多个工作表中查找重复值，节省处理数据的时间。

第1步 打开"素材 \ch08\ 查找重复值 .xlsx"工作簿。

第2步 选择数据区域中的任意一单元格,单击【数据】选项卡下【排序和筛选】选项组中的【高级】按钮 高级 。

第3步 在弹出的【高级筛选】对话框中选中【将筛选结果复制到其他位置】单选按钮。【列表区域】设置为"Sheet1!$A$1:$B$13",【条件区域】设置为"Sheet2!$A$1:$B$13",【复制到】设置为"Sheet1!$E$1",选中【选择

不重复的记录】选择框,单击【确定】按钮。

第4步 即可将两个工作表中的重复数据复制到指定区域,效果如下图所示。

E	F
分类	物品
蔬菜	西红柿
水果	苹果
肉类	牛肉
肉类	鱼
蔬菜	白菜
水果	橘子
肉类	羊肉
肉类	猪肉
肉类	鸡
水果	橙子

举一反三

本章以制作销售业绩统计表、产品销售情况表、汇总销售记录表和销售情况总表为例,介绍了分析表格数据的基本操作。

1. 本章知识点

通过制作本章的 4 个表格,可以学会 Excel 中基本的数据分析的操作,主要包括以下知识点。

(1) 排序。

(2) 筛选。

(3) 分类汇总。

(4) 合并计算。

2. 制作超市库存明细表

与本章内容类似的表格还有超市库存明细表、成绩统计表等，下面以制作超市库存明细表为例介绍。

(1) 设计超市库存明细表有哪些要求？

超市库存明细表是超市进出物品的详细统计清单，记录着一段时间内物品的消耗和剩余状况，对下一阶段相应商品的采购和使用计划有很重要的参考作用。

① 表格条目要清晰，通常包括物品编号、物品名称、物品类别、上月剩余、本月入库、本月出库、本月结余、销售区域、审核人等信息。

② 通过排序筛选等查看。

③ 可以使用分类汇总显示，使工作表更加有条理。

(2) 如何快速制作超市库存明细表？

① 按照物品名称、结余情况排列数据。

② 根据需要筛选出物品库存信息。

③ 使用分类汇总操作对库存明细情况进行分析。

序号	物品编号	物品名称	物品类别	上月剩余	本月入库	本月出库	本月结余	销售区域	审核人
1006	WP0006	手帕纸	生活用品	206	100	280	26	日用品区	张XX
1012	WP0012	拖把	生活用品	20	20	28	12	日用品区	张XX
1016	WP0016	洗衣粉	洗涤用品	60	160	203	17	日用品区	张XX
1017	WP0017	香皂	个护健康	50	60	98	12	日用品区	王XX
1018	WP0018	洗发水	个护健康	60	40	82	18	日用品区	李XX
1019	WP0019	衣架	生活用品	60	80	68	72	日用品区	王XX
							157	日用品区 汇总	
1001	WP0001	方便面	方便食品	300	1000	980	320	食品区	张XX
1003	WP0003	汽水	饮品	400	200	580	20	食品区	刘XX
1004	WP0004	火腿肠	方便食品	200	170	208	162	食品区	刘XX
1007	WP0007	面包	方便食品	180	150	170	160	食品区	张XX
1008	WP0008	醋	调味品	70	50	100	20	食品区	王XX
1009	WP0009	盐	调味品	80	65	102	43	食品区	张XX
1013	WP0013	饼干	方便食品	160	160	200	120	食品区	王XX
1014	WP0014	牛奶	乳制品	112	210	298	24	食品区	王XX
1015	WP0015	雪糕	零食	80	360	408	32	食品区	李XX
							901	食品区 汇总	
1010	WP0010	乒乓球	体育用品	40	30	50	20	体育用品区	赵XX
1011	WP0011	羽毛球	生活用品	50	20	35	35	体育用品区	王XX
							55	体育用品区 汇总	
1002	WP0002	圆珠笔	书写工具	85	20	60	45	学生用品区	赵XX
1005	WP0005	笔记本	书写工具	52	20	60	12	学生用品区	王XX
1020	WP0020	铅笔	书写工具	40	40	56	24	学生用品区	王XX
							81	学生用品区 汇总	
							1194	总计	

第**9**章

数据的高级分析技巧

⊃ 高手指引

数据透视可以将筛选、排序和分类汇总等操作依次完成，并生成汇总表格，对数据的分析和处理有很大的帮助。熟练掌握数据透视表和透视图的运用，可以在处理大量数据时发挥巨大作用。

⊃ 重点导读

- 学会制作销售业绩透视表
- 学会制作公司经营情况明细透视图
- 学会使用切片器分析产品销售透视表

9.1 市场营销类——销售业绩透视表

销售业绩透视表可以清晰地展示出数据的汇总情况，对于数据的分析、决策起到至关重要的作用。在 Excel 2019 中，使用数据透视表可以深入分析数值数据。创建数据透视表以后，就可以对它进行编辑。对数据透视表的编辑包括修改布局、添加或删除字段、格式化表中的数据，以及对透视表进行复制和删除等操作。本节以制作销售业绩透视表为例介绍透视表的相关操作。

案例名称	制作销售业绩透视表	扫一扫看视频
应用领域	市场部门、销售部门、营销部门等	
素材	素材 \ch09\ 销售业绩透视表 .xlsx	
结果	结果 \ch09\ 销售业绩透视表 .xlsx	

9.1.1 案例分析

数据透视表是一种对大量数据快速汇总和建立交叉列表的交互式动态表格，能帮助用户分析、组织既有数据，是 Excel 中的数据分析利器。

1. 设计思路

数据透视表的主要用途是从数据库的大量数据中生成动态的数据报告，对数据进行分类汇总和聚合，帮助用户分析和组织数据。还可以对记录数量较多、结构复杂的工作表进行筛选、排序、分组和有条件地设置格式，显示数据中的规律。

(1) 可以使用多种方式查询大量数据。

(2) 按分类和子分类对数据进行分类汇总和计算。

(3) 展开或折叠要关注结果的数据级别，查看部分区域汇总数据的明细。

(4) 将行移动到列或将列移动到行，以查看源数据的不同汇总方式。

(5) 对最有用和最关注的数据子集进行筛选、排序、分组和有条件地设置格式，使用户能够关注所需的信息。

(6) 提供简明、有吸引力并且带有批注的联机报表或打印报表。

制作销售业绩透视表时，需要注意数据透视表的数据源要有效。

用户可以从 4 种类型的数据源中组织和创建数据透视表。

(1) Excel 数据列表。Excel 数据列表是最常用的数据源。如果以 Excel 数据列表作为数据源，则标题行不能有空白单元格或者合并的单元格，否则不能生成数据透视表，会出现如下图所示的错误提示。

(2) 外部数据源。文本文件、Microsoft SQL Server 数据库、Microsoft Access 数据库、dBase 数据库等均可作为数据源。Excel 2000 及以上版本还可以利用 Microsoft OLAP 多维数据集创建数据透视表。

(3) 多个独立的 Excel 数据列表。数据透视表可以将多个独立 Excel 表格中的数据汇总到一起。

(4) 其他数据透视表。创建完成的数据透视表也可以作为数据源来创建另外一个数据透视表。

2. 操作步骤

本案例的第 1 步是根据源数据创建透视表，第 2 步是修改并设置透视表，第 3 步是改变透视表的布局及设置透视表格式，第 4 步是对数据透视表中的数据进行操作。

3. 涉及知识点

本案例涉及知识点如下。
(1) 认识透视表的组成结构。
(2) 创建数据透视表。
(3) 编辑数据透视表。

4. 最终效果

通过准备和设计，制作完成的销售业绩透视表效果如下图所示。

9.1.2 数据透视表的组成结构

对于任何一个数据透视表来说，可以将其整体结构划分为 4 大区域，分别是行区域、列区域、值区域和筛选器。

1. 行区域

行区域位于数据透视表的左侧，每个字段中的每一项显示在行区域的每一行中。通常在行区域中放置一些可用于进行分组或分类的内容，例如办公软件、开发工具及系统软件等。

2. 列区域

列区域由数据透视表各列顶端的标题组成。每个字段中的每一项显示在列区域的每一列中。通常在列区域中放置一些可以随时间变化的内容，例如第一季度和第二季度等，可以很明显地看出数据随时间变化的趋势。

3. 值区域

在数据透视表中，包含数值的大面积区域就是值区域。值区域中的数据是对数据透视表中行字段和列字段数据的计算和汇总，该区域中的数据一般是可以进行运算的。默认情况下，Excel 对值区域中的数值型数据进行求和，对文本型数据进行计数。

4. 筛选器

筛选器位于数据透视表的最上方，由一个或多个下拉列表组成，通过选择下拉列表中的选项，可以一次性对整个数据透视表中的数据进行筛选。

9.1.3 创建数据透视表

创建数据透视表的具体操作步骤如下。

第1步 打开"素材 \ch09\ 销售业绩透视表 .xlsx"工作簿，单击【插入】选项卡下【表格】选项组中的【数据透视表】按钮。

第2步 弹出【创建数据透视表】对话框，在【请选择要分析的数据】区域单击选中【选择一个表或区域】单选项，在【表 / 区域】文本框中设置数据透视表的数据源，单击其后的按钮，然后用鼠标拖曳选择 A2:D22 单元格区域，并单击按钮返回到【创建数据透视表】对话框。

第3步 在【选择放置数据透视表的位置】区域单击选中【现有工作表】单选项，并选择一个单元格，单击【确定】按钮。

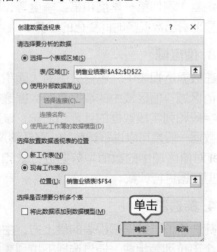

第4步 弹出数据透视表的编辑界面，工作表中会出现数据透视表，在其右侧是【数据透视表

字段】任务窗格。在【数据透视表字段】任务窗格中选择要添加到报表的字段，即可完成数据透视表的创建。此外，在功能区会出现【数据透视表工具】的【分析】和【设计】两个选项卡。

第5步 将"销售额"字段拖曳到【Σ值】区域，将"季度"拖曳至【列】区域，将"姓名"拖曳至【行】区域，将"部门"拖曳至【筛选】区域，如下图所示。

第6步 创建的数据透视表效果如下图所示。

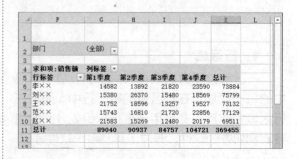

求和项:销售额	列标签				
行标签	第1季度	第2季度	第3季度	第4季度	总计
李××	14582	13892	21820	23590	73884
刘××	15380	26370	15480	18569	75799
王××	21752	18596	13257	19527	73132
范××	15743	16810	21720	22856	77129
赵××	21583	15269	12480	20179	69511
总计	89040	90937	84757	104721	369455

9.1.4 修改数据透视表

创建数据透视表后可以对透视表的行和列进行互换，以修改数据透视表的布局，重组数据透视表。

第1步 打开【字段列表】，在右侧的【行】区域单击"季度"并将其拖曳到【行】区域。

第2步 此时左侧的透视表效果如下图所示。

第3步 将"姓名"拖曳到【列】区域，并将"软件类别"拖曳到"季度"上方，此时左侧的透视表效果如下图所示。

9.1.5 设置数据透视表选项

选择创建的数据透视表，在功能区将自动激活【数据透视表工具】选项组中的【分析】选项卡，用户可以在该选项卡中设置数据透视表选项，具体操作步骤如下。

第1步 接 9.1.4 小节的操作，单击【分析】选项卡下【数据透视表】组中【选项】按钮右侧的下拉按钮，在弹出的快捷下拉菜单中选择【选项】菜单命令。

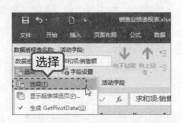

第2步 弹出【数据透视表选项】对话框，在该对话框中可以设置数据透视表的布局和格式、汇总和筛选、显示等。设置完成，单击【确定】按钮即可。

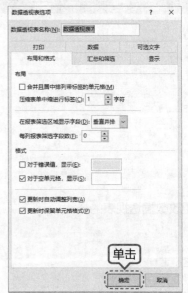

9.1.6 改变数据透视表的布局

改变数据透视表的布局包括设置分类汇总、总计、报表布局和空行等，具体操作步骤如下。

第1步 选择 9.1.5 小节创建的数据透视表，单击【设计】选项卡下【布局】选项组中的【报表布局】按钮 ，在弹出的下拉列表中选择【以表格形式显示】选项。

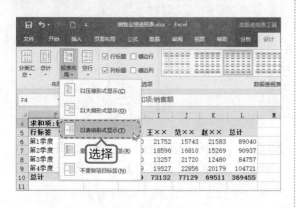

第2步 该数据透视表即以表格形式显示，效果如下图所示。

> **提示** 此外，还可以在下拉列表中选择以压缩形式显示、以大纲形式显示、重复所有项目标签和不重复项目标签等选项。

9.1.7 设置数据透视表的格式

创建数据透视表后，还可以对其格式进行设置，使数据透视表更加美观。

第1步 接 9.1.6 小节的操作，选择数据透视表区域，单击【设计】选项卡下【数据透视表样式】选项组中的【其他】按钮，在弹出的下拉列表中选择一种样式。

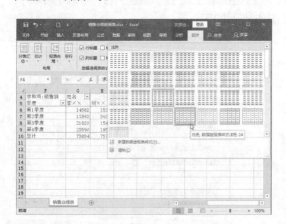

第2步 更改数据透视表的样式。

第3步 此外，还可以自定义数据透视表样式，选择数据透视表区域，单击【设计】选项卡下【数据透视表样式】选项组中的【其他】按钮，在弹出的下拉列表中选择【新建数据透视表样式】选项。

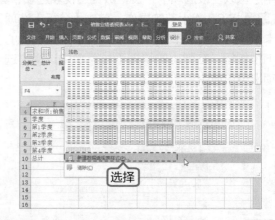

第4步 弹出【新建数据透视表样式】对话框，在【名称】文本框中输入样式的名称，在【表元素】列表框中选择【整个表】选项，单击【格式】按钮。

第5步 弹出【设置单元格格式】对话框，选择【边框】选项卡，在【样式】列表框中选择一种边框样式，设置边框的颜色为"浅蓝"，单击【外边框】选项。

第6步 使用同样的方法设置内部边框样式，设置完成后单击【确定】按钮。

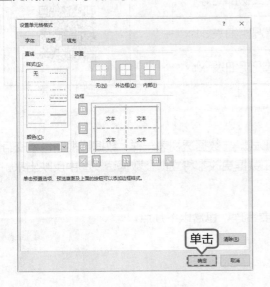

第7步 使用同样的方法设置数据透视表其他元素的样式，设置完成后单击【确定】按钮，返回【新建数据透视表样式】对话框中，单击【确定】按钮。

第8步 再次单击【设计】选项卡下【数据透视表样式】选项组中的【其他】按钮，在弹出的下拉列表中选择【自定义】中的【销售业绩透视表】选项。

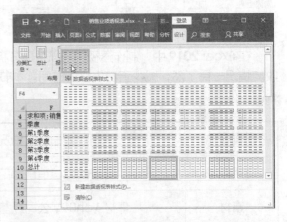

第9步 应用自定义样式后的效果如下图所示。

9.1.8 数据透视表中的数据操作

用户修改数据源中的数据时，数据透视表不会自动更新，用户需要执行数据操作才能刷新数据透视表。刷新数据透视表有两种方法。

方法一：单击【数据透视表分析】选项卡下【数据】选项组中的【刷新】按钮，或在弹出的下拉菜单中选择【刷新】或【全部刷新】选项。

方法二：在数据透视表数据区域的任意一个单元格上单击鼠标右键，在弹出的快捷菜单中选择【刷新】选项。

9.2 财务会计类——公司经营情况明细透视图

在 Excel 2019 中，制作透视图可以帮助分析工作表中的明细对比，让公司领导对公司的经营收支情况一目了然，减少查看表格的时间。本节以制作公司经营情况明细透视图为例介绍数据透视图的使用。

案例名称	制作公司经营情况明细透视图	扫一扫看视频
应用领域	财务部门、销售部门、文秘部门等	
素材	素材 \ch09\ 公司经营情况明细表 .xlsx	
结果	结果 \ch09\ 公司经营情况明细表 .xlsx	

9.2.1 案例分析

数据透视图是数据透视表中的数据的图形表示形式。与数据透视表一样，数据透视图也是交互式的。相关联的数据透视表中的任何字段布局更改和数据更改都将立即在数据透视图中反映出来。

1. 设计思路

制作公司经营情况明细透视图时，表格的设计要合理，包含以下几点。

(1) 要以二维表的形式列举出经营情况明细。

(2) 与图表类似，透视图类型的选择也要合理。

2. 操作步骤

本案例的第 1 步是根据数据透视表创建数据透视图，第 2 步是对创建的数据透视图进行美化。

3. 涉及知识点

本案例涉及知识点如下。
(1) 创建数据透视图。
(2) 美化数据透视图。

4. 最终效果

制作完成的公司经营情况明细透视图效果如下图所示。

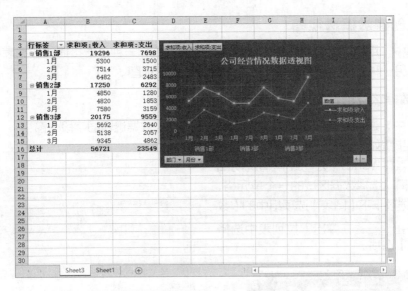

9.2.2 数据透视图与标准图表之间的区别

数据透视图中的大多数操作和标准图表中的一样，但是两者之间也存在以下差别。

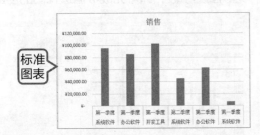

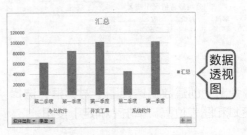

(1) 交互：对于标准图表，需要为查看的每个数据视图创建一张图表，它们不交互；对于数据透视图，只要创建单张图表就可通过更改报表布局或显示的明细数据以不同的方式交互查看数据。

(2) 源数据：标准图表可直接链接到工作表单元格中，数据透视图可以基于相关联的数据透视表中的几种不同数据类型创建。

(3) 图表元素：数据透视图除包含与标准图表相同的元素外，还包括字段和项，可以添加、旋转或删除字段和项来显示数据的不同视图；标准图表中的分类、系列和数据分别对应于数据透视图中的分类字段、系列字段和值字段；数据透视图中还可包含报表筛选；而这些字段中都包含项，这些项在标准图表中显示为图例中的分类标签或系列名称。

(4) 图表类型：标准图表的默认图表类型为簇状柱形图，它按分类比较值；数据透视图的默认图表类型为堆积柱形图，它比较各个值在整个分类总计中所占的比例；用户可以将数据透视图类型更改为柱形图、折线图、饼图、条形图、面积图和雷达图。

(5) 格式：刷新数据透视图时，会保留大多数格式（包括元素、布局和样式），但是不保留趋势线、数据标签、误差线及对数据系列的其他更改；标准图表只要应用了这些格式就不会消失。

(6) 移动或调整项的大小：在数据透视图中，即使可为图例选择一个预设位置并可更改标题的字体大小，也无法移动或重新调整绘图区、图例、图表标题或坐标轴标题的大小；在标准图表中，可移动和重新调整这些元素的大小。

(7) 图表位置：默认情况下，标准图表是嵌入在工作表中的；数据透视图默认情况下是创建在图表工作表上的，且数据透视图创建后，还可将其重新定位到工作表上。

9.2.3 创建数据透视图

在工作簿中，用户可以使用两种方法创建数据透视图：一种是直接通过数据表中的数据创建数据透视图，另一种是通过已有的数据透视表创建数据透视图。

1. 通过数据区域创建数据透视图

在工作表中，通过数据区域创建数据透视图的具体操作步骤如下。

第1步 打开"素材 \ch09\ 公司经营情况明细表 .xlsx"工作簿，选择数据区域的一个单元格，单击【插入】选项卡下【图表】选项组中的【数据透视图】按钮，在弹出下拉列表中选择【数据透视图】选项。

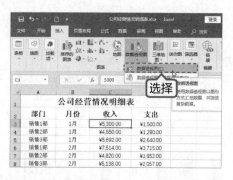

第2步 弹出【创建数据透视图】对话框，选择数据区域和图表位置，单击【确定】按钮。

第3步 弹出数据透视表的编辑界面，工作表中会出现图表 1 和数据透视表 2，在其右侧出现

的是【数据透视图字段】窗格。

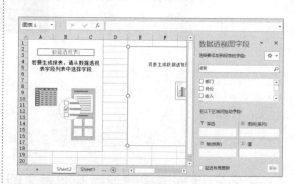

第4步 在【数据透视图字段】中选择要添加到透视图的字段，即可完成数据透视图的创建。

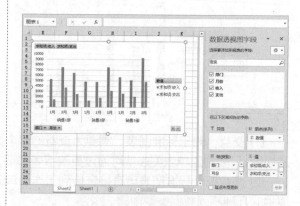

2. 通过数据透视表创建数据透视图

在工作簿中，用户可以先创建数据透视表，再根据数据透视表创建数据透视图，具体操作步骤如下。

第1步 打开"素材 \ch09\ 公司经营情况明细表 .xlsx"工作簿，并根据 9.1.3 小节的内容创建一个数据透视表。

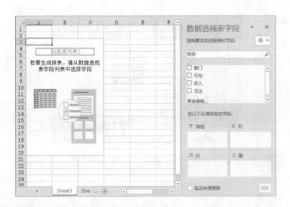

第2步 单击【分析】选项卡下【工具】选项组中的【数据透视图】按钮 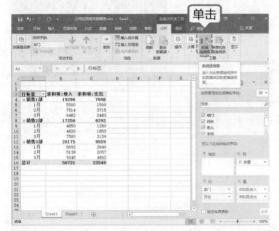。

第4步 完成数据透视图的创建，效果如下图所示。

第3步 弹出【插入图表】对话框，选择一种图表类型，单击【确定】按钮。

9.2.4 美化数据透视图

数据透视图和图表一样，也可以进行美化，以呈现出更好的效果。如添加元素、应用布局、更改颜色及应用图表样式等，都可以达到一定的美化效果。

第1步 添加标题。单击【数据透视图工具】▶【设计】▶【图表布局】组中的【添加图表元素】按钮 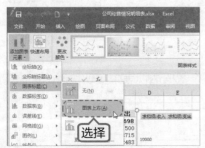，在弹出的下拉列表中选择【图表标题】下的【图表】选项。

第2步 即可添加标题，另外也可以对字体设置艺术字样式，如下图所示。

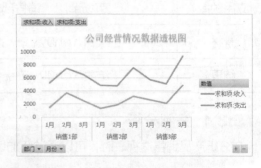

第3步 更改图表颜色。单击【数据透视图工具】▶【设计】▶【图表样式】组中的【添加图表元素】按钮 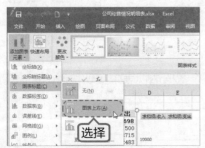，在弹出的下拉列表中选择要应用的颜色。

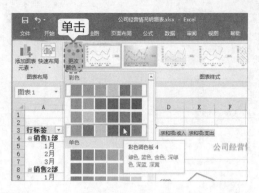

第4步 即可更改图表的颜色，如下图所示。

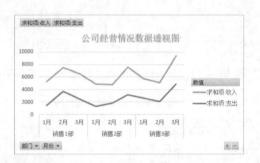

第5步 更改图表样式。单击【数据透视图工具】▶【设计】▶【图表样式】组中的【其他】按钮▼，在弹出的样式列表中选择一种样式。

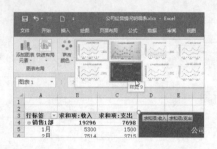

第6步 即可为数据透视图应用新样式，效果如下图所示。

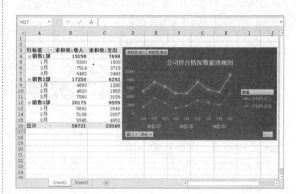

9.3 市场营销类——使用切片器分析产品销售透视表

Excel 中的切片器是个筛选利器，可以让用户更快地筛选出多维数据，动态获取数据和动态显示图表。

案例名称	使用切片器分析产品销售透视表	扫一扫看视频
应用领域	市场部门、销售部门、营销部门等	
素材	素材 \ch09\ 产品销售透视表 .xlsx	
结果	结果 \ch09\ 产品销售透视表 .xlsx	

9.3.1 案例分析

在分析产品销售透视表时，可以通过添加切片器在多个数据透视表中实现快速筛选功能。

1. 设计思路

使用切片器分析产品销售透视表可以按照以下思路进行。

(1) 添加多个切片器，实现联动。

(2) 多个图表时，可将切片器链接至多个图表中。

2. 操作步骤

本案例的第 1 步是根据数据透视表创建切片器，第 2 步是筛选数据。

3. 涉及知识点

本案例涉及知识点如下。

4. 最终效果

制作完成的产品销售透视表效果如下图所示。

(1) 创建切片器。

(2) 删除、隐藏切片器。

(3) 设置切片器样式。

(4) 筛选多个项目。

(5) 自定义排序切片器。

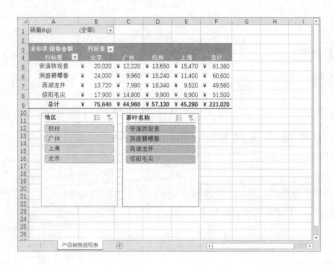

9.3.2 创建切片器

使用切片器筛选数据首先需要创建切片器。创建切片器的具体操作步骤如下。

第1步 打开 "素材 \ch09\ 产品销售透视表 .xlsx" 工作簿，选择数据区域的任意一个单元格，单击【插入】选项卡下【筛选器】选项组中的【切片器】按钮切片器。

第2步 弹出【插入切片器】对话框，单击选中【地区】复选框，单击【确定】按钮。

第3步 此时就插入了【地区】切片器，将鼠标光标放置在切片器上，按住鼠标左键并拖曳，可改变切片器的位置。

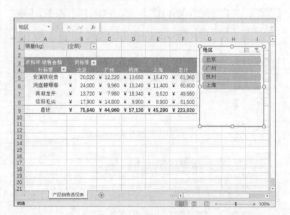

第4步 在【地区】切片器中单击【广州】选项，则在透视表中仅显示广州地区各类茶叶的销售金额。

> **提示** 单击在【地区】切片器右上角的【清除筛选器】按钮 或按【Alt+C】组合键，即可清除地区筛选，在透视表中显示所有地区的销售金额。

9.3.3 删除切片器

有两种方法可以删除不需要的切片器。

1. 按【Delete】键

选择要删除的切片器，在键盘上按【Delete】键，即可将切片器删除。

> **提示** 使用切片器筛选数据后，按【Delete】键删除切片器，数据表中将仅显示筛选后的数据。

2. 使用【删除】菜单命令

选择要删除的切片器（如【地区】切片器）并单击鼠标右键，在弹出的快捷菜单中选择【删

除"地区"】菜单命令，即可将【地区】切片器删除。

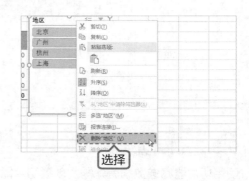

9.3.4 隐藏切片器

如果添加的切片器较多，可以将暂时不使用的切片器隐藏起来，使用时再显示。

第1步 选择要隐藏的切片器，单击【选项】选项卡下【排列】选项组中的【选择窗格】按钮。

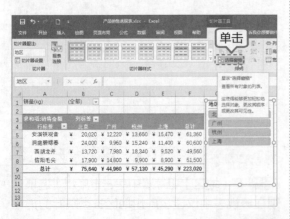

第2步 打开【选择】窗格，单击切片器名称后

的 按钮，即可隐藏切片器。此时， 按钮显示为 — 按钮，再次单击—按钮即可取消隐藏。此外，单击【全部隐藏】和【全部显示】按钮可隐藏和显示所有切片器。

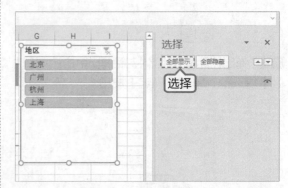

9.3.5 设置切片器的样式

用户可以根据所使用内置切片器的样式，美化切片器，具体操作步骤如下。

第1步 选择要设置字体格式的切片器，单击【选项】选项卡下【切片器样式】选项组中的【其他】按钮 ，在弹出的样式列表中，即可看到内置的样式。

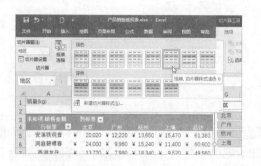

第2步 单击样式，即可应用该切片器样式，效果如下图所示。

9.3.6 筛选多个项目

使用切片器不但能筛选单个项目，而且可以筛选多个项目，具体操作步骤如下。

第1步 选择透视表数据区域的任意一个单元格，单击【插入】选项卡下【筛选器】选项组中的【切片器】按钮 。

第2步 弹出【插入切片器】对话框，单击选中【茶叶名称】复选框，单击【确定】按钮。

第3步 此时就插入了【茶叶名称】切片器，调整切片器的位置。

第4步 在【地区】切片器中单击【广州】选项，在【茶叶名称】切片器中单击【信阳毛尖】选项，按住【Ctrl】键的同时单击【安溪铁观音】选项，则可在透视表中仅显示广州地区安溪铁观音和信阳毛尖的销售金额。

9.3.7 自定义排序切片器项目

用户可以对切片器中的内容进行自定义排序，具体操作步骤如下。

第1步 清除【地区】和【茶叶名称】的筛选，选择【地区】切片器。

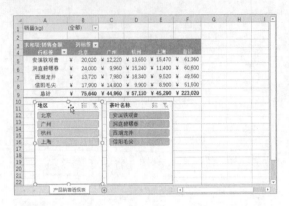

第2步 单击【文件】下的【选项】选项，打开【选项】对话框，选择【高级】选项卡，单击右侧【常规】区域的【编辑自定义列表】按钮。

第3步 弹出【自定义列表】对话框，在【输入序列】文本框中输入自定义序列，输入完成后单击【添加】按钮，然后单击【确定】按钮。

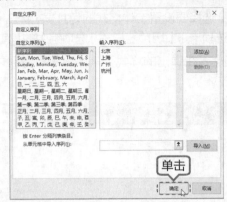

第4步 返回【选项】对话框，单击【确定】按钮。在【地区】切片器上单击鼠标右键，在弹出的快捷菜单中选择【降序】选项。

第5步 切片器即按照自定义降序的方式显示。

技巧 1：将数据透视表转换为静态图片

将数据透视表转变为图片，在某些情况下可以发挥特有的作用，例如发布到网页上或者粘贴到 PPT 中。

第1步 选择整个数据透视表，按【Ctrl+C】组合键复制图表。

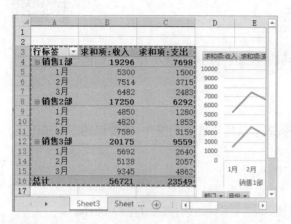

第2步 单击【开始】选项卡下【剪贴板】选项组中【粘贴】按钮的下拉按钮，在弹出的列表中选择【图片】选项，将图表以图片的形式粘贴到工作表中，效果如下图所示。

技巧 2：更改数据透视表的汇总方式

在 Excel 数据透视表中，默认值的汇总方式是"求和"，不过用户可以根据需求，将值的汇总方式修改为计数、平均值、最大值等，以满足不同的数据分析要求。

第1步 在创建的数据透视表中，显示【字段列表】窗口，并单击【求和项：收入】按钮，在弹出的列表中选择【值字段设置】命令。

第2步 弹出【值字段设置】对话框，在【值汇总方式】选项卡下的【计算类型】列表中，选择要设置的汇总方式，如选择【平均值】选项，并单击【确定】按钮。

第3步 即可更改数据透视表值的汇总方式，效果如下图所示。

本章以制作销售业绩透视表、公司经营情况明细透视图、使用切片器分析产品销售透视表为例，介绍了数据透视表和数据透视图的操作。

1. 本章知识点

通过本章学习，可以学会 Excel 中有关数据透视表和数据透视图的操作。主要包括以下知识点。

(1) 创建和编辑数据透视表。

(2) 创建和美化数据透视图。

(3) 使用切片器筛选数据透视表。

掌握这些内容后，能够轻松进行数据透视表及数据透视图等分析数据的相关操作。

2. 制作公司财务情况表透视表和透视图

与本章内容类似的表格还有公司财务情况表、商品采购表等，下面以公司财务情况表为例介绍。

(1) 制作公司财务情况表透视表和透视图有哪些要求？

① 对数据源进行整理，使其符合创建数据透视表的条件。

② 创建数据透视表，对数据进行初步整理汇总。

③ 编辑数据透视表，对数据进行完善和更新。

④ 设置数据透视表格式，对数据透视表进行美化。

⑤ 创建数据透视图，对数据进行更直观的展示。

⑥ 使用切片工具对数据进行筛选分析。

(2) 如何快速制作公司财务情况表透视表和透视图？

① 创建数据透视表。

② 创建数据透视图。

③ 使用切片器筛选数据。

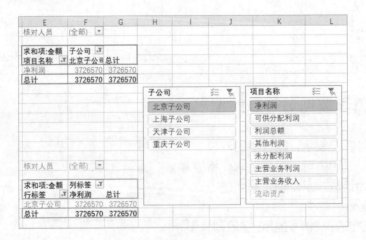

第四篇

办公实战篇

第 10 章

Excel 在人事行政中的应用

⊃ **高手指引**

　　在人事行政中，经常会遇到各种表格，如常见的登记表、工资表、信息表等，利用 Excel
2019 可以让这些工作达到事半功倍的效果。

⊃ **重点导读**

- 学会制作工作计划进度表
- 学会制作员工基本资料表
- 学会制作员工年度考核系统

10.1 制作工作进度计划表

工作进度计划表主要是利用 Excel 表格将工作计划以表格的形式完整、清晰地展现各阶段的进度情况。在日常的行政管理工作中，经常会用到工作进度计划表，方便控制工作进度和时间等，而工作进度计划表是否合理，则影响着工作的效率与质量，因此，一张科学的表格就尤为重要，在进度计划表中，都需以"工作进度"为中心来安排。工作进度计划表在制作中，可以根据需要，如根据时间将工作分成不同的阶段或环节，结合各阶段的工作重点内容，在表格中进行设计，最后也可以进行修饰，让表格更美观。

10.1.1 新建并保存文档

在制作工作进度计划表之前，首先需要新建并保存空白文档，具体操作步骤如下。

第1步 打开 Excel 2019 应用软件，新建一个空白工作簿，将其保存为"工作进度计划表 .xlsx"工作簿文件。

第2步 将工作表命名为"工作进度计划表"，如下图所示。

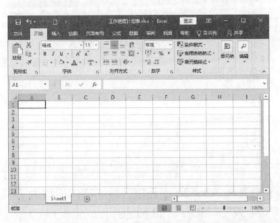

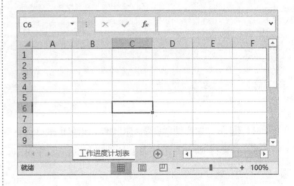

10.1.2 输入内容并设置单元格格式

保存完毕后，即可在工作表中输入文本内容并根据需要设置单元格格式，具体操作步骤如下。

第1步 输入表头部分。在 A1:F2 单元格区域，分别输入"类别""序号""工作内容""1月""5""15"和"25"内容。

第2步 分别对表头部分进行单元格合并，如下图所示。

第3步 输入类别部分。在 A3:A32 单元格区域输入以下内容。

193

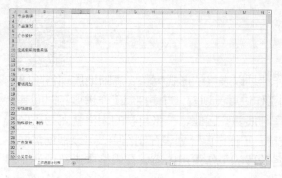

第4步 对输入的内容进行单元格合并，如下图所示。

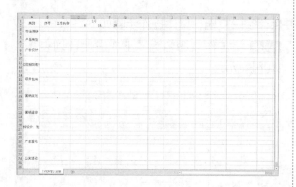

> **提示** 为方便读者学习和操作，也可直接打开"素材\ch10\工作进度计划表.xlsx"工作簿进行操作。

第5步 对 A10 和 A25 单元格进行强制换行，可以完整显示表格内容。

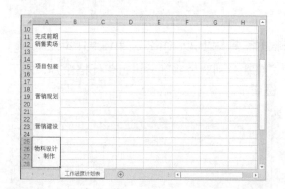

第6步 分别对 A 列、B 列和 C 列设置列宽为"8""6""14"，并将"D~F 列"的列宽设

置为"3"。

第7步 将表头部分的字体设置为"等线""11"，并添加"加粗"效果和"居中对齐"。将第 2 行的日期字体设置为"等线""9"，对齐方式为"居中"。

第8步 将 A3:A36 单元格区域的字体设置为"华文中宋""10"，如下图所示。

10.1.3 填充单元格数据

需要重复输入或者有规则的数据可以通过填充的方法快速输入，具体操作步骤如下。

第1步 选择 D1 单元格，向右填充月份至 12 月份，并调整列宽。

第2步 选择 D2:F2 单元格区域，向右填充至 AM 列，并【自动填充选项】按钮 ，在弹出菜单中选择【复制单元格】选项。

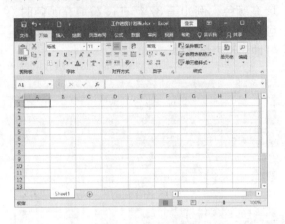

第3步 即可为单元格填充月份，如下图所示。

第4步 使用填充的方法，为 B 列输入序号，如下图所示。

10.1.4 完善表格并添加边框和底纹

输入数据后，可以完善表格并添加边框和底纹来美化表格，具体操作步骤如下。

第1步 分别在 A1、D1、J1、P1、V1、AB1 和 AH1 单元格中输入"填表说明：各色块代表含义""正常进行""完成待审核""预计完成时间""已结束""遇到问题""项目暂停"内容。

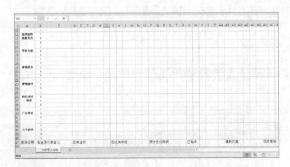

第2步 合并相应的单元格，并适当调整第 37 行的行高，如下图所示。

第3步 选择 A1：AM37 单元格区域，按【Ctrl+1】组合键，打开【设置单元格格式】对话框，单击【边框】选项卡，在【直线】区域设置线型和颜色，并在"预置"区域设置添加边框的位置，单击【确定】按钮。

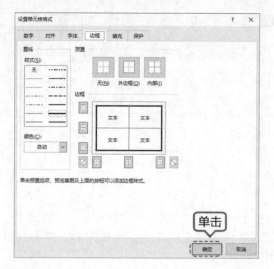

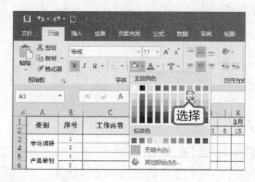

色""个性色 4""淡色 80%"。

第4步 返回工作表即可看到添加边框的效果，如下图所示。

第6步 使用同样方法，为其他单元格区域设置填充颜色，例如第 37 行在设置填充颜色时，可以根据颜色适当调整字体及字体颜色，以更好地显示表格字体。

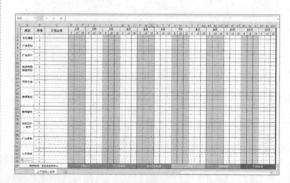

第5步 选择 A1:AM2 单元格区域，单击【开始】选项卡下【字体】族中的【填充颜色】按钮 ◇ ，在弹出的颜色面板中选择要添加的颜色，如"金

第7步 至此，就完成了工作进度计划表的制作，最后只要按【Ctrl+S】组合键保存制作完成的表格即可。

10.2 制作员工基本资料表

员工基本资料表是记录公司员工基本资料的表格，可以根据公司的需要记录员工基本信息。

10.2.1 设计员工基本资料表表头

设计员工基本资料表首先需要设计表头，表头中需要添加完整的员工信息标题。具体操作步骤如下。

第1步 新建空白 Excel 2019 工作簿，并将其另存为"员工基本资料表 .xlsx"。在"Sheet1"工作表标签上单击鼠标右键，在弹出的快捷菜单中选择【重命名】选项。

第2步 输入"基本资料表"，按【Enter】键确认，完成工作表重命名的操作。

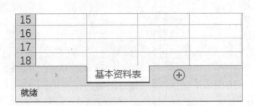

第3步 选择 A1 单元格，输入"员工基本资料表"文本。

第4步 选择 A1:H1 单元格区域，单击【开始】选项卡下【对齐方式】组中【合并后居中】按钮的下拉按钮□·，在弹出的下拉列表中选择【合并后居中】选项。

第5步 选择 A1 单元格中的文本内容，设置其【字体】为"华文楷体"，【字号】为"16"，并为 A1 单元格添加"蓝色""个性色 1""淡色60%"底纹填充颜色，然后根据需要调整行高。

第6步 选择 A2 单元格，输入"姓名"文本，然后根据需要在 B2:H2 单元格区域输入表头信息，并适当调整行高，效果如下图所示。

10.2.2 录入员工基本信息内容

表头创建完成后，就可以根据需要录入员工基本信息内容。

第1步 按住【Ctrl】键的同时选择 C 列和 F 列并单击鼠标右键，在弹出的快捷菜单中选择【设置单元格格式】选项。打开【设置单元格格式】对话框，选择【数字】选项卡，在【分类】列表框中选择【日期】选项，在右侧【类型】列表框中选择一种日期类型，单击【确定】按钮。

第2步 打开"素材 \ch10\ 员工基本资料 .xlsx"工作簿，复制 A2:F23 单元格区域的内容，并将其粘贴至"员工基本资料表 .xlsx"工作簿中，然后根据需要调整列宽，显示所有内容。

10.2.3 计算员工年龄信息

在员工基本资料表中可以使用公式计算员工的年龄，每次使用该工作表时都将显示当前员工的年龄信息。

第1步 选择 H3:H24 单元格区域，输入公式"=DATEDIF(C3,TODAY()，"y"）"。

第2步 按【Ctrl+Enter】组合键，即可计算出所有员工的年龄信息。

10.2.4 计算员工工龄信息

计算员工工龄信息的具体操作步骤如下。

第1步 选择 G3:G24 单元格区域，输入公式"=DATEDIF(F3,TODAY()，"y"）"。

第2步 按【Ctrl+Enter】组合键，即可计算出所有员工的工龄信息。

10.2.5 美化员工基本资料表

输入员工基本信息并进行相关计算后，可以进一步美化员工基本资料表，具体操作步骤如下。

第1步 选择 A2:H24 单元格区域，单击【开始】选项卡下【样式】组中【套用表格格式】按钮后的下拉按钮，在弹出的下拉列表中选择一种表格样式。

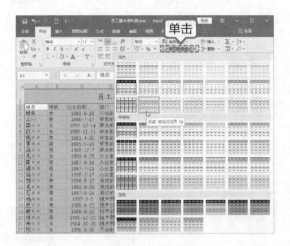

第2步 弹出【套用表格式】对话框，单击【确定】按钮。

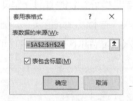

第3步 套用表格格式后的效果如下图所示。

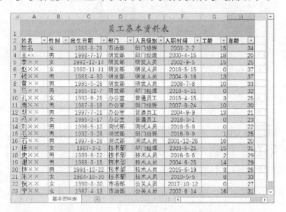

第4步 选择第 2 行中包含数据的任意单元格，按【Ctrl+Shift+L】组合键，取消工作表的筛选状态，并将所有内容居中对齐，即完成了员工基本资料表的美化操作。最终效果如下图所示。

10.3 制作员工年度考核系统

人事部门一般会在年终或季度末对员工的表现进行一次考核，这不但可以对员工的工作进行督促和检查，而且可以根据考核的情况发放年终奖金和季度奖金。

10.3.1 设置数据验证

设置数据验证的具体操作步骤如下。

第1步 打开"素材 \ch10\ 员工年度考核 .xlsx"工作簿，其中包含两个工作表，分别为"年度考核表"和"年度考核奖金标准"。

第2步 选中"年度考核表"工作表中"出勤考核"所在的D列，单击【数据】选项卡下【数据工具】选项组中【数据验证】按钮后的下拉按钮，在弹出的下拉列表中选择【数据验证】选项。

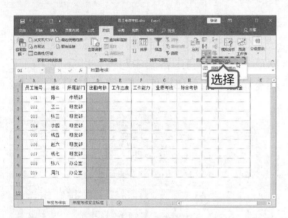

第3步 弹出【数据验证】对话框，选择【设置】选项卡，在【允许】下拉列表中选择【序列】选项，在【来源】文本框中输入"6,5,4,3,2,1"。

提示 假设企业对员工的考核成绩分为6、5、4、3、2和1共6个等级，从6~1依次降低。在输入"6,5,4,3,2,1"时，中间的逗号要在英文状态下输入。

第4步 切换到【输入信息】选项卡，选中【选定单元格时显示输入信息】复选框，在【标题】文本框中输入"请输入考核成绩"，在【输入信息】列表框中输入"可以在下拉列表中选择"。

第5步 切换到【出错警告】选项卡，选中【输入无效数据时显示出错警告】复选框，在【样式】下拉列表中选择【停止】选项，在【标题】文本框中输入"考核成绩错误"，在【错误信息】列表框中输入"请到下拉列表中选择！"。

第6步 切换到【输入法模式】选项卡，在【模式】下拉列表中选择【关闭（英文模式）】选项，以保证在该列输入内容时始终不是英文输入法，单击【确定】按钮。

第7步 完成数据验证的设置。单击单元格 D2，将显示黄色的信息框。

第8步 在单元格 D2 中输入"8"，按【Enter】键后，会弹出【考核成绩错误】提示框。如果

10.3.2 设置条件格式

设置条件格式的具体操作步骤如下。

第1步 选择单元格区域 H2:H10，单击【开始】选项卡下【样式】组中的【条件格式】按钮 条件格式，在弹出的下拉菜单中选择【新建规则】菜单项。

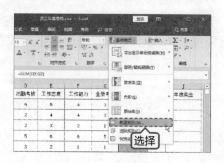

单击【重试】按钮，则可重新输入。

第9步 参照第 1 ~ 7 步，设置 E、F、G 等列的数据有效性，并依次输入员工的成绩。

第10步 计算综合考核成绩。选择 H2:H10 单元格区域，输入"=SUM(D2:G2)"，按【Ctrl+Enter】组合键确认，即可计算出员工的综合考核成绩。

第2步 弹出【新建格式规则】对话框，在【选择规则类型】列表框中选择【只为包含以下内容的单元格设置格式】选项，在【编辑规则说明】区域的第 1 个下拉列表中选择【单元格值】选项，在第 2 个下拉列表中选择【大于或等于】选项，在右侧的文本框中输入"18"。然后单击【格式】按钮。

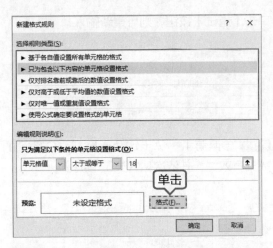

第3步 打开【设置单元格格式】对话框,选择【填充】选项卡,在【背景色】列表框中选择一种颜色,在【示例】区可以预览效果,单击【确定】按钮。

第4步 返回【新建格式规则】对话框,单击【确定】按钮。可以看到 18 分及 18 分以上员工的"综合考核"将以设置的背景色显示。

10.3.3 计算员工年终奖金

计算员工年终奖金的具体操作步骤如下。

第1步 对员工综合考核成绩进行排序。选择 I2:I10 单元格区域,输入"=RANK(H2,$H$2:$H$10,0)",按【Ctrl+Enter】组合键确认,可以看到在单元格 I2 中显示出排名顺序。

第2步 有了员工的排名顺序,就可以计算出"年终奖金"。选择 J2:J10 单元格区域,输入"=LOOKUP(I2,年度考核奖金标准!$A$2:$B$5)",按【Ctrl+Enter】组合键确认,可以计算出员工的"年终奖金"。

> **提示** 企业对年度考核排在前几名的员工给予奖金奖励,标准为:第 1 名奖金 10 000 元,第 2、3 名奖金 7 000 元,第 4、5 名奖金 4 000 元,第 6 ~ 10 名奖金 2 000 元。

至此,就完成了员工年度考核系统的制作,最终只需要将制作完成的工作簿进行保存即可。

第11章

Excel 在市场营销中的应用

⊃ 高手指引

使用 Excel 可以快速制作各种销售统计分析报表和图表，对销售信息进行整理和分析，包括对市场调研、产品使用状况追踪、售后服务和信息反馈等一系列活动。

⊃ 重点导读

- 学会制作进存销表格
- 学会制作产品销售分析图表
- 学会分析员工销售业绩表

11.1 制作进存销表

对于一些小企业来说，产品的进销存量不大，购买一套专业的进存销软件并不是一个很好的做法。可以利用 Excel 制作简单的进销存管理系统。进存销表适用于规模较小的主要进行商品批发、零售或者总经销等的行业，是市场、销售、会计等岗位员工可以使用的表格。

11.1.1 完善表格信息

制作进存销表前，首先要完善表格的表头信息，主要包含产品的编号和产品名称。具体操作步骤如下。

第1步 打开"素材 \ch11\ 进存销管理系统.xlsx"工作表，选择 A2:O3 单元格区域，将其字体设置为居中显示，并适当地调整列宽。

第2步 选择 A2:A3 单元格区域，单击【开始】选项卡下【对齐】选项组中的【合并后对齐】按钮。

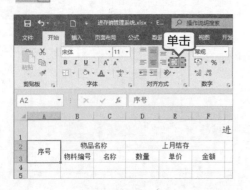

第3步 单击工作表名称后的【新工作表】按钮

，创建新工作表。

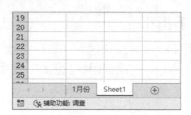

第4步 将新工作表命名为"数据表"。

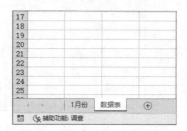

第5步 在工作表中输入如下图所示数据，也可以根据实际情况进行输入，适当进行美化。

11.1.2 定义名称

可以为创建的数据表中的数据定义名称，以便于在进存销表中调用数据。定义名称的具体操作步骤如下。

第1步 选择"数据表"工作表中的 A1:B11 单元格区域，单击【公式】选项卡下【定义名称】选项组中的【根据所选内容创建】按钮。

第2步 弹出【根据所选内容创建名称】对话框，单击选中【首行】复选框，单击【确定】按钮。

第3步 按【Ctrl+F3】组合键可以查看定义的名称，然后单击【关闭】按钮。

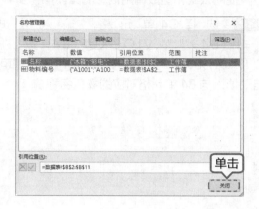

11.1.3 设置数据有效性

设置数据有效性可以防止输入错误数据。设置数据有效性的具体操作步骤如下。

第1步 在"1月份"工作表中选择 B4 单元格，按【Ctrl+Shift+↓】组合键，选择所有的 B 列空白单元格。

第2步 单击【数据】选项卡下【数据工具】选项组中的【数据验证】按钮，在弹出的下拉列表中选择【数据验证】选项。

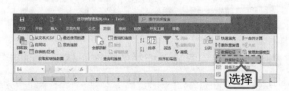

第3步 弹出【数据验证】对话框，在【允许】下拉列表中选择【序列】选项，在【来源】文本框中输入"= 物料编号"，单击【确定】按钮。

第4步 完成了数据有效性的设置。单击 B 列的空白单元格，将显示下拉按钮，单击下拉按钮，即可在弹出的下拉列表中选择物料编号。

11.1.4 使用公式与函数

使用公式和函数调用信息的具体操作步骤如下。

第1步 选择 C4 单元格，输入公式"=IF(B4="","",VLOOKUP(B4，数据表 !\$A\$1:\$B\$11,2,))"，按【Enter】键，即可自动填入与 B4 单元格对应的物料名称。

C4			× ✓ fx	=IF(B4="","",VLOOKUP(B4,数据表!\$A\$1:\$B\$11,2,))			
	A	B	C	D	E	F	G	H

进存销汇总表（

序号	物品名称		上月结存			本月入库	
	物料编号	名称	数量	单价	金额	数量	单价
	A1002	彩电					

第2步 使用填充功能，将公式填充至 C 列足够多的空白单元格。在 B 列选择物料编号后，将自动在 C 列显示对应的物料名称。

C5			× ✓ fx	=IF(B5="","",VLOOKUP(B5,数据表!\$A\$1:\$B\$11,2,))

进存销汇总表（

序号	物品名称		上月结存			本月入库	
	物料编号	名称	数量	单价	金额	数量	单价
	A1002	彩电					
	A1003	洗衣机					

第3步 选择 A4 单元格，输入公式"=IF(B4<>"",MAX(A\$3:A3)+1,"")"，按【Enter】键，自动生成序列号，并使用填充功能进行填充。

A5			× ✓ fx	=IF(B5<>"",MAX(A\$3:A4)+1,"")

进存销汇总表（

序号	物品名称		上月结存			本月入库	
	物料编号	名称	数量	单价	金额	数量	单价
1	A1002	彩电					
2	A1003	洗衣机					

第4步 在【上月结存】栏目下输入上月结存的数量和单价，在 F4 单元格输入公式"=D4*E4"。

F4			× ✓ fx	=D4*E4

进存销汇总表（

序号	物品名称		上月结存			本月
	物料编号	名称	数量	单价	金额	数量
1	A1002	彩电		5	2500	12500
2	A1003	洗衣机				

第5步 在【本月入库】栏目下输入本月入库的数量和单价，在 I4 单元格输入公式"=G4*H4"。

I4			× ✓ fx	=G4*H4
	C	D	E	F	G	H	I

进存销汇总表（1月份）

名称	上月结存			本月入库		
名称	数量	单价	金额	数量	单价	金额
彩电	5	2500	12500	10	2100	21000
洗衣机						

第6步 在【本月出库】栏目下输入本月出库的数量和单价，在 L4 单元格输入公式"=J4*K4"。

	G	H	I	J	K	L	M

进存销汇总表（1月份）

本月入库			本月出库			
数量	单价	金额	数量	单价	金额	数量
10	2100	21000	8	2500	20000	

第7步 在【本月结存】栏目的 M4 单元格中输入公式"=D4+G4-J4"。

M4			× ✓ fx	=D4+G4-J4
	G	H	I	J	K	L	M	N	O

进存销汇总表（1月份）

本月入库			本月出库			本月结余		
数量	单价	金额	数量	单价	金额	数量	单价	金额
10	2100	21000	8	2500	20000	7		

第8步 在 N4 单元格中输入公式"=K4"。

N4			× ✓ fx	=K4
	G	H	I	J	K	L	M	N	O

进存销汇总表（1月份）

本月入库			本月出库			本月结余		
数量	单价	金额	数量	单价	金额	数量	单价	金额
10	2100	21000	8	2500	20000	7	2500	

第9步 在 O4 单元格输入公式"=M4*N4"。

O4			× ✓ fx	=M4*N4
	G	H	I	J	K	L	M	N	O

进存销汇总表（1月份）

本月入库			本月出库			本月结余		
数量	单价	金额	数量	单价	金额	数量	单价	金额
10	2100	21000	8	2500	20000	7	2500	17500

第10步 根据需要输入相关的内容，然后分别使用填充功能将 F4、I4、L4、M4、N4、O4 单元格中的公式进行填充即可。

进存销汇总表（1月份）														
序号	物品名称		上月结存			本月入库			本月出库			本月结余		
	物料编号	名称	数量	单价	金额	数量	单价	金额	数量	单价	金额	数量	单价	金额
1	A1002	彩电	5	2500	12500	10	2100	21000	8	2500	20000	7	2500	17500
2	A1003	洗衣机	8	2800	22400	15	2600	39000	14	2900	40600	9	2900	26100
3	A1001	冰箱	6	3400	20400	20	3000	60000	24	3500	84000	2	3500	7000
4	A1004	空调	5	4600	23000	15	4000	60000	20	4900	98000	0	4900	0
5	A1005	电磁炉	4	2100	8400	12	2200	26400	15	2700	40500	1	2700	2700
6	A1007	豆浆机	23	1200	27600	15	1100	16500	30	1500	45000	8	1500	12000

至此，就完成了进存销管理系统的制作。如果要设计其他月份的进存销，只要新建工作表并进行相应的输入即可。

11.2 制作产品销售分析图表

在对产品的销售数据进行分析时，除了对数据本身进行分析外，经常使用图表来直观地表示产品销售状况，还可以使用函数预测其他销售数据，从而方便分析数据。产品销售分析图表的具体制作步骤如下。

11.2.1 插入销售图表

对数据进行分析，图表是 Excel 中最常用的呈现方式，可以更直观地表现数据在不同条件下的变化及趋势。

第1步 打开"素材 \ch11 产品销售统计表 .xlsx"文件，选择 B2:B11 单元格区域。单击【插入】选项卡下【图表】选项组中的【插入折线图或面积图】按钮 ⚟▾，在弹出的下拉列表中选择【带数据标记的折线图】选项。

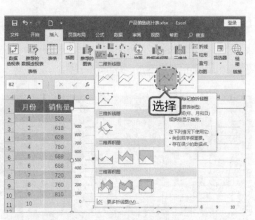

第2步 即可在工作表中插入图表，调整图表到合适的位置后效果如下图所示。

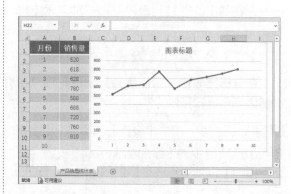

11.2.2 设置图表格式

插入图表后，图表格式的设置是一项不可缺少的工作，它可以使图表更美观、数据更清晰。

第1步 选择图表，单击【设计】选项卡下【图表样式】选项组中的【其他】按钮 ▿，在弹出的下拉列表中选择一种图表的样式。

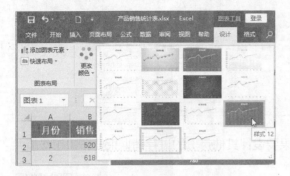

第2步 即可更改图表的样式，如下图所示。

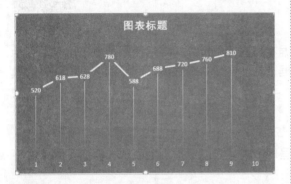

第3步 选择图表的标题文字，单击【格式】选项卡下【艺术字样式】选项组中的【其他】按钮 ，在弹出的下拉列表中选择一种艺术字样式。

第4步 将图表标题命名为"产品销售分析图表"，添加的艺术字效果如下图所示。

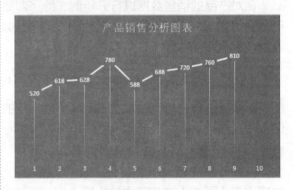

11.2.3 添加趋势线

在分析图表中，常使用趋势线进行预测研究。下面通过前 9 个月的销售情况，对 10 月份的销量进行分析和预测。

第1步 选择图表，单击【设计】选项卡下【图表布局】选项组中的【添加图表元素】按钮 ，在弹出的下拉列表中选择【趋势线】下的【线性】选项。

第2步 即可为图表添加线性趋势线。

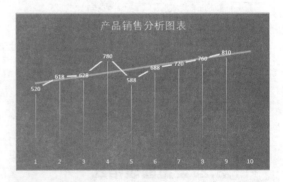

第3步 双击趋势线，工作表右侧弹出【设置趋势线格式】窗格，在此窗格中可以设置趋势线的填充线条、效果等。

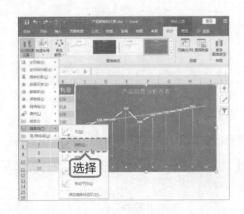

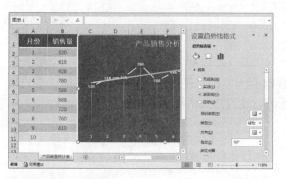

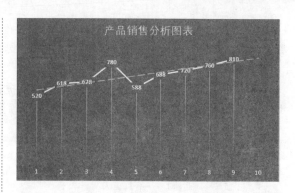

第4步 设置好趋势线线条并填充颜色后的最终图表效果如下图所示。

11.2.4 预测趋势量

除了添加趋势线来销量预测外，还可以通过使用预测函数计算趋势量。下面通过 FORECAST 函数，计算 10 月份的销量。

第1步 选择单元格 B11，输入公式"=FORECAST(A11,B2:B10,A2:A10)"。

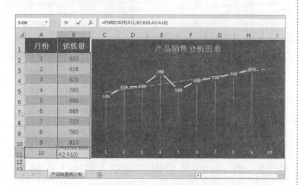

提示 公式"=FORECAST(A11,B2:B10,A2:A10)"是根据已有的数值计算或预测未来值。其中，"A11"为进行预测的数据点，"B2:B10"为因变量数组或数据区域，"A2:A10"为自变量数组或数据区域。

第2步 即可计算出 10 月份销售量的预测结果，并将数值以整数形式显示。

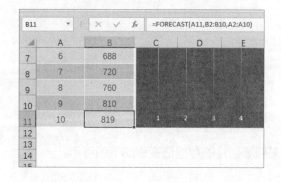

第3步 产品销售分析图表的最终效果如下图所示，保存制作好的产品销售分析图。

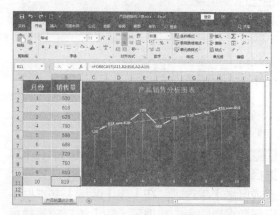

第4步 除了使用 FORECAST 函数预测销售量外，还可以单击【数据】下【预测】组中的【预测工作表】按钮 ，创建新的工作表，预测数据的趋势。

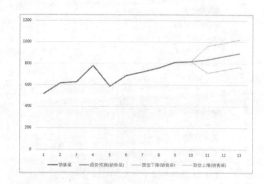

至此，产品销售分析图表制作完成，保存制作好的图表即可。

11.3 分析员工销售业绩表

在统计员工的销售业绩时，单纯地通过数据很难看出差距。使用数据透视表，则能够更方便地筛选与比较数据。如果要使数据表更加美观，还可以设置数据透视表的格式。

11.3.1 创建销售业绩透视表

创建销售业绩透视表的具体操作步骤如下。

第1步 打开"素材 \ch11\ 销售业绩表 .xlsx"工作簿，选择数据区域的任意单元格，单击【插入】选项卡下【表格】选项组中的【数据透视表】按钮。

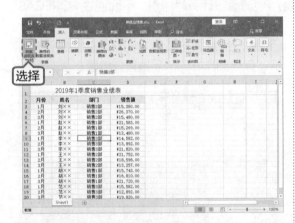

第2步 弹出【创建数据透视表】对话框，在【请选择要分析的数据】区域单击选中【选择一个表或区域】单选项，在【表 / 区域】文本框中设置数据透视表的数据源，在【选择放置数据透视表的位置】区域单击选中【现有工作表】单选项，并选择存放的位置，单击【确定】按钮。

第3步 弹出数据透视表的编辑界面，如下图所示。

第4步 在【数据透视表字段】窗格中将"销售额"字段拖曳到【Σ 值】区域，将"月份"字段拖曳到【列】区域，将"姓名"分别拖曳至【行】区域，将"部门"分别拖曳至【筛选】区域，如下图所示。

第5步 创建的数据透视表如下图所示。

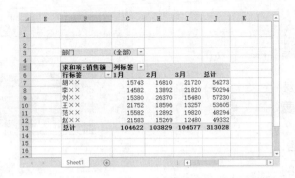

11.3.2 美化销售业绩透视表

美化销售业绩透视表的具体操作步骤如下。

第1步 选中创建的数据透视表，单击【数据透视表工具】下【设计】选项卡下【数据透视表样式】选项组中的【其他】按钮 ，在弹出的下拉列表中选择一种样式。

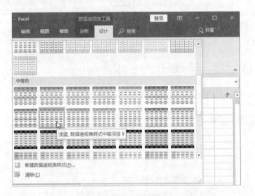

第2步 美化后的数据透视表的效果如下图所示。

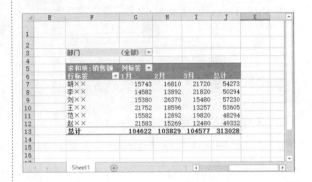

11.3.3 设置透视表中的数据

设置数据透视表中的数据主要包括使用数据透视表筛选、在透视表中排序、更改透视表的汇总方式等。具体操作步骤如下。

1. 使用数据透视表筛选

第1步 在创建的数据透视表中单击【部门】后的下拉按钮，在弹出的下拉列表中单击选中【选择多项】复选框，并选中【销售1部】复选框，单击【确定】按钮。

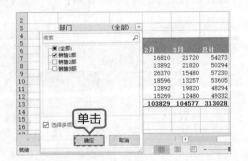

第2步 数据透视表筛选出【部门】在"销售1部"的员工的销售额。

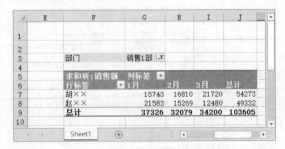

第3步 单击【列标签】后的下拉按钮，在弹出的下拉列表中单击选中【选择多项】复选框，并撤销选中【2月】复选框，单击【确定】按钮。

211

第4步 数据透视表筛选出【部门】在"销售1部"，并且【月份】在"1月"及"3月"的员工的销售额。

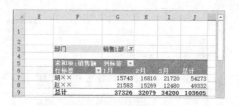

2. 在透视表中排序数据

第1步 在透视表中显示全部数据，选择 H 列中的任意单元格。

第2步 单击【数据】选项卡下【排序和筛选】选项组中的【升序】按钮 ⦚ 或【降序】按钮 ⦚，即可根据该列数据进行排序。下图所示为对 H 列升序排序后的效果。

3. 更改汇总方式

第1步 单击【数据透视表字段】窗格中【∑ 数值】列表中的【求和项：销售额】右侧的下拉按钮，在弹出的下拉菜单中选择【值字段设置】选项。

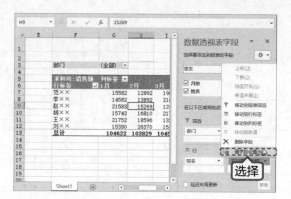

第2步 弹出【值字段设置】对话框。

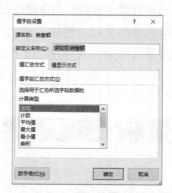

第3步 在【计算类型】列表框中选择汇总方式，这里选择【最大值】选项，单击【确定】按钮。

第4步 返回至透视表后，根据需要更改标题名称，将 J6 单元格由"总计"更改为"最大值"。即可看到更改汇总方式后的效果。

第12章

Excel 在财务会计中的应用

○ **高手指引**

　　财务管理是财务处理流程中至关重要的环节，而在今天日常的财务管理工作中，传统的手工处理方法已经远远不能满足工作的需要，功能强大的 Excel 2019 正发挥着越来越重要的作用。

○ **重点导读**

- 学会制作现金流量表
- 学会制作项目成本预算分析表
- 学会制作住房贷款速查表

12.1 制作现金流量表

企业现金流量表的作用通常有：反映企业现金流入和流出的原因；反映企业偿债能力；反映企业未来获利能力，即企业支付股息的能力。

要制作现金流量表，首先需要在工作表中根据需要输入各个项目的名称以及 4 个季度对应的数据区域。然后将需要计算的区域添加底纹效果，并设置数据区域的单元格格式，如会计专用格式。最后使用公式计算现金流量区域，如现金净流量、现金及现金等价物增加净额等。

12.1.1 输入现金流量表内容

制作现金流量表之前，首先需要输入现金流量表内容，具体操作步骤如下。

第1步 启动 Excel 2019 应用程序，双击 Sheet1 工作表标签，进入标签重命名状态，输入"现金流量表"名称，按【Enter】键确认输入。

第2步 按【F12】键打开【另存为】对话框，选择文档保存的位置，在"文件名"文本框中输入"现金流量表 .xlsx"，单击【保存】按钮，即可保存整个工作簿。

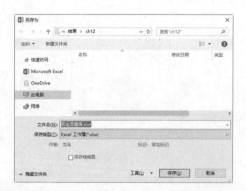

第3步 在"现金流量表"工作表中输入各个项目的内容，也可以打开"素材 \ch12\ 现金流量表 .xlsx"工作簿，复制其中的内容。其现金流量表是以一年中的 4 个季度的现金流量为分析对象，A 列中为现金流量表的各个项目，B~E 列为 4 个季度对应的数据区域。

第4步 根据需要为"现金流量表"工作表中相应的单元格设置字体的格式。

第5步 填充背景颜色，然后再为整个工作表添加边框和设置底纹效果，最后根据需要适当地调整列宽，效果如下图所示。

第6步 选中 B4:E30 单元格区域，单击【开始】下【数字】组中的【会计数字格式】按钮，为其应用会计专用货币格式。

第7步 选定 B4 单元格，然后在【视图】选项卡下的【窗口】选项组中，单击【冻结窗格】右边的下三角按钮，从弹出的下拉菜单中选择【冻结窗格】选项。

第8步 窗格冻结后，无论是向右还是向下滚动窗口时，被冻结的行和列始终显示在屏幕上，同时工作表中还将显示水平和垂直冻结线。

12.1.2 使用函数添加日期

日期是会计报表的要素之一，下面介绍如何利用函数向报表中添加日期。具体操作步骤如下。

第1步 选中 E2 单元格，单击编辑栏中的【插入函数】按钮 f_x，打开【插入函数】对话框，并单击【转到】按钮。

第2步 弹出【函数参数】对话框，在【TEXT】区域的【Value】文本框中输入"NOW()"，在【Format_text】文本框中输入"e 年"，单击【确定】按钮，关闭【函数参数】对话框。

第3步 此时 E2 单元格中显示出当前公式的运算结果为"2019 年"。

12.1.3 现金流量区域内的公式计算

下面介绍如何计算现金流量表中的相关项目。在进行具体操作之前，首先要了解现金流量表中各项的计算公式。

● 现金流入 − 现金流出 = 现金净流量

● 经营活动产生的现金流量净额 + 投资活动产生的现金流量净额 + 筹资活动产生的现金流量净额 = 现金及现金等价物增加净额

● 期末现金合计 − 期初现金合计 = 现金净流量

在实际工作中，当设置好现金流量表的格式后，可以通过总账筛选或汇总相关数据来填制现金流量表，在 Excel 中可以通过函数实现。具体操作步骤如下。

第1步 在"现金流量表"工作表的 B5：E7、B9：E12、B16：E19、B21：E23、B27：E29、B31：E33 单元格区域中，分别输入表格内容。输入大量数据后的显示效果如下图所示。

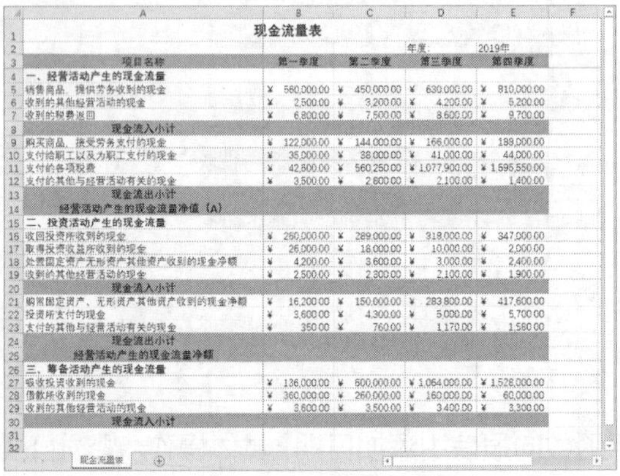

第2步 选中 B8:E8 单元格区域，再在编辑栏中输入公式"=SUM(B5:B7)"，然后按【Ctrl+Enter】组合键。

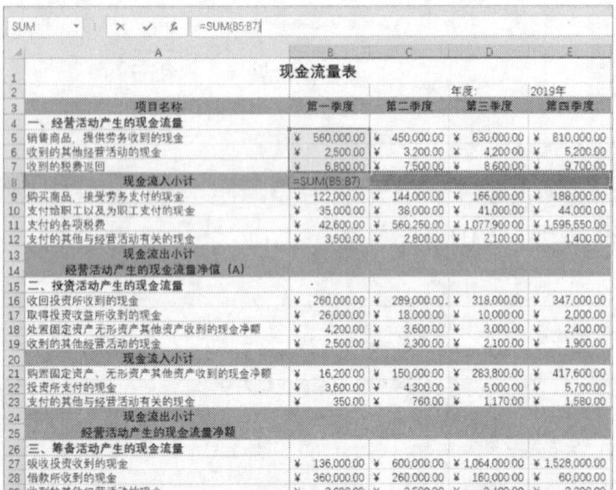

第3步 即可算出 B8:E8 单元格区域各季度的现金流入总和。

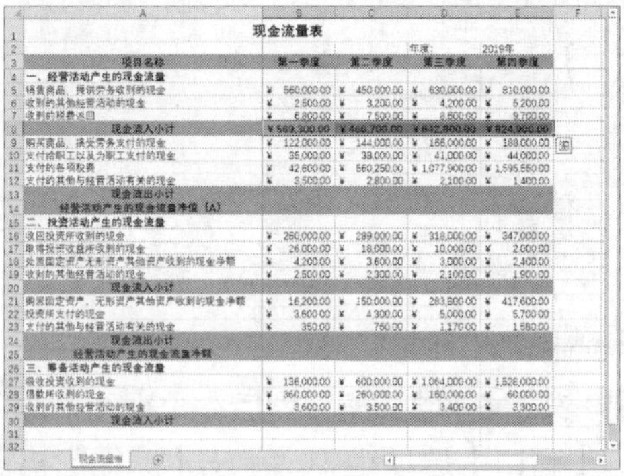

第4步 同理，在 B13:E13 单元格区域输入"=SUM(B9:B12)"求和公式。

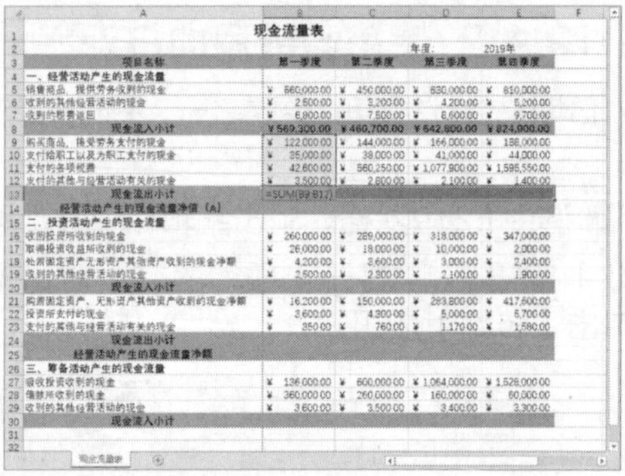

第5步 按【Ctrl+Enter】组合键后，计算出经营活动产生的现金流出小计。

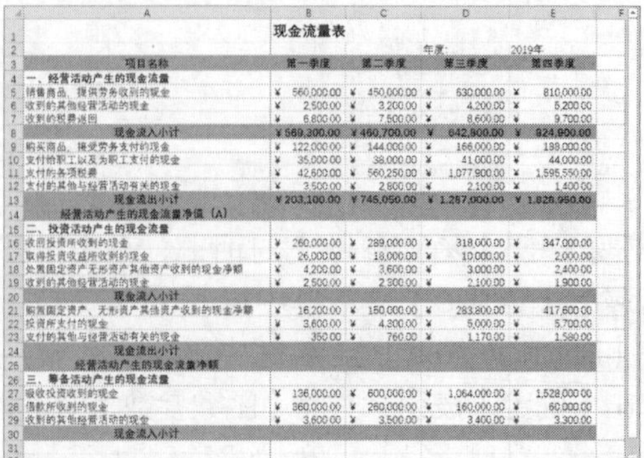

第6步 根据"现金净流量＝现金流入－现金流出"的计算公式，选择 B14:E14 单元格区域，输入公式"=B8-B13"，按【Ctrl+Enter】组合键后即可计算出经营活动产生的现金流量净额。

第7步 在 B20:E20 单元格区域输入"=SUM(B16:B19)"求和公式，按【Ctrl+Enter】组合键即可计算出投资活动产生的现金流入小计。

第8步 在 B24:E24 单元格区域输入"=SUM(B21:B23)"求和公式，按【Ctrl+Enter】组合键即可计算出投资活动产生的现金流出小计。

第9步 在 B25:E25 单元格区域输入"=B20-B24"公式，按【Ctrl+Enter】组合键即可计算出经营活动产生的现金流入净额。

第10步 在 B30:E30 单元格区域输入"=B14+B25+B27+B28+B29"公式，按【Ctrl+Enter】组合键即可计算出现金流入结果。制作完成的现金流量表效果如下图所示。

12.2 制作项目成本预算分析表

　　成本预算是施工单位在项目实施中有效控制成本、实现目标成本和目标利润的重要途径。一张清晰的项目成本分析表可以便于项目分析，发现问题，研究可行性对策，规避市场风险，从而确保项目顺利完成。

　　一般地，一个完整的项目成本预算分析表，应包括项目名称、项目类别、项目工期、项目具体内容、参与人员、项目各项金额及详细情况书名等。本节制作的项目成本预算分析表，是较为基础且最为常用的工作表，内容相对较为简单。表格的具体内容，用户可以根据实际需求进行设计。

12.2.1 为预算分析表添加数据验证

添加数据验证的具体操作步骤如下。

第1步 打开"素材 \ch12\ 项目成本预算分析表 .xlsx"工作簿。

第2步 选择 B3:D11 单元格区域，单击【数据】下【数据工具】组中的【数据验证】按钮 ，在弹出的下拉列表中选择【数据验证】选项。

第3步 弹出【数据验证】对话框，在【允许】下拉列表框中选择【整数】，在【数据】下拉

12.2.2 计算合计预算

计算合并预算的具体操作步骤如下。

第1步 选择 B12:D12 单元格区域，并在编辑栏中输入"=SUM（B3：B11）"。

列表中选择【介于】，设置【最小值】为"500"，【最大值】为"10000"，单击【确定】按钮。

第4步 当输入的数字不符合要求时，会弹出如下警告框。

第5步 在工作表中输入数据，如下图所示。

第2步 按【Ctrl+Enter】组合键，即可算出 B12:D12 单元格区域的合计项。

12.2.3 美化工作表

本例主要讲述添加样式和边框美化工作表。

第1步 选择 A2:D2 单元格区域，单击【开始】选项卡下【样式】选项组中的【其他】按钮，在弹出的下拉列表中选择一种单元格样式。

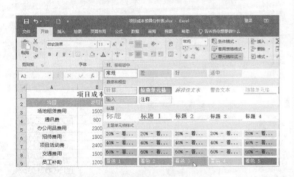

第2步 即可为选中的单元格添加样式。

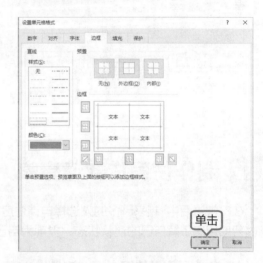

第3步 选择 A1:D12 单元格区域，按【Ctrl+1】组合键，弹出【设置单元格格式】对话框，选择【边框】选项卡，在【线条样式】列表中选择一种线条样式，并设置边框的颜色、选择需要设置边框的位置，单击【确定】按钮。

第4步 即可为工作表添加边框。

12.2.4 预算数据的筛选

在处理预算表时，用户可以根据条件筛选出相关的数据。

第1步 选择任一单元格，按【Shift+Ctrl+L】组合键，在标题行每列的右侧都会出现一个下拉按钮。

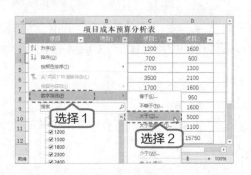

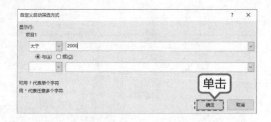

第2步 单击【项目1】列标题右侧的下拉按钮 ▼，在弹出的下拉列表中选择【数字筛选】下的【大于】选项。

第3步 弹出【自定义自动筛选方式】对话框，在【大于】右侧的文本框中输入"2000"，单击【确定】按钮。

第4步 即可将预算费用大于 2 000 元的项目筛选出来。至此，项目成本预算分析表制作完成。

12.3 制作住房贷款速查表

在日常生活中，越来越多的人选择申请住房贷款来购买房产。制作一份详细的住房贷款速查表，能够帮助用户了解自己的还款状态，提前为自己的消费做好规划。

12.3.1 设置单元格数字格式

设置单元格数字格式的具体操作步骤如下。

第1步 打开 "素材\ch12\住房贷款速查表.xlsx"工作簿。

第2步 选择 E4 单元格，按【Ctrl+1】组合键，

弹出【设置单元格格式】对话框，在【数字】选项卡下的【分类】列表框中选择【百分比】选项。设置【小数位数】为"2"，单击【确定】按钮。

第3步 选择 C13:H42 单元格区域，然后按【Ctrl+1】组合键。

第4步 打开【设置单元格格式】对话框，选择【数字】选项卡，并单击【货币】类别，为单

元格区域应用货币格式，单击【确定】按钮完成设置。

12.3.2 设置数据验证

为单元格添加数据验证，可以提醒表格录入者更准确地输入表格数据。另外，在年限单元格设置序列的数据验证，可以更方便地选择贷款年限。

第1步 选择 E3 单元格，单击【数据】选项卡【数据工具】选项组中的【数据验证】按钮，弹出【数据验证】对话框，在【设置】选项卡的【允许】下拉列表中选择【整数】数据格式。在【数据】下拉列表中选择【介于】选项，并设置【最小值】为"10000"，【最大值】为"2000000"。

第2步 选择【输入信息】选项卡。在【标题】和【输入信息】文本框中，输入如下图所示内容。

第3步 选择【出错警告】选项卡，在【样式】

下拉列表中选择【警告】选项，在【标题】和【错误信息】文本框中输入如下图所示内容。单击【确定】按钮。

第4步 返回至工作表之后，选择 B2 单元格，将看到提示信息。

第5步 如果输入 10 000~2 000 000 之外的数据，将弹出【数据错误】提示框，只需要单击【否】

按钮并输入正确数据即可。

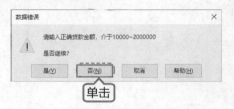

第6步 选 E5 单元格，打开【数据验证】对话框，在【设置】选项卡的【允许】下拉列表中选择【序列】数据格式，在【来源】文本框中输入"10,20,30"，单击【确定】按钮。

第7步 返回至工作表，单击 F2 单元格后的下拉按钮，可以在弹出的下拉列表中选择贷款年限

数据。

第8步 根据需要在 E3:E5 单元格区域中分别输入"贷款总额""年利率"和"贷款期限（年）"的数据。

12.3.3 计算贷款还款情况

表格设置完成后，即可输入函数进行贷款还款情况的计算。

第1步 选择 C13:C42 单元格区域，在编辑栏中输入公式"=IPMT($E$4,B13,$E$5,$E$3)"。

> **提示** 公式"=IPMT($E$4,B13,$E$5,$E$3)"表示返回定期数内的归还本金。其中，"$E$4"为各期的利息；"B13"为计算利息的期次，这里计算的是第一年的归还利息；"$E$5"为"贷款期限"；"$E$3"表示贷款总额。

第2步 按【Ctrl+Enter】组合键计算每年的归还利息。

第3步 选择 D13:D42 单元格区域，输入公式"=PPMT（$E$4,B13,$E$5,$E$3）"，按【Ctrl+Enter】组合键即可计算出每年的归还本金。

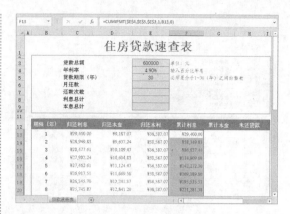

> **提示** 公式"=IPMT($E$4,B13,$E$5,$E$3)"
> 表示返回定期数内的归还本金。其中,"$E$4"
> 为各期的利息;"B13"为计算利息的期次,这里
> 计算的是第一年的归还利息;"$E$5"为"贷款期
> 限";"$E$3"表示贷款总额。

第4步 选择 E13:E42 单元格区域,输入公式
"=PMT($E$4,$E$5,$E$3)",按【Ctrl+Enter】
组合键即可计算出每年的归还本利。

> **提示** 公式"=PMT($E$4,$E$5,$E$3)"表
> 示返回贷款每期的归还总额。其中,"$E$4"
> 为各期的利息,"$E$5"为"贷款期限","$E$3"
> 表示贷款总额。

第5步 选择 F13:F42 单元格区域,输入公式
"=CUMIPMT($E$4,$E$5,$E$3,1,B13,0)",
按【Ctrl+Enter】即可计算出每年的累计利息。

> **提示** 公式"=CUMIPMT($E$4,$E$5,$E$3,1,
> B13,0)"表示返回两个周期之间的累计利息。
> 其中,"$E$4"为各期的利息;"$E$5"为"贷款
> 期限";"$E$3"表示贷款总额;"1"表示计算
> 中的首期,付款期数从1开始计数;"B13"表示期
> 次;"0"表示付款方式是在期末。

第6步 选择 G13:G42 单元格区域,输入公式
"=CUMPRINC($E$4,$E$5,$E$3,1,B13,0)",
按【Ctrl+Enter】键即可计算出每年的累计本金。

> **提示** 公式"=CUMPRINC($E$4,$E$5,$E
> $3,1,B13,0)"表示返回两个周期之间的支付
> 本金总额。其中,"$E$4"为各期的利息;"$E$5"
> 为"贷款期限";"$E$3"表示贷款总额;"1"
> 表示计算中的首期,付款期数从1开始计数;"B13"
> 表示期次;"0"表示付款方式是在期末。

第7步 选择 H13:H42 单元格区域,输入公式
"=$E$3+F5",按【Ctrl+Enter】键即可计算
出每年的未还利息。

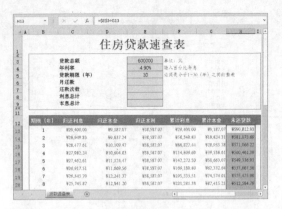

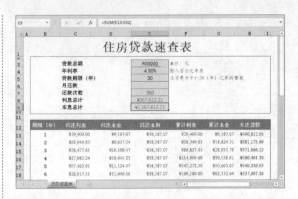

第8步 选择 E7 单元格区域,输入公式"=E5*12",计算出还款次数。

第10步 单击 E6 单元格中输入公式"=E9/E7",计算出月还款额。

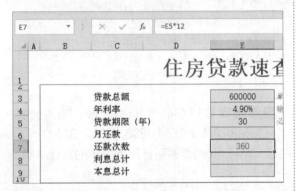

第9步 分别在 E8、E9 单元格中输入公式"=SUM(C13:C42)""=SUM(E13:E42)",计算出利息和本息的总和。

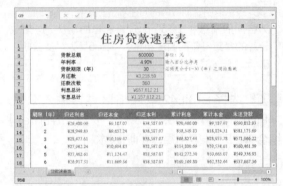

至此,完成了住房贷款速查表的制作。如果需要查询其他数据,只需要更改"贷款总额""年利率"和"贷款期限(年)"等数据即可。

第五篇

VBA 与宏应用篇

第 13 章

宏

⊃ 高手指引

本章主要介绍宏的基础知识，包括认识宏与 VBA、创建宏、管理宏以及宏的安全设置等知识。

⊃ 重点导读

- 认识宏
- 学会创建宏
- 学会运行宏
- 学会管理宏
- 学会宏的安全设置

13.1 认识宏

宏是由一系列的菜单选项和操作指令组成的用来完成特定任务的指令集合。Visual Basic for Applications（VBA）是一种 Visual Basic 的宏语言。实际上宏是一个 Visual Basic 程序，这条命令可以是文档编辑中的任意操作或操作的任意组合。无论以何种方式创建的宏，最终都可以转换为 Visual Basic 的代码形式。

如果在 Excel 中重复进行某项工作，可用宏使其自动执行。宏是将一系列的 Excel 命令和指令组合在一起形成一个命令，以实现任务执行的自动化。用户可以创建并执行一个宏，以替代人工进行一系列费时而重复的操作。

13.2 创建宏

宏的用途非常广泛，其中最典型的应用就是可将多个选项组合成一个选项的集合，以加速日常编辑或格式的设置，使一系列复杂的任务得以自动执行，从而简化所做的操作。本节主要介绍如何创建宏和使用 Visual Basic 创建宏。

13.2.1 录制宏

在 Excel 中进行的任何操作都能记录在宏中，可以通过录制的方法来创建"宏"，称为"录制宏"。在 Excel 中录制宏的具体操作步骤如下。

第1步 在 Excel 2019 功能区的任意空白处单击鼠标右键，在弹出的快捷菜单中选择【自定义功能区】选项。

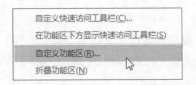

第2步 在弹出的【Excel 选项】对话框中单击选中【自定义功能区】列表框中的【开发工具】复选框。然后单击【确定】按钮，关闭对话框。

第3步 单击【开发工具】选项卡，可以看到在该选项卡的【代码】选项组中包含了所有宏的操作按钮。在该组中单击【录制宏】按钮录制宏。

> **提示** 也可以直接在状态栏上单击【录制宏】按钮。

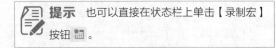

第4步 弹出【录制宏】对话框，在此对话框中设置宏的名称、快捷键、宏的保存位置和宏的说明，然后单击【确定】按钮，返回工作表，即可进行宏的录制。录制完成后单击【停止录制】按钮，即可结束宏的录制。

【宏名】：宏的名称。默认为 Excel 提供的名称，如 Macro1、Macro2 等。

【快捷键】：用户可以自己指定一个按键组合来执行这个宏，该按键组合总是使用【Ctrl】键和一个其他的按键。还可以在输入字母的同时按下【Shift】键。

【保存在】：宏所在的位置。

【说明】：宏的描述信息。Excel 默认插入用户名称和时间，还可以添加更多的信息。

单击【确定】按钮，即可开始记录用户的活动。

13.2.2 使用 Visual Basic 创建宏

用户还可以通过使用 Visual Basic 创建宏，具体的操作步骤如下。

第1步 单击【开发工具】选项卡下【代码】选项组中的【Visual Basic】按钮。

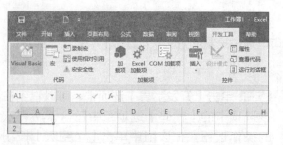

第2步 打开【Visual Basic】窗口，选择【插入】下的【模块】选项，弹出【工作簿-模块1】窗口。

提示 按【Alt+F11】组合键，可以快速打开【Visual Basic】窗口。

第3步 将需要设置的代码输入或复制到【工作簿-模块1】窗口中。

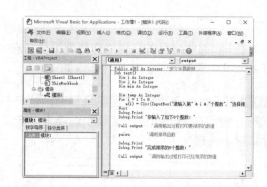

第4步 编写完宏后，选择【文件】下的【关闭并返回到 Microsoft Excel】选项，即可关闭窗口。

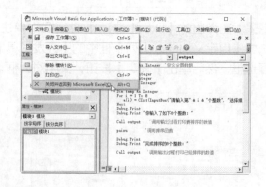

13.2.3 使用宏录制 Excel 操作过程

下面以实例讲述录制宏的步骤。该宏改变当前选中单元格的格式，使被选中区域使用方正楷体_GBK、14 号字、加粗，颜色为红色。

第1步 打开 Excel 2019，在任意一个单元格中输入值或者文本，例如"Excel 2019 从新手到高手"，并选中该单元格，单击【开发工具】选项卡下【代码】组中的【录制宏】按钮 录制宏。

第2步 弹出【录制宏】对话框。输入宏名称"changeStyle"，按住【Shift】键的同时，在【快捷键】文本框中输入"X"，为宏指定快捷键【Ctrl+Shift+X】。

第3步 单击【确定】按钮，关闭【录制新宏】对话框。接着按【Ctrl+1】组合键，打开【单元格格式】对话框，选择【字体】选项卡，然后设定单元格格式如下图所示，单击【确定】按钮。

第4步 单击【开发工具】▶【代码】▶【停止录制】按钮 停止录制，完成宏的录制。

13.3 运行宏

宏的运行是执行宏命令并在屏幕上显示运行结果的过程。在运行一个宏之前，首先要明确这个宏将进行什么样的操作。运行宏有多种方法，本节将具体介绍在 Excel 2019 中运行宏的方法。

13.3.1 使用宏对话框运行

在【宏】对话框中运行宏是较常用的一种方法。使用【宏】对话框运行宏的具体操作步骤如下。

第1步 打开"素材 \ch13\ 运行宏 .xlsm"文件，选择 A2:A4 单元格区域。

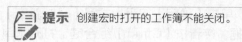
提示 创建宏时打开的工作簿不能关闭。

第2步 按【Alt+F8】组合键，打开【宏】对话框。

第3步 在【宏】对话框的【位置】下拉列表框中选择【所有打开的工作簿】选项，在【宏名】列表框中就会显示出所有能够使用的宏命令。选择要执行的宏，单击【执行】按钮即可执行宏命令。

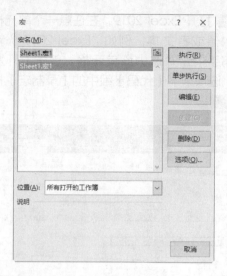

第4步 即可看到对所选择内容执行宏命令后的效果。

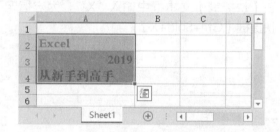

13.3.2 为宏设置快捷键

可以为宏设置快捷键，以便于宏的执行。为录制的宏设置快捷键并运行宏的具体操作步骤如下。

第1步 打开"素材\ch13\运行宏.xlsm"文件，选择A2:A4单元格区域。

第2步 按【Alt+F8】组合键，打开【宏】对话框。在【宏】对话框的【位置】下拉列表框中选择【所有打开的工作簿】选项，在【宏名】列表框中就会显示出所有能够使用的宏命令。选择要执行的宏，单击【选项】按钮。

第3步 弹出【宏选项】对话框，在快捷键后的文本框中输入要设置的快捷键，按住【Shift】键的同时，在【快捷键】文本框中输入"X"，为宏指定快捷键【Ctrl+Shift+X】，单击【确定】按钮。

第4步 按【Ctrl+Shift+X】组合键，即可看到对所选择内容执行宏命令后的效果。

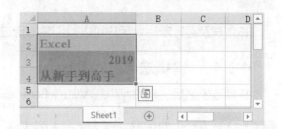

13.3.3 使用快速访问工具栏运行宏

用户可以将宏命令添加至快速访问工具栏中，方便快速地执行宏命令。

第1步 在【开发工具】选项卡下【代码】选项组中的【宏】按钮上单击鼠标右键，在弹出的快捷菜单中选择【添加到快速访问工具栏】选项。

第2步 即可将【宏】命令添加至快速访问工具栏，单击【宏】按钮，即可弹出【宏】对话框来运行宏。

13.3.4 实例：单步运行宏

单步运行宏的具体操作步骤如下。

第1步 打开【宏】对话框，在【位置】下拉列表框中选择【所有打开的工作簿】选项，在【宏名】列表框中选择宏命令，单击【单步执行】按钮。

第2步 弹出编辑窗口。选择【调试】下的【逐语句】菜单命令，即可单步运行宏。

13.4 管理宏

在创建及运行宏后，用户可以对创建的宏进行管理，包括编辑宏、删除宏和加载宏等。

13.4.1 编辑宏

在创建宏之后，用户可以在 Visual Basic 编辑器中打开宏并进行编辑和调试。

第1步 打开【宏】对话框，在【宏名】列表框中选择需要修改的宏的名字，单击【编辑】按钮。

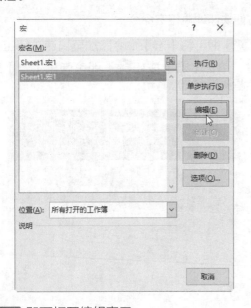

第2步 即可打开编辑窗口。

第3步 根据需要修改宏命令，如将第 3 行的".Name = "方正大标宋 _GBK""修改为".Name = "方正舒体"，按【Ctrl+S】组合键保存即可完成宏的编辑。

13.4.2 删除宏

删除宏的操作非常简单，打开【宏】对话框，选中需要删除的宏名称，单击【删除】按钮即可将宏删除。选择需要修改的宏命令内容，按【Delete】键也可以将宏删除。

13.4.3 加载宏

加载项是 Microsoft Excel 中的功能之一，它提供附加功能和命令。下面以加载【分析工具库】和【规划求解加载项】为例，介绍加载宏的具体操作步骤。

第1步 单击【开发工具】选项卡下【加载项】选项组中的【Excel 加载项】按钮。

第2步 弹出【加载宏】对话框。在【可用加载宏】列表框中单击勾选复选框选中要添加的内容，单击【确定】按钮。

第3步 返回 Excel 2019 界面，选择【数据】选项卡，可以看到添加的【分析】选项组中包含加载的宏命令。

13.5 宏的安全设置

宏在为用户带来方便的同时，也带来了潜在的安全风险，因此，掌握宏的安全设置可以帮助用户有效地降低使用宏的安全风险。

13.5.1 宏的安全作用

宏语言是一类编程语言，其全部或多数计算是由扩展宏完成的。宏语言并未在通用编程中广泛使用，但在文本处理程序中应用普遍。

宏病毒是一种寄存在文档或模板的宏中的计算机病毒。一旦打开这样的文档，其中的宏就会被执行，于是宏病毒就会被激活，转移到计算机上，并驻留在 Normal 模板上。从此以后，所有自动保存的文档都会"感染"上这种宏病毒，而且如果其他用户打开了感染病毒的文档，宏病毒又会转移到他的计算机上。

因此，设置宏的安全是十分必要的。

13.5.2 修改宏的安全级

为保护系统和文件，应不要启用来源未知的宏。如果有选择地启用或禁用宏，并能够访问需要的宏，可以将宏的安全性设置为"中"。这样，在打开包含宏的文件时，就可以选择启用或禁用宏，同时能运行任何选定的宏。

第1步 单击【开发工具】选项卡下【代码】组中的【宏安全性】按钮。

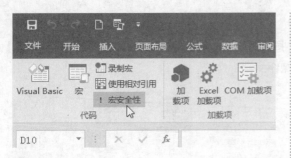
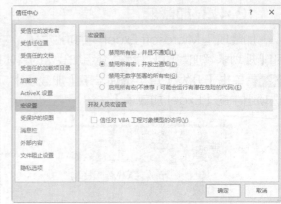

第2步 弹出【信任中心】对话框，单击选中【禁用所有宏，并发出通知】单选项，单击【确定】按钮即可。

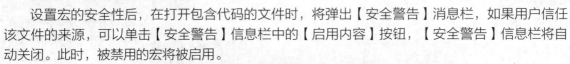

高手私房菜

技巧：启用被禁用的宏

设置宏的安全性后，在打开包含代码的文件时，将弹出【安全警告】消息栏，如果用户信任该文件的来源，可以单击【安全警告】信息栏中的【启用内容】按钮，【安全警告】信息栏将自动关闭。此时，被禁用的宏将被启用。

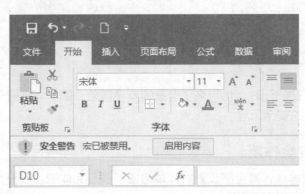

第**14**章

VBA 的应用基础

⊃ 高手指引

在 Microsoft Office 中，使用宏可以完成许多任务，但是有些工作却需要使用 VBA 而不是宏来完成。本章就来介绍 VBA 的相关知识。

⊃ 重点导读

- 认识 VBA
- 掌握 VBA 编辑环境
- 掌握 VBA 的数据类型
- 掌握常量和变量
- 掌握运算符
- 掌握过程
- 掌握 VBA 函数
- 掌握语句结构
- 掌握常用控制语句的综合运用
- 掌握对象与集合

14.1 认识 VBA

VBA 是 Visual Basic for Applications 的缩写，它是 Microsoft 公司在其 Office 套件中内嵌的一种应用程序开发工具。

VBA 是一种应用程序自动化语言。所谓应用程序自动化，是指通过脚本让应用程序（如 Excel、Word）自动化完成一些工作。例如，在 Excel 里自动设置单元格的格式、给单元格填充某些内容、自动计算等，而使宏完成这些工作的正是 VBA。

14.1.1　VBA 能够完成的工作

VBA 在功能不断增强的同时，应用领域也在逐步扩大，不仅包括文秘与行政办公数据的处理，而且包括财务初级管理、市场营销数据管理和经济统计管理，以及企业经营分析与生产预测等相关领域。VBA 可以完成以下主要工作。

(1) 加强应用程序之间的互动，帮助用户根据自己的需要在 Microsoft Office 环境中进行功能模块的定制和开发。

(2) 将复杂的工作简单化，重复的工作便捷化。

(3) 创建自定义函数，实现 Microsoft Office 内置函数未提供的功能。

(4) 自定义界面环境。

(5) 通过对象连接与嵌入（Object Linking and Embedding，OLE）技术与 Microsoft Office 中的组件进行数据交互，实现跨程序完成任务。

14.1.2　VBA 与 VB 的联系与区别

Microsoft 公司在结合 VB 与 Office 的优点后，推出了 VBA。那么 VBA 和 VB 之间有什么联系吗？实际上可以将 VBA 看作是应用程序开发语言 Visual Basic 的子集，VBA 和 VB 在结构上非常相似。但两者也有区别，主要体现在以下几个方面。

(1) VB 具有独立的开发环境，可以独立完成应用程序的开发；VBA 却必须绑定在 Microsoft 公司发布的一些应用程序（例如 Microsoft Word、Microsoft Excel 等）中，其应用程序的开发具有针对性，同时也具有很大的局限性。

(2) VB 主要用于创建标准的应用程序；VBA 可使其所绑定的办公软件（例如 Microsoft Word、Microsoft Excel 等）实现自动化，同时也能实现高效办公的目的。

(3) 使用 VB 编写的应用程序，只要通过编译（Compile）过程制作成可执行文件，就可以成为一个独立在窗口文件的程序，随时可以被运行，用户不必安装 VB；使用 VBA 编写的应用程序必须运行在程序代码所附属的应用程序中。也就是说，在一般版本的 Office 中，用户并不能将 VBA 程序制作成为可执行文件。所以，必须先启动相关的应用程序，并打开程序代码所在的文件，才能运行指定的 VBA 程序。

(4) VB 运行在自己的进程；VBA 却运行在其父进程中，运行空间受其父进程的完全控制。就进程而言，VB 是进程外，VBA 是进程内，VBA 的速度要比 VB 快。

总之，VBA 与 VB 都属于面向对象的程序语言，语法很相似，在使用时，用户可以依据自身的需求，配合 VB 的语法编写合适的程序代码内容。VBA 作为自动化的程序语言，不仅可以实现常用程序的自动化，创建针对性强、实用性强和效率高的解决方案，而且可以将 Office 用作开发平台，开发更加复杂的应用程序系统。

14.1.3　VBA 与宏的联系与区别

宏是能够执行的一系列 VBA 语句，它是一个指令集合，可以使 Office 组件自动完成用户指定的各项动作组合，从而实现重复操作的自动化。也就是说，宏本身就是一种 VBA 应用程序，它是存储在 VBA 模块中的一系列命令和函数的集合，所以广义上说两者相同；狭义上说，宏是录制出来的程序，VBA 是要人手编译的程序，宏录制出来的程序其实就是一堆 VBA 语言，可以通过 VBA 来修改，但有些程序是宏不能录制出来的，而 VBA 则没有这个限制，所以可以通俗理解为 VBA 包含宏。

从语法层面上讲，两者没有区别，但通常宏只是一段简单或者不够智能化的 VBA 代码，使用宏不需要具备专业知识，而 VBA 的使用则需要专业的知识，需要了解 VBA 的语法结构等。并且宏相比于 VBA 具有下面一些不足。

(1) 记录了许多不需要的步骤，这些步骤在实际操作中可以省略。

(2) 无法实现复杂的功能。

(3) 无法完成需要条件判断的工作。

由于宏的录制和使用相比 VBA 来说更为简单，所以本书主要介绍 VBA 的使用。

14.2　VBA 编程环境

使用 VBA 开发应用程序时，有关 VBA 的操作都是在 VBE 中进行的，使用 VBE 开发环境可以完成以下任务。下面就来认识 VBA 的集成开发环境。

14.2.1　打开 VBE 编辑器的 3 种方法

打开 VBE 编辑器有以下 3 种方法。

1. 单击【Visual Basic】按钮

单击【开发工具】选项卡下【代码】选项组中的【Visual Basic】按钮，即可打开 VBE 编辑器。

即可打开 VBE 编辑器。

2. 使用工作表标签

在 Excel 工作表标签上单击鼠标右键，在弹出的快捷菜单中选择【查看代码】菜单命令，

3. 使用快捷键

按【Alt+F11】组合键即可打开 VBE 编辑器。

14.2.2　菜单和工具栏

进入 VBE 编辑器后，首先看到的是 VBE 编辑器的主窗口。主窗口通常由【菜单栏】【工具栏】【工程资源管理器】【属性窗口】和【代码窗口】组成。

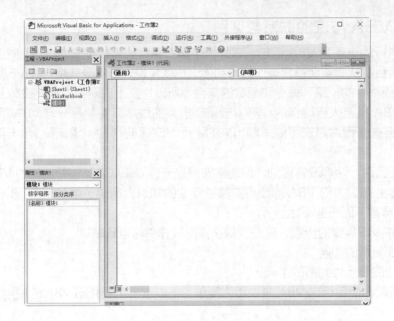

1. 菜单栏

VBA 的【菜单栏】包含了 VBA 中各种组件的命令。下图即为 VBA 编辑器的菜单栏。

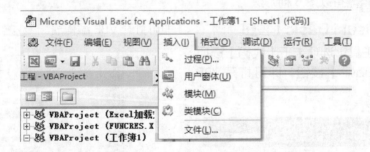

单击相应的命令按钮，在其下拉列表中可以选择要执行的命令。如，单击【插入】命令按钮，即可调用【插入】的子菜单命令。

2. 工具栏

默认情况下，工具栏位于菜单栏的下方，显示各种快捷操作工具。

3. 工程资源管理器

在【工程 -VBAProject】窗口中可以看到所有打开的 Excel 工作簿和已加载的加载宏。【工程 -VBAProject】窗口中最多可以显示工程里的 4 类对象，即 Microsoft Excel 对象（包括 Sheet 对象和 This Workbook 对象）、窗体对象、模块对象和类模块对象。

如果关闭了【工程 -VBAProject】窗口，需要时可以单击【视图】菜单栏中的【工程资源管理器】选项或者直接使用【Ctrl+R】组合键，重新调出【工程 -VBAProject】窗口。

对于一个工程，在【工程资源管理器】中最多可以显示工程的 4 类对象，这 4 类对象分别如下。

(1) Microsoft Excel 对象。

(2) 窗体对象。

(3) 模块对象。

(4) 类模块对象。

这 4 类对象的作用如下。

Microsoft Excel 对象包括一个 Workbook 和所有的 Sheet，例如默认情况下，Excel 文件包含 1 个 Sheet，则在【工程资源管理器】窗口中就包括 1 个 Sheet，名字分别对应原 Excel 文件中每个 Sheet 的名字，ThisWorkbook 代表当前 Excel 文件，双击这些对象，可以打开【代码窗口】，在【代码窗口】中可以输入相关代码，相应工作簿或者文件的某些时间，例如文件打开、文件关闭等。

(1) 窗体对象是指所定义的对话框或者界面。在 VBA 设计中经常会涉及窗体或者对话框的设计，在本书后面章节中将陆续介绍是如何产生的。

(2) 模块对象是指用户自定义的代码，是所录制的宏所保存的地方。

(3) 类模块对象是指以类或者对象的方式编写代码所保存的地方。

(4) 这些对象的具体使用方法在后面会进一步地介绍。

但并不是所有工程都包含这 4 类对象，新建的工程文件就只有一个 Microsoft Excel 对象。在后期工程编辑过程中，可以根据需要灵活增加和删除对象。对工程名"VBAProject(工作簿 1）"单击鼠标右键，在弹出的子菜单中选择【插入】命令，即可选择插入的其他 3 个对象。类似地，也可以将这些对象从工程中导出或者移除，可以将一个工程中的某一模块用鼠标拖曳到同一个【工程资源管理器】窗口的其他工程中。

4. 属性窗口

在【工程资源管理器】窗口中，每个对象都对应一个代码窗口，其中窗体对象不仅有一个代码窗口，而且对应一个设计窗口。通过双击【工程资源管理器】窗口中这些对象，可以打开【代码窗口】，在【代码窗口】中可以输入相关代码。在代码窗口的顶部有两个下拉列表，左侧的列表用于选择当前模块中包含的对象，右侧的列表用于选择 Sub 过程、Function 过程或者对象特有的时间过程。选择好这两部分内容后，即可为指定的 Sub 过程、Function 过程或事件过程编辑代码。

使用【F4】键可以快速调用属性窗口。

5. 代码窗口

代码窗口是编辑和显示 VBA 代码的地方，由对象列表框、过程列表框、代码编辑区、过程分隔线和视图按钮组成。

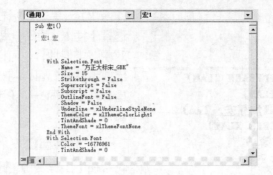

6. 立即窗口

【立即窗口】在 VBE 中使用频率相对较少，主要用在程序的调试中，用于显示一些计算公式的计算结果，验证数据的计算结果。在开发过程中，可以在代码中加入 Debug.Print 语句，这条语句可以在立即窗口中输出内容，用来跟踪程序的执行。

从菜单栏中执行【视图】下的【立即窗口】菜单命令，或者按【Ctrl+G】组合键，都可以快速打开立即窗口，在【立即窗口】中输入一行代码，按【Enter】键即可执行该代码。如输入"Debug.Print 3+2"后，按【Enter】键，即可得到结果"5"。

7. 本地窗口

从菜单栏中执行【视图】下的【本地窗口】菜单命令，即可打开【本地窗口】，【本地窗口】主要是为调试和运行应用程序提供的，用户可以在这些窗口中看到程序运行中的错误点或某些特定的数据值。

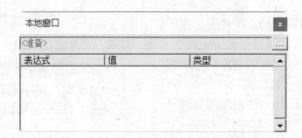

14.2.3 VBE 开发环境的退出

使用 VBE 开发环境完成 VBA 代码的编辑后，可以选择【文件】下的【关闭并返回到Microsoft Excel】命令或按【Alt+Q】组合键，返回到 Microsoft Excel 2019 操作界面。

14.2.4 定制 VBE 开发环境

通过上面的学习，读者已经对 VBE 环境有了较为全面的认识。但是按照前面的方法打开的 VBE 环境是默认的环境，对于 Office 开发人员来说，在使用 VBE 进行代码的开发过程中，许多人有自己的习惯，即对所使用的 VBE 环境进行某些方面的个性化定制，使得 VBE 环境更适合开发人员自身的习惯。例如：

定制 VBE 环境可以通过【工具】下的【选项】命令，打开"选项"对话框，如下图所示，该对话框包括 4 个选项卡，用户可以通过这些选项卡对 VBE 环境进行定制。这 4 个选项卡分别实现以下个性化的环境定制。

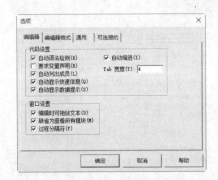

(1) 【编辑器】选项卡：用于定制代码窗口的基本控制，例如自动语法检测、自动显示快速信息、设置 Tab 宽度、编辑时是否可以拖放文本、过程控制符等。

(2) 【编辑器格式】选项卡：用于设置代码的显示格式，例如代码的显示颜色、字体大小等。

(3) 【通用】选项卡：用于进行 VBA 的工程设置、错误处理和编译处理。

(4) 【可连接的】选项卡：用于决定 VBA 中各窗口的行为方式。

例如，【编辑器】选项卡中"自动语法检测"选项，如果选中该项，在输入一行代码之后，将进行自动检查语法，如果未选中该复选框，VBE 通过使用与其他代码不同的颜色来显示语法错误的代码，并且不弹出提示对话框。

当然，这些个性化定制因人而异，开始学习的时候直接按照默认配置即可，不需另行设置，等熟练使用 VBE 后，再根据个人情况进行个性化配置。

14.2.5 从零开始动手编写程序

认识了 VBA 的集成开发环境后，下面通过一个简单的例子来了解如何编写 VBA 程序。由于还没有开始学习 VBA 的语法，因此就用一个简单的例子看一下如何使用 VBE 开发环境，这个例子是在 VBE 环境中加入一个提示对话框，显示提示信息"您好，这是我的第一个 VBA 小程序"。

第1步 打开 Excel 2019，按【Alt+F11】组合键即可打开 VBA 编辑器。

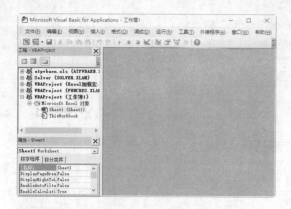

第2步 单击【插入】下的【模块】菜单命令。

第3步 即可插入一个模块，可以在其中输入 VBA 代码。

第4步 将鼠标指针移至代码窗口，单击鼠标左键，并执行【插入】下的【过程】菜单命令。

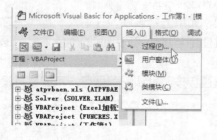

第5步 在弹出的【添加过程】对话框中，在名称后面的文本框中输入"first"，单击【确定】按钮。

第6步 在弹出的【代码窗口】中输入如下图所示的代码。

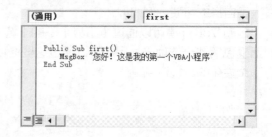

> **提示** 在输入代码时，输入一行后按【Enter】键，该行即被检查是否有语法错误。如果没有语法错误，该行代码将被重新格式化，关键字被加上颜色和标识符。如果有语法错误，将弹出消息框，并将该行显示为另一种颜色。在执行这个宏之前，用户需要改正错误。

第7步 程序编写完成后，就可以进行效果测试。单击【F5】键，即可运行该程序。

 **VBA 的数据类型**

　　数据是程序处理的基本对象，在介绍语法之前，有必要先了解数据的相关知识。VBA 提供了系统定义的多种数据类型，并允许用户根据需要定义自己的数据类型。

14.3.1 为什么要区分数据类型

在高级程序设计语言中，广泛使用"数据类型"，通过使用数据类型可以体现数据结构的特点和数据用途。请看下面的 Excel 表。

▲	A	B	C	D	E
1	学号	姓名	出生日期	籍贯	入学成绩
2	1001	张三	1997-5-1	北京	563
3	1002	李四	1997-10-3	上海	589
4	1003	王五	1996-2-14	天津	571
5	1004	赵六	1998-1-23	重庆	612
6					

Sheet1 ⊕

在这个 Excel 表格中，有学号、姓名、出生日期、籍贯、入学成绩 5 列基本数据。每一列的数据都是同一类的数据，例如"入学成绩"都是数值型的数据，"出生日期"都是日期型的数据，将同一类数据统称为数据类型，类似容器一样，里面可以装入同一类型的数据。这样便于程序中对数据进行统一管理。

不同的数据类型所表示的数据范围不同，因此定义数据类型的时候，如果定义错误会导致程序的错误。

14.3.2 VBA 的数据类型

在 VBA 中有很多数据类型，不同的数据类型有不同的存储空间，对应的数值范围也不同。有些数据类型常用，有的并不常用，读者在使用过程中会慢慢体会到。下面分类介绍。

1. 数值型数据

(1) 整型数据（Integer）：就是通常所说的整数，在机器内存储为 2 字节（16 位），其表示的数据范围为 $-32\,678$~$32\,767$，整型数据除了表示一般的整数外，还可以表示数组变量的下标。整型数据的运算速度较快，而且比其他数据类型占用的内存少。

(2) 长整型数据（Long）：通常用于定义大型数据时采用的数据类型，在机器内存储为 4 字节（32 位），其表示的数据范围为 $-2\,147\,483\,648$~$+2\,147\,483\,647$。

(3) 单精度型浮点数据（Single）：主要用于定义单精度浮点值，在机器内存储为 4 字节（32 位），通常以指数形式（科学计数法）来表示，以"E"和"e"表示指数部分，其表示的数据范围对正数和负数不同，负数范围为 $-3.402\,823E38$~$-1.401\,298E-45$，正数范围为 $1.401\,298E-45$~$3.402\,823E38$。

(4) 双精度型浮点数据（Double）：主要用于定义双精度浮点值，在机器内存储为 8 字节（64 位），其表示的数据范围对正数和负数不同，负数范围为 $-1.797\,693\,134\,862E368$~$-4.940\,656\,458\,412\,47E-324$，正数范围为 $4.940\,656\,458\,412\,47E-324$~$1.797\,693\,134\,862\,32E308$。

(5) 字节型数据（Byte）：主要用于存放较少的整数值，在机器内存储为 1 字节（8 位），其表示的数据范围为 0~255。

2. 字符串型数据

字符串是一个字符序列，字符串型数据在 VBA 中使用非常广泛。在 VBA 中，字符串包括在双引号内，主要有以下两种。

固定长度的字符串：是指字符串的长度是固定的。该固定长度可以存储 1~64 000（2^{16}）个字符。对于不满足固定长度设定的字符串，使用"差补长截"的方法。例如，定义一个长度为 3 的字符串，输入一个字符"a"，则结果为"a"，其后面补 2 个空格，若干输入"student"，则结果为"stu"。

可变长度的字符串：是指字符串的长度是不确定的。最多可以存储 2 亿（2^{31}）个字符。

> **提示** 包含字符串的双引号是半角状态下输入的双引号 " "，不是全角状态下的双引号 " "。这一点在使用的时候一定要注意，初学者经常会出现这种定义错误。

长度为 0 的字符串（即双括号内不包含任何字符）称为空字符串。

3. 其他数据类型

日期型（Date）：主要用于存储日期。在机器内存储为 8 字节（64 位）浮点数值形式，所表示的日期范围为 100 年 1 月 1 日 ~9999 年 12 月 31 日之间的数值，时间从 00:00:00 到 23:59:59。

可以辨认的文本日期都可以赋值给日期型的变量，日期文字必须用数字符号 "#" 括起来，例如：

#10/01/2008#，#May 1,2009#

货币性 (Currency)：主要用于货币表示和计算。在机器内存储为 8 字节（64 位）的整数数值形式。

布尔型 (Boolean)：主要用于存储返回结果的 Boolean 值，其值主要有两种形式，即真（TRUE）和假（FALSE）。

变量型（Variant）：是一种可变的数据类型，可以表示任何值，包括数据、字符串、日期、货币等。

4. 枚举类型

枚举是指将一个变量的所有值逐一列举出来，当一个变量具有几种可能值的时候，可以定义枚举类型。

例如，可以定义一个枚举类型星期来表示星期几。

```
Public Enum WorkDays
星期一
星期二
星期三
星期四
星期五
星期六
星期日
End Enum
```

其中，WorkDays 就是所定义的枚举型变量（变量在 14.4.2 小节介绍），其取值可以在星期一到星期日中选取。

5. 用户自定义数据类型

在 VBA 中，用户还可以根据自身的实际需要，使用 Type 语句定义自己的数据类型。其格式为：

```
Type 数据类型名
数据类型元素名 As 数据类型
数据类型元素名 As 数据类型
    ……
End Type
```

其中，"数据类型"是前面所介绍的基本数据类型，"数据类型元素名"就是要定义的数据类型的名字，例如：

```
Type Student
SNum As String
SName As String
SBirthDate As Date
SSex As Integer
End Type
```

其中，"Student"为用户自定义的数据类型，其中含有"SNum""SName""SBirthDate""SSex"4 种数据类型。

14.3.3 数据类型的声明与转换

要将一个变量声明为某种数据类型，其基本格式为：

Dim 变量名 as 数据类型

例如：

Dim X1 as Integer

定义一个整型数据变量 X1；

Dim X2 as Boolean

定义一个布尔型数据变量 X2。

14.4 常量和变量

常量是指在程序执行过程中其值不发生改变；变量的值则是可以改变的，它主要表示内存中的某一个存储单元的值。

14.4.1 常量

在程序执行过程中其值不发生变化的量称为常量（或者常数），VBA 中常量的类型有 3 种，分别是直接常量、符号常量和系统常量。

1. 直接常量

是指在程序代码中可以直接使用的量。例如：

Height=10+input1

其中，数值 10 就是直接常量。

直接常量也有数据类型的不同，其数据类型由数值本身所表示的数据形式决定。在程序中经常出现的常量有数值常量、字符串常量、日期/时间常量和布尔常量。

数值常量：由数字、小数点和正负符号所构成的量。例如：

3.14； 100； -50.2

都是数值常量。

字符串常量：由数字、英文字母、特殊符号和汉字等可见字符组成。在书写时必须使用双引号作为定界符。例如：

"Hello，你好"

需要特别注意的是，如果字符串常量中本身包含双引号，此时需要在有引号的位置输入两次双引号。例如：

"他说：""下班后留下来。"""

中间两个双引号是因为内容中有引号，最后出现 3 个双引号，其中前两个双引号是字符串中有引号，最后一个双引号是整个字符串的定界符。

日期/时间常量：用来表示某一个具体日期或者某一个具体时间，使用"#"作为定界符。例如：

#10/01/2019#

表示 2019 年 10 月 1 日。

布尔常量：也称为逻辑常量，只有 True（真）、False（假）两个值。

2. 符号常量

如果在程序中需要经常使用某一个常量，可为该常量命名，在需要使用这个常量的地方引用该常量名即可。使用符号常量有如下优点。

(1) 提高程序的可读性。

(2) 减少出错率。

(3) 易于修改程序。

符号常量在程序运行前必须有确定的值，其定义的语法格式如下：

Const < 符号常量名 >=< 符号常量表达式 >

其中，Const 是定义符号常数的关键字，符号常数表达式计算出的值保存在常量名中。

例如：

Const PI=3.14

Const Name="精通 VBA"

> 📝 **提示** 在程序运行时，不能对符号常量进行赋值或者修改。

3. 系统常量

也称内置常量，是 VBA 系统内部提供的一系列各种不同用途的符号常量。为了方便使用和记忆这些系统常量，通常采用两个字符开头指明应用程序名的定义方式，在 VBA 中的常量，开头两个字母通常以 vb 开头，例如"vbBlack"。可通过在 VBA 的对象浏览器中显示来查询某个系统常量的具体名称及其确定值。

单击【开发工具】选项卡中的【Visual Basic】按钮，打开 VBA 编辑环境，然后选择菜单【视图】下的【对象浏览器】命令（或者按【F2】键），如下图所示。

此时弹出下图，在箭头所指处输入要查询的系统常量即可查询。

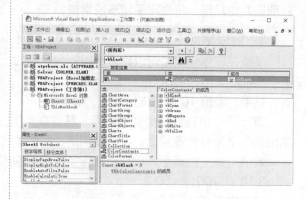

14.4.2 变量

在程序执行过程中值不发生变化的量称为常量（或者常数）。在 VBA 中，常量的类型有 3 种，分别是直接常量、符号常量和系统常量。

变量用于保存程序运行过程中的临时值，对应变量，可以在声明时进行初始化，也可以在后面使用中再初始化。每个变量都包含名称与数据类型两部分，通过名称引用变量。变量的声明一般有显示声明和隐式声明两种，下面分别介绍。

1. 显示声明变量

是指在过程开始之前进行变量声明，也称为强制声明。此时 VBA 为该变量分配内存空间。其基本语法格式为：

Dim 变量名 (As 数据类型)

其中：Dim 和 As 为声明变量的关键字；数据类型是 14.3 节介绍的对应类型，例如 String、Integer 等；中括号表示可以省略。

例如：

Dim SName AS String;

Dim SAge As Integer;

表示分别定义两个变量，其中变量 SName 为 String 类型，变量 Sage 为 Integer 类型。当然，上述声明变量也可以放到同一行语句中完成，即：

Dim SName AS String，SAge As Integer;

变量名必须以字母（或者汉字）开头，不能包含空格、感叹号、句号、@、#、&、$，最长不能超过 255 个字符。

2. 隐式声明变量

是指不在过程开始之前显示声明变量，在首次使用变量时系统自动声明的变量，并指定该变量为 Variant 数据类型。前面已经提到，Variant 数据类型比其他数据类型占用更多的内存空间，当隐形变量过多时，会影响系统性能。因此在编写 VBA 程序时，最好避免声明变量为 Variant 数据类型，也就是说强制对所有变量进行声明。

3. 强制声明变量

有两种方法可以确保编程的时候强制声明变量。

方法 1：进入 VBE 编程环境后，选择菜单【工具】下的【选项】命令，如下图所示。

此时弹出【选项】对话框，如下图所示。

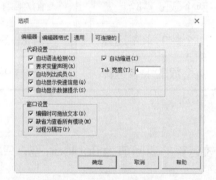

在【编辑器】选项卡里勾选"要求变量声明"复选项，即可实现在程序中强制变量声明。

方法 2：在模块的第一行手动输入"Option Explicit"。

具体实现过程是首先打开 VBE 编程环境，选择菜单【插入】下的【模块】命令，在弹出的"模块"代码框的第一行输入代码"Option Explicit"。

这样即可实现强制变量声明。如果程序中某个变量没有声明，编译过程中会提示错误。

4. 变量的作用域

和其他程序设计语言类似，VBA 也可以定义公共变量、私有变量和静态变量 3 种公共变量。它们的定义格式如下。

公共变量：

Public 变量名 As 数据类型

私有变量：

Private 变量名 As 数据类型

静态变量：

Static 变量名 As 数据类型

变量声明方法是使用 Dim 关键字，这里这 3 种定义公共变量的语句，所声明的变量只是作用域不同，其余完全相同。所谓变量的作用域，是指变量在哪个模块或者过程中使用，VBA 中的变量有 3 种不同级别的作用域，如下所述。

本地变量：在一个过程中使用 Dim 或 Static 关键字声明的变量，作用域为本过程，即只有声明变量的语句所在的过程可以使用它。

模块级变量：在模块的第一个过程之前使用 Dim 或 Private 关键字声明的变量，作用域为声明变量的语句所在模块中的所有过程，即该模块中所有过程都可以使用。

公共变量：在一个模块的第一个过程之前使用 Public 关键字定义的变量，作用域为所有模块，即所有模块里的过程都可以使用它。

5. 变量的赋值

把数据存储到变量中，称为变量的赋值，其基本语法格式为：

(Let) 变量名称 = 数据

其中关键字 Let 可以省略，其含义是把等号右面的数据存储到等号左边的变量里。例如：

Sub test()

Dim x1 As String, x2 As Integer

X1= "Hello! VBA"

X2=100;

End sub

上面的程序中，先定义两个变量 X1 和 X2，其中 X1 为 String 类型，X2 为 Integer 类型，然后分别为两个变量赋值。

14.5 运算符

运算符是指定某种运算的操作符号，如"+"和"-"等都是常用的运算符。按照数据运算类型的不同，在 VBA 中常用的运算符主要有算术运算符、比较运算符、连接运算符和逻辑运算符。

14.5.1 算术运算符

算术运算符用于基本的算术运算，如 5+2、3、14*7 等都是常用的算术运算。常用的算术运算符如下表所示。

算术运算符	名称	语法 Result=	功能说明	实例
+	加法	expression1 +expression2	两个数的加法运算	1+2=3
−	减法	expression1− expression2	两个数的减法运算	3−1=2
*	乘法	expression1 *expression2	两个数的乘法运算	5*7=35
/	除法	expression1 / expression2	两个数的除法运算	10/2=5
\	整除	expression1 \ expression2	两个数的整除运算	10/3=3
^	指数	number ^exponent	两个数的乘幂运算	3^2=9
Mod	求余	expression1 mod expression2	两个数的求余运算	12 mod 9=3

14.5.2 比较运算符

比较运算符用于比较运算，如 2>1、10<3 等。比较运算的返回值为 Boolean 型，只能为 True 或者 False。常用的各种比较运算符如下表所示。

比较运算符	名称	语法 Result=	功能说明	实例
=	等于	expression1 =expression2	相等返回 True，否则返回 False	True：：1=1 False：1=2
>	大于	expression1 >expression2	大于返回 True，否则返回 False	True：2>1 False：1>2
<	小于	expression1 <expression2	小于返回 True，否则返回 False	True：1<2 False：1<2
<>	不等于	expression1 <>expression2	不相等返回 True，否则返回 False	True：1<>2 False：1<>1
>=	大于等于	expression1 >=expression2	大于等于返回 True，否则返回 False	True：1>=1 False：1>=2
<=	小于等于	expression1 <=expression2	小于等于返回 True，否则返回 False	True：1<=1 False：2<=1
Is	对象比较	Object1 is object2	对象相等返回 True，否则返回 False	

续表

比较运算符	名称	语法 Result=	功能说明	实例
Like	字符串比较	String like pattern	字符串匹配样本返回 True, 否则返回 False	True："abc" like "abc" False："ab" like "bv"

在比较运算的时候，经常会用到的通配符如下表所示。

通配符	功能	示例
*	代替任意多个字符	True： "学生" like "学 *"
?	代替任意一个字符	True： "abc" like "a?c"
#	代替任意一个数字	True： "ab12cd" like "ab#2cd"

14.5.3 连接运算符

连接运算符用于连接两个字符串。连接运算符只有"&"和"+"两种。

"&"运算符将两个其他类型的数据转化为字符串数据，不管这两个数据是什么类型。例如：

"abcefg"=" abc"&" efg"

"3abc"=3+" abc"

"+"运算符连接两个数据时，如果两个数据都是数值，则执行加法运算；如果两个数据都是字符串，则执行连接运算。例如：

"123457"=" 123"+" 457"

46=12+34

14.5.4 逻辑运算符

逻辑运算符用于判断逻辑运算式结果的真假。逻辑运算的返回结果为 Boolean 型，只能为 True 或者 False。常用的比较运算符如下表所示。

逻辑运算符	名称	语法 Result=	功能说明	实例
And	逻辑与	expression1 and expression2	两个表达式同为 True 返回 True, 否则返回 False	True： true and true false： true and false
Or	逻辑或	expression1 or expression2	两个表达式同为 False 返回 False, 否则返回 True	false： false or false true： true or false
Not	逻辑非	Not expression1	表达式为 True 返回 False, 否则返回 True	True： Not False False： Not false

逻辑运算符	名称	语法 Result=	功能说明	实例
Xor	逻辑异或	expression1 xor expression2	两个表达式相同结果为 False，否则为 True	True: True xor false False: True xor true
Eqv	逻辑等价	expression1 eqv expression2	两个表达式相同结果为 True，否则为 False	True: True eqv true False: True eqv false
Imp	逻辑蕴涵	expression1 imp expression2	表达式 1 为 True 并且表达式 2 为 False 时结果为 False，其余情况结果均为 True	True: True imp false False: False imp true

14.5.5　VBA 表达式

表达式由操作数和运算符组成。表达式中作为运算对象的数据称为操作数，操作数可以是常数、变量、函数或者另一个表达式，例如：

```
X2=X1^2*3.14 and 1>2
```

14.5.6　运算符的优先级

当不同运算符在同一个表达式中出现的时候，VBA 按照运算符的优先级执行。运算符的优先级如下表所示。

运算符	运算符名称	优先级（1最高）
（ ）	括号	1
^	指数运算	2
－	取负	3
*，/	乘法和除法	4
\	整除	5
Mod	求余	6
+，－	加法和减法	7
&	连接	8
=，<>，>，<，>=，<=，like，is	比较运算（同级运算从左向右）	9
And，or，not，xor，eqv，imp（从大到小）	逻辑运算	10

例如：

```
100 >（24-14）and 12*2 <15
= 100 > 10 and 24<15
=true and false
=false
```

 **过程**

在编写 VBA 代码时，使用过程可以将复杂的 VBA 程序以不同的功能划分为不同的单元。每

一个单元可以完成一个功能，在一定程度上能够方便用户编写、阅读、调试以及维护程序。VBA 中每一个程序都包含过程，所有的代码都编写在过程中，并且过程不能进行嵌套。录制的宏是一个过程，一个自定义函数也是一个过程。过程主要分为子过程、函数过程和属性过程 3 类。

14.6.1 过程的定义

Sub 过程是 VBA 编程中使用最频繁的一种，它是一个无返回值的过程。在 VBA 中，添加 Sub 过程主要有通过对话框添加和通过编写 VBA 代码添加两种。

1. 通过对话框添加

和前面介绍的插入函数的方法相似，在代码窗口中定位文本插入点，选择【插入】下的【过程】命令，在打开的【添加过程】对话框的【名称】文本框中输入过程的名称，在【类型】栏中选中【子程序】单选项，在【范围】栏中设置过程的级别，单击【确定】按钮添加一个 Sub 过程，如下图所示。

2. 通过编写 VBA 代码添加

在代码窗口中，根据 Sub 过程的语法结构也可以添加一个 Sub 过程，它既可以含参数，也可以无参数。Sub 过程的具体语法格式如下。

```
[Private | Public | Friend] [Static] Sub
过程名 [(参数列表)]
语句序列
End Sub
```

其中，各参数的功能如下表所示。

参数	功能
Private	表示私有，即这个过程只能从本模板内调用
Public	表示共有，其他模板也可以访问这个过程
Friend	可以被工程的任何模板中的过程访问
Static	表示静态，即这个过程声明的局部变量在下次调用这个过程时仍然保持它的值

过程保存在模块里，所以编写过程中应先插入一个模块，然后在代码窗口输入过程即可。

14.6.2 过程的执行

在 VBA 中，通过调用定义好的过程来执行程序。常见的调用过程的方法如下。

方法一：使用 Call 语句调用 Sub 过程。

用 Call 语句可将程序执行控制权转移到 Sub 进程，在过程中遇到 End sub 或 Exit sub 语句后，再将控制权返回到调用程序的下一行。Call 语句的基本语法格式如下。

```
Call 过程名（参数列表）
```

使用的时候，参数列表必须加上括号，如果没有参数，此时括号可以省略。

方法二：直接使用过程名调用 Sub 过程。

直接输入过程名及参数，此时参数之间用逗号隔开。注意：此时不需要括号。

14.6.3 过程的作用域

Sub 过程与所有变量一样，也区分公有和私有，但在说法上稍有区别。过程分模块级过程和工程级过程。

1. 模块级过程

模块级过程即只能在当前模块调用的过程，它的特征如下。

(1) 声明 Sub 过程前使用 Private。

(2) 只有当前过程可以调用，例如在"模块1"中有以下代码。

```
Private Sub 过程一 ()
 MsgBox 123
End Sub
Private Sub 过程二 ()
 Call 过程一
End Sub
```

执行过程二时可以调用过程一，但如果过程二存放于"模块 2"中，则将弹出"子过程未定义"的错误提示。

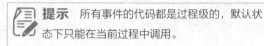

提示 所有事件的代码都是过程级的，默认状态下只能在当前过程中调用。

2. 工程级过程

工程级过程是指在当前工程中的任意地方都可以随意调用的过程。它的特征刚好与模块级过程相反：在"Sub"语句前置标识符"Public"，非当前过程也可以调用，可以出现在"宏"对话框中。

如果一个过程没有使用"Public"和"Private"标识，则默认为工程级过程，任何模块或者窗体中都可以调用。

14.6.4 调用"延时"过程，实现延时效果

下面通过一个调用"延时"过程，实现延时的效果，加深读者对过程的理解。

第1步 在模块中输入"延时"过程代码。

```
Sub test2(delaytime As Integer)
 Dim newtime As Long          '定义保存延时的变量
 newtime = Timer + delaytime   '计算延时后的时间
 Do While Timer < newtime      '如果没有达到规定的时间，则空循环
 Loop
End Sub
```

其中使用系统函数 Timer 获得从午夜开始计算的秒数，把这个时间加上延时的秒数，即延时后的时间，然后通过一个空循环语句判断是否超过这个时间，如果超过就退出程序。

第2步 输入调用过程代码。

```
Sub test1()
 Dim i As Integer
 i = Val(InputBox("开始测试延时程序，请输入延时的秒数：", "延时测试", 1))
 test2 i
 MsgBox "已延时" & i & "秒"
End Sub
```

程序要求用户输入延时的秒数，然后通过"test2 i"来调用 test2 过程，实现延时效果。整个过程代码如下图所示。

第3步 按【F5】键运行过程，如下图所示。

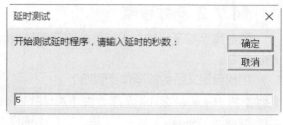

第4步 在【延时测试】对话框中输入需要延迟的时间，然后单击【确定】按钮，弹出如下图所示的对话框，说明实现了延时效果。

14.7 VBA 函数

在日常工作中，经常使用各种函数，如求和、求最大值等。在 VBA 中也可以定义各种各样的函数，每个函数完成某种特定的计算。在 VBA 中函数是一种特殊的过程，使用关键字 Function 定义。VBA 中有许多内置的函数。

14.7.1 VBA 函数概括

用户可以在以下两种情况下使用 VBA 编写的函数程序。

(1) 从另一个 VBA 程序中调用函数。

(2) 在工作表的公式中使用函数。

在使用 Excel 工作表函数或者 VBA 内置函数的地方使用函数程序。自定义的函数也显示在"插入函数"对话框中，因此实际上它也成为 Excel 的一部分。

一个简单的自定义函数如下所示。

```
Function checkNum(longNum)
Select Case longNum
Case Is < 0
checkNum="负数"
Case 0
checkNum="零"
Case Is > 0
checkNum="正数"
End Select
End Function
```

上述例子检验输入参数 longNum 的值：当值小于 0 时，函数返回字符串值"负数"；当值等于 0 时，函数返回字符串值"零"；当值大于 0 时，函数返回字符串值"正数"。

14.7.2 函数程序

函数程序与子程序之间最关键的区别是函数有返回值。当函数执行结束时，返回值已经被赋给函数名。

创建自定义函数的操作步骤如下。

第1步 打开 Excel 2019 程序，按【Alt+F11】组合键激活 VBE 窗口，在"工程"窗口中选择工作簿，并选择【插入】下的【模块】命令插入一个 VBA 模块。

第2步 输入 Function 关键词，后面加函数名，并在括号内输入参数列表，输入 VBA 代码，设置返回值，使用 End Function 语句结束函数体。如下图，输入以下代码：

```
Function 求平均数 (a,b,c)
    求平均数 =(a+b+c)/3
End Function
```

第3步 输入代码后，按【Alt+F11】组合键或者单击 VBE 工作栏中的【视图 Microsoft Excel】按钮，返回 Excel 界面，如在单元格中输入公式"= 求平均数 (2,5,8)"，并按【Enter】键即可计算出结果。

14.7.3 执行函数程序

执行函数程序的方法有以下两种。

(1) 从其他程序中调用。

(2) 在工作表公式中使用该函数。

用户可以像调用内置 VBA 函数一样从其他程序中调用自定义函数。例如，在定义了名为 checkNum 的函数后，用户可以输入下面的语句：

```
strDisplay=checkNum(longValue)
```

在工作表公式中使用自定义函数就好像使用其他内置的函数一样，但是必须保证 Excel 可以找到该函数程序。如果这个函数程序在同一工作簿中，则不需要进行任何特殊的操作；如果该函数是在另一个工作簿中定义的，那么必须告诉 Excel 如何找到该函数。

1. 在函数名称的前面加文件引用

例如，当用户希望使用名为 test 的工作簿中定义的名为 checkNum 的函数时，可使用下面的语句：

```
= "test.xls"!checkNum(A1)
```

2. 建立到工作簿的引用

如果自定义函数定义在一个引用工作簿中，则不需要在函数名的前面加工作簿的名称。用户可以在 VBE 窗口中选择【工具】下的【引用】菜单命令，建立到另一个工作簿的引用。用户将得到一个包括所有打开的工作簿在内的引用列表，然后选中指向含有自定义函数的工作簿的项即可。

3. 创建插件

如果用户在含有函数程序的工作簿创建一个插件，也不需要在公式中使用文件引用，但前提是必须正确安装。

14.7.4 函数程序中的参数

关于函数程序中的参数，需要注意以下几点。

(1) 参数可以是变量、常量、文字或者表达式。

(2) 并不是所有的函数都需要参数。

(3) 某些函数的参数的数目是固定的。

(4) 函数的参数既有必需的，也有可选的。

(5) 在使用没有参数的函数时，必须在函数名的后面加上一对空括号。

(6) 可以在 VBA 程序中使用几乎全部的 Excel 工作表函数，但那些在 VBA 中有相同功能的函数除外。例如，在 VBA 中有产生一个随机数的 RAND 函数，此时就不能再在 VBA 函数中使用 Excel 的 RAND 函数。

14.7.5 自定义函数计算阶乘

上面介绍了 VBA 中自定义函数的定义和使用方法，下面通过具体的实例帮助读者进一步熟悉 Function 的功能。

阶乘公式在数据分析中经常使用到，其数学计算公式为 n!=n*(n-1)*(n-2)…*2*1，当 n=0 时，阶乘值为 1。下面应用实例将阶乘实现过程编程为自定义函数，在主过程中调用。

第1步 打开 VBE 编辑器，在代码窗口中输入主过程程序。

```
Sub test()
Dim result As Long
Dim i As Integer
i = Val(InputBox("请输入您需要计算的阶乘数"))   '输入需要计算的阶乘数
result = jiecheng(i)   '调用阶乘函数
MsgBox i & "的阶乘为：" & result   '显示结果
End Sub
```

其中通过输入函数输入需要计算阶乘的数值，然后调用阶乘函数 result = jiecheng(i)，并把值赋给 result，再使用输出函数显示结果。

第2步 创建阶乘函数，代码如下。

```
Function jiecheng(i As Integer)
If i = 0 Then      '如果 i=0, 则阶乘为 1
  jiecheng = 1
ElseIf i = 1 Then     '如果 i=1, 则阶乘为 1
  jiecheng = 1
Else
  jiecheng = jiecheng(i - 1) * i   '递归调用阶乘函数
End If
End Function
```

计算阶乘中，需要递归调用阶乘函数 jiecheng = jiecheng(i - 1) * i 以实现阶乘的计算。

第3步 按【F5】键，运行程序，在对话框中输入需要计算的阶乘数，例如输入数值 6，如下图所示。

第4步 单击【确定】按钮，显示计算结果。如下图所示。

14.7.6 彩票号码生成

彩票号码是随机生成的一组数字，具有很大的偶然性，本实例首先创建一个 Function 函数，在函数体内返回多个随机生成的数值，然后在 Excel 中调用该函数，具体操作步骤如下。

第1步 打开 Excel 2019，切换到 VBE 编程环境，在创建的模块中输入下面的函数代码。

```
Function lottery()
    Dim shuzi(1 To 6) As Integer    '定义数组，
用于存放随机数
    Dim i As Integer
    Randomize
    For i = 1 To 6
      shuzi(i) = Int(Rnd() * 10)    '随机生成数值
    Next i
    lottery = shuzi        '将生成的随机数值赋给
lottery
    End Function
```

在程序中，首先定义一个数组，用来存放生成的随机数值，然后使用随机函数生成每个数值，再赋给函数。

第2步 切换到 Excel 界面，选中一行中的 6 个

单元格区域，在编辑栏中输入公式"=lottery()"，如下图所示。

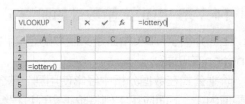

第3步 输入完函数名后，按【Ctrl+Shift+Enter】快捷组合键完成公式的输入，此时在所选中的单元格中出现随机生成的数值，如下图所示。

14.8 语句结构

VBA 的语句结构和其他大多数编程语言相同或相似，本节介绍几种最基本的语句结构。

14.8.1 条件语句

程序代码经常用到条件判断，并且根据判断结果执行不同的代码。在 VBA 中有 If…Then…Else 和 Select Case 两种条件语句。

下面使用 If…Then…Else 语句根据单元格内容的不同而设置字体的大小。如果单元格内容是"龙马"，则将其字体大小设置为"10"，否则将其字号设置为"9"的代码如下。

```
If ActiveCell.Value="龙马" Then
    ActiveCell.Font.Size=10
Else
    ActiveCell.Font.Size=9
End If
```

14.8.2 输入输出语句

计算机程序首先接收用户输入的数据，再按一定的算法对数据进行加工处理，最后输出程序处理的结果。在 Excel 中，可从工作表、用户窗体等多处获取数据，并可将数据输出到这些对象中。本节主要介绍 VBA 中标准的输入 / 输出方法。

VBA 提供的 InputBox 函数可以实现数据输入，该函数将打开一个对话框作为输入数据的界面，等待用户输入数据，并返回所输入的内容。语法格式如下：

```
InputBox(prompt[,title][,default] [,xpos] [,ypos] [,helpfile,context])
```

使用 MsgBox 函数打开一个对话框，在对话框中显示一个提示信息，并让用户单击对话框中的按钮，使程序继续执行。MsgBox 有语句和函数两种格式，语句格式如下：

```
MstBox prompt[,buttons][,title][,helpfile,context]
```

函数格式如下：

```
Value=MsgBox(prompt[,buttons][,title][,helpfile,context]
```

14.8.3 循环语句

程序中多次重复执行的某段代码就可以使用循环语句。在 VBA 中有多种循环语句，如 For…Next 循环、Do…Loop 循环和 While…Wend 循环。

如下代码中使用 For…Next 循环实现了 1~10 的累加功能。

```
Sub ForNext Demo()
    Dim I As Integer,iSum As Integer
    iSum=0
    For i=1 To 10
        iSum=iSum+i
    Next
    Megbox iSum "For…Next 循环"
End Sub
```

14.8.4 With 语句

With 语句可以针对某个指定对象执行一系列的语句。使用 With 语句不仅可以简化程序代码，而且可以提高代码的运行效率。With…End With 结构中以 "." 开头的语句相当于引用了 With 语句中指定的对象。在 With…End With 结构中无法使用代码修改 With 语句所指定的对象，即不能使用 With 语句来设置多个不同的对象。例如，

```
Sub AlignCells()
With Selection
.HorzontalAlignment=xlCenter
.VericalAlignment= xlCenter
.WrapText=False
```

```
.Orientation=xlHorizontal
End With
End Sub
```

14.8.5 错误处理语句

执行阶段有时会有错误的情况发生，可以利用 On Error 语句来处理错误，启动一个错误的处理程序的语法结构如下。

```
On Error Goto Line    '当错误发生时，立刻转移到 line 行去
On Error Resume Next    '当错误发生时，立刻转移到发生错误的下一行去
On Erro Goto 0    '当错误发生时，立刻停止过程中任何错误处理过程
```

14.8.6 Select Case 语句

Select Case 语句也是条件语句之一，而且是功能最强大的条件语句。它主要用于多条件判断，而且条件设置灵活、方便，在工作中使用频率极高。本节介绍 Select Case 语句的语法及应用案例。

Select Case 语句的语法如下：

```
Select Case testexpression
[Case expressionlist-n
[statements-n]] ...
[Case Else
[elsestatements]]
End Select
```

参数	描述
testexpression	必要参数。任何数值表达式或字符串表达式
expressionlist-n	如果有 Case 出现，则为必要参数
statements-n	可选参数
elsestatements	可选参数

14.8.7 判断当前时间情况

下面使用 Select Case 语句来判断当前的时间是上午、中午，还是下午、晚上、午夜。

第1步 在代码窗口输入如下代码。

```
Sub 时间 ()
Dim Tim As Byte, msg As String
Tim = Hour(Now)
Select Case Tim
Case 1 To 11
msg = "上午"
Case 12
msg = "中午"
Case 13 To 16
msg = "下午"
Case 17 To 20
msg = "晚上"
```

```
Case 23, 24
msg = "午夜"
End Select
MsgBox "现在是: " & msg
End Sub
```

第2步 保存代码,设定当前计算机系统时间为 9:00,按【F5】键,执行该代码,得出结果如 下图所示。

14.9 常用控制语句的综合运用

在程序设计过程中,程序控制结构具有非常重要的作用,程序中各种逻辑和业务功能都要依靠程序控制结构来实现。

1. 顺序结构

顺序结构是指程序按照语句出现的先后次序执行。可以把顺序结构想象成一个没有分支的管道,把数据想象成水流,数据从入口进入后,依次执行每一条语句直到结束。

2. 选择结构

选择结构是指通过对给定的条件进行判断,然后根据判断结果执行不同任务的一种程序结构。

3. 循环结构

当程序需要重复执行一些任务时,就可以考虑采用循环结构。循环结构包括计数循环结构、条件循环结构和嵌套循环 3 种。

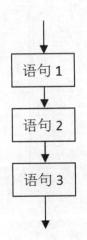

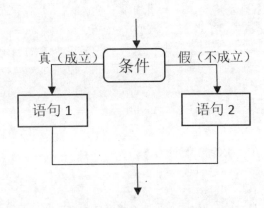

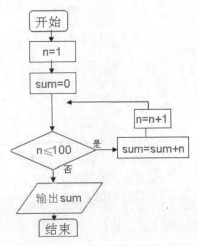

如果要将 10 元钱换成零钱,并将各种可能情况都考虑进去,如可换为 100 个 1 角、50 个 2 角、20 个 5 角或 2 个 5 元等,就可以使用多重循环。具体操作步骤如下。

第1步 打开"素材\ch14\换零钱.xlsx"文件，单击【开发工具】选项卡下【代码】选项组中的【Visual Basic】按钮，打开【Visual Basic】窗口，选择【插入】下的【模块】菜单命令，新建模块，并输入如下代码。

```
Sub 换零钱()
    Dim t As Long
    For j = 0 To 50                        '2 角
        For k = 0 To 20                    '5 角
            For l = 0 To 10                '1 元
                For m = 0 To 2             '5 元
                    t2 = 2 * j + 5 * k + 10 * l + 50 * m
                    If t2 <= 100 Then
                        t = t + 1
                        i = 100 − t2
                        Sheets(1).Cells(t + 1, 1) = i
                        Sheets(1).Cells(t + 1, 2) = j
                        Sheets(1).Cells(t + 1, 3) = k
                        Sheets(1).Cells(t + 1, 4) = l
                        Sheets(1).Cells(t + 1, 5) = m
                    End If
                Next
            Next
        Next
    Next
    MsgBox "10 元换为零钱共有" & t & "种方法！"
End Sub
```

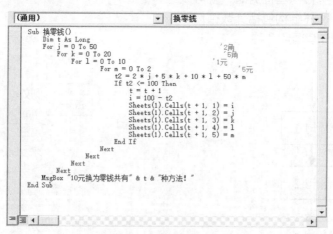

第2步 按【F5】键，执行代码，运行结果如下图所示。

1角	2角	5角	1元	5元
100	0	0	0	0
50	0	0	0	1
0	0	0	0	2
90	0	0	1	0
40	0	0	1	1
80	0	0	2	0
30	0	0	2	1
70	0	0	3	0
20	0	0	3	1
60	0	0	4	0
10	0	0	4	1
50	0	0	5	0
0	0	0	5	1
40	0	0	6	0
30	0	0	7	0
20	0	0	8	0
10	0	0	9	0
0	0	0	10	0
95	0	1	0	0
45	0	1	0	1
85	0	1	1	0
35	0	1	1	1
75	0	1	2	0
25	0	1	2	1

Microsoft Excel

10元换为零钱共有2498种方法!

确定

Sheet1

14.10 对象与集合

对象代表应用程序中的元素，如工作表、单元格和窗体等。Excel 应用程序提供的对象按照层次关系排列在一起称为对象模型。Excel 应用程序中的顶级对象是 Application 对象，它代表 Excel 应用程序本身。Application 对象包含一些其他对象，如 Windows 对象和 Workbook 对象等，这些对象均称为 Application 对象的子对象，反之 Application 对象是这些对象的父对象。

集合是一种特殊的对象，它是一个包含多个同类对象的对象容器，Worksheets 集合包含所有的 Worksheet 对象。

一般来说，集合中的对象可以通过序号和名称两种不同的方式来引用，如当前工作簿中有"工作表1"和"工作表2"两个工作表，以下两个代码都是引用名称为"工作表2"的 Worksheet 对象。

```
ActiveWorkbook.Worksheets（"工作表2"）
ActiveWorkbook.Worksheets(2)
```

14.10.1 属性

属性是一个对象的性质与对象行为的统称，它定义了对象的特征，例如大小、颜色或屏幕位置，或某一方面的行为，例如对象是否有激活或可见的。可以通过修改对象的属性值来改变对象的特性。

若要设置属性值，则在对象的引用后面加上一个复合句，它是由属性名加上等号 (=) 以及新的属性值组成的。例如，下面的过程通过设置窗体中的 Caption 属性来更改 Visual Basic 窗体的标题。

```
Sub ChangeName(newTitle)
    myForm.Caption = newTitle
End Sub
```

有些属性并不能设置。每一个属性的帮助主题，会指出是否可以设置此属性（读与写），或者是只能读取此属性（只读），还是只能写入此属性（只写）。

可以通过属性的返回值来检索对象的信息。下列的过程使用一个消息框来显示标题，标题显示在当前活动窗体顶部。

```
Sub GetFormName()
    formName – Screen.ActiveForm.Caption
    MsgBox formName
End Sub
```

14.10.2 方法

方法是对象能执行的动作，对象可以使用不同的方法。例如，区域 (Range) 对象有清除单元格内容的 ClearContents 方法、清除格式的 ClearFormats 方法以及同时清除内容和格式的 Clear 方法等。在调用方法的时候，使用点操作符引用对象，如果有参数，在方法后加上参数值，参数之间用空格隔开。在代码中使用方法的格式如下。

```
Object.method
```

例如，下面程序使用 add 方法添加一个新工作簿或者工作表。

```
Sub addsheet()
ActiveWorkbook.Sheets.Add
End sub
```

下面的代码选中工作表 Sheet1 中的 "A1 单元格"，然后清除其中内容。

```
Sheet1.range( "A1" ).Select
Sheet1.range( "A1" ).clear
```

变量和数组除了能够保存简单的数据类型外，还可以保存和引用对象。与普通变量类似，使用对象变量也要声明和赋值。

与普通变量的定义类似，对象变量也使用 Dim 语句或其他的声明语句（Public、Private 或 Static）来声明对象变量，引用的对象变量必须是 Variant、Object 或者一个对象的指定类型。例如：

```
Dim MyObject
Dim MyObject AS Object
Dim MyObject As Font
```

其中，第一句 "Dim MyObject" 声明 MyObject 为 Variant 数据类型，此时因为没有声明数据类型，所以默认是 Variant 数据类型；第二句 "Dim MyObject AS Object" 声明 MyObject 为 Object 数据类型；第三句 "Dim MyObject As Font" 声明 MyObject 为 Font 类型。

与普通变量赋值不同，对象变量赋值必须使用 Set 语句，其语法为：

Set 对象变量 = 数值或者对象

除了可以赋一般数值外，还可以把一个集合对象赋给另一个对象。例如：

```
Set Mycell=WorkSheets(1).Range( "C1" )
```

把工作表中 C1 单元格中的内容赋给对象变量 Mycell。

下面语句同时使用 New 关键字和 Set 语句来声明对象变量。

```
Dim MyCollection As Collection
Set MyCollection = New Collection
```

14.10.3 事件

在 VBA 中，事件可以定义为激发对象的操作，如在 Excel 中常见的有打开工作簿、切换工作表、选择单元格、单击鼠标等。

行为可以定义为针对事件所编写的操作过程。针对某个事件发生所编写的过程称为事件过程，也叫 Sub 过程。事件过程必须写在特定对象所在的模块中，而且只有过程所在的模块中的对象才能触发这个事件。

下面给出几种 Excel 中常见的事件。

1. 工作簿事件

当特定的工作簿打开（Open）、关闭之前（BeforeClose）或者激活任何一张工作表（SheetActivate）都是工作簿事件。工作簿事件的代码必须编写在 ThisWork 对象的代码模块中。

2. 工作表事件

当特定的工作表激活（Activate）、更改单元格内容（Change）、选定区域发生改变（SelectionChange）等都是工作表事件。工作表事件的代码必须编写在对应工作表的代码模块中。

3. 窗体和控件事件

窗体打开或者窗体上的控件也可响应很多事件，例如单击 (Click)、鼠标移动 (MouseMove) 等，这些事件的代码必须编写在相应用户窗体的代码模块中。

4. 不与对象关联的事件

还有两类事件不与任何对象关联，分别是 OnTime 和 OnKey，分别表示时间和用户按键这类事件。

14.10.4 Excel 中常用的对象

Excel VBA 是面向对象的程序设计语言。在 Excel 中有各种层次的对象，不同的对象又有其自身的属性、方法和事件，对象是程序设计中的重要元素。本节只选择几个常用的对象进行介绍。

1. Application

它是最基本的对象，与 Excel 应用程序相关，它影响活动的 Excel。通常情况下，Application 对象指的就是 Excel 程序本身，利用其属性可以灵活地控制 Excel 应用程序的工作环境。

常用的属性有 ActiveCell（当前单元格）、ActiveWorkBook（当前工作簿）、ActiveWorkSheet（当前工作表）、Caption（标题）、DisplayAlerts（显示警告）、Dialogs（对话框集合）、Quit（退出）和 Visible（隐藏）等。

2. Workbooks

它包含在当前 Excel 打开的工作簿中，它最常用的属性和方法如下。

Add ＜模板＞：此方法返回指定的 Workbooks 对象的地址。

Count：此属性返回当前打开的工作簿的数目。

Item：（＜Workbook＞）：此方法返回指定的 Workbooks 对象。＜Workbook＞或是一个数字，对应着工作簿在集合中的索引号，或是工作簿的名称。

Open ＜filename＞：此方法打开由文件指定的文件，并返回包含文档的 Workbooks 对象的地址。

3. Workbook

保存在当前 Excel 会话中打开的单个工作簿的信息。该对象最有用的属性、方法和对象如下。

Activate：此方法使指定的工作簿成为活动的工作簿，然后用 ActivateWorkbook 对象引用这个工作簿。

Close<savechanges>：此方法关闭 Workbook 对象，如果要求保存，则将修改的内容保存到工作簿中。

Name：此属性返回工作簿的名称。

Sheets：该对象包含工作簿中的一系列工作表和图表。

4. Worksheet

Worksheet 对象是 Worksheets 集合的成员，该集合包含工作簿中所有的表（包括工作表和图表）。当工作表处于活动状态时，可直接用 ActiveSheet 属性引用。

常用的 Worksheets 对象和 Worksheet 对象的属性和方法有 ActiveSheet（活动工作表）属性、Name（名称）属性、Visible（隐藏）属性、Select（选定）方法、Copy（复制）和 Move（移动）方法、Paste（粘贴）方法、Delete（删除）方法以及 Add（添加）方法等。

5. Range

保存工作表上一个或多个单元的信息。

Range 对象的属性和方法主要有 Cells（单元格）属性、UsedRange（已使用的单元格区域）属性、Formula（公式）属性、Name（单元格区域名称）属性、Value（值）属性、Autofit（自动行高列宽）方法、Clear（清除所有内容）方法、ClearContents（清除内容）方法、ClearFormats（清除格式）方法、Delete（删除）方法、Copy（复制）方法、Cut（剪切）方法和 Paste（粘贴）方法等。

14.10.5 创建一个工作簿

下面通过一个实例，详细介绍如何创建一个新的工作簿，并保存到指定位置。

第1步 打开 VBE 编辑环境。创建模块，在模块中输入以下代码。

```
Sub test()
Dim WB As Workbook
Dim Sht As Worksheet
Set WB = Workbooks.Add
Set Sht = WB.Worksheets(1)
Sht.Name = "学生名册"
Sht.Range("A1:F1") = Array("学号", "姓名", "性别", "出生年月", "入学时间", "是否团员")
WB.SaveAs "c:\学生花名册.xlsx"
ActiveWorkbook.Close
End Sub
```

Workbook 对象和 WorkSheet 对象在 04 行创建一个工作簿 Wb，05 行指定工作表，然后分别在 06、07 行为工作表标签命名，并在单元格 "A1:F1" 设置表头。最后 08 行保存新建的工作簿到所指定的位置并命名文件名，09 行关闭新建的工作簿。

第2步 按【F5】键，可以在 C 盘上找到文件学生花名册 .xlsx，打开该文件，如下图所示。

下面通过一张表格图示。

14.10.6 快速合并多表数据

下面通过实例，讲述如何把一个工作簿中若干个表的内容合并成一个新工作表。

第1步 打开"素材 \ch14\ 合并多表数据 .xlsx"文件，并打开 VBE 编辑环境，创建模块，在模块中输入以下代码。

该部分代码主要分为创建工作表和把数据汇总到新建工作表中两个部分。

(1) 新建工作表。

```
01  Worksheets.Add
    after:=Worksheets(Worksheets.Count)
02   ActiveSheet.Name = "汇总表"
03   Worksheets(1).Range("A1:D1").Copy Worksheets("汇总表").Range("A1:D1")
```

其中，01 语句实现新建工作表，02 语句把新建工作表命名为"汇总表"，03 语句把原表的第一行标题复制到所建新表中。

(2) 把数据汇总到新建工作表中。

```
01   For Each sht In Worksheets
02   If sht.Name <> ActiveSheet.Name Then
03       Set rng = Range("A65536").End(xlUp).Offset(1, 0)
04       xrow = sht.Range("A1").CurrentRegion.Rows.Count − 1  sht.Range("A2"        ).
    Resize(xrow,7).Copy rng
05   End If
06   Next
```

其中，01 语句遍历所有工作表，02 语句通过判断语句除去新建的"汇总表"，其他的工作表内容都要复制，03 语句获得新建表的第一个非空单元格，04 语句获得各个工作表的记录条数，05 语句实现复制记录到新建表。

第2步 按【F5】键，运行程序，运行前后的效果分别如以下两图所示。

高手私房菜

技巧 1：使用变量类型声明符

前面介绍变量声明的基本语法格式为：

Dim 变量名 AS 数据类型

在实际定义过程中，有部分数据类型可以使用类型声明符来简化定义，例如：

Dim str$

在变量名称的后面加上 $，表示把变量"str"定义为 string 类型。这里 $ 就是类型声明符。常见的类型声明符如下表所示。

数据类型	类型声明符
Integer	%
Long	&
Single	!
Double	#
Currency	@
String	$

例如：

Dim M1@ 等价于 dim M1 as currency

Dim M2% 等价于 dim M2 as Integer

技巧 2：事件产生的顺序

本章已经介绍到工作簿和工作表的事件，那么在同时定义多个事件的情况下，系统会如何响应呢？因此需要了解事件的产生顺序，这将有助于在各事件中编写代码，完成相应的操作。

1. 工作簿事件的顺序

对于常见的工作簿事件，其发生顺序依次如下。

Workbook_Open：打开工作簿时触发该事件。

Workbook_Activate：打开工作簿时，在 Open 事件之后触发该事件；或者多个工作簿之间切换时，激活状态的工作簿触发该事件。

Workbook_BeforeSave：保存工作簿之前触发该事件。

Workbook_BeforeClose：关闭工作簿之前触发该事件。

Workbook_Deactivate：关闭工作簿时，在 BeforeClose 事件之后触发该事件；或者多个工作簿时非激活态的工作簿触发该事件。

2. 工作表事件的顺序

对于常见的工作表事件，其发生顺序依次如下。

修改单元格中内容后，再改变活动单元格时事件顺序为：

Worksheet_Change：更改工作表中单元格时触发该事件。

Worksheet_SelectionChange：工作表中选定区域发生改变时触发该事件。

更改当前工作表时，事件产生的顺序为：

Worksheet_Deactivate：工作表从活动状态转为非活动状态时触发该事件。

Worksheet_Activate：激活工作表时触发该事件。

第15章

用户窗体和控件的应用

⊃ **高手指引**

　　VBA 中包含有大量的窗体和控件，这些窗体和控件是用户和数据库之间的接口，可实现两者之间信息数据的交流。本章主要介绍 VBA 窗体、控件方面的应用。

⊃ **重点导读**

- 认识窗体
- 掌握控件的使用
- 掌握用户窗体控件的使用

15.1 窗体

窗体是 VBA 应用中十分重要的对象，是用户和数据库之间的主要接口，为用户提供了查阅、新建、编辑和删除数据的界面。本节主要对窗体的应用进行简要介绍。

15.1.1 插入窗体

窗体是一种文档，可以用来收集信息。它包括两部分：一部分是由窗体设计者输入的，填写窗体的人无法更改的文字或图形；另一部分是由窗体填写者输入的，用于从窗体填写者处收集信息并进行整理的空白区域。

第1步 启动 Excel 2019，按【Alt+F11】组合键进入 VBE 编辑器，单击【插入】菜单中的【用户窗体】菜单命令。

第2步 即可在代码界面中插入一个用户窗体，默认窗体名称为"UserForm 1"。

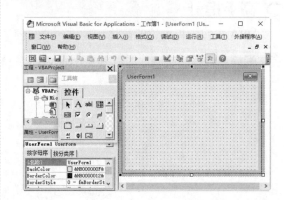

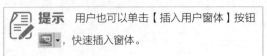

提示 用户也可以单击【插入用户窗体】按钮，快速插入窗体。

15.1.2 移除窗体

用户可以将不需要的窗体移除。通常有两种方法可移除窗体。

1. 使用菜单栏删除

第1步 在 VBA 编辑窗口中选择要移除的窗体 UserForm 1，单击【文件】下的【移除 UserForm 1】菜单命令。

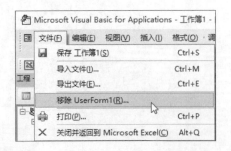

第2步 弹出【Microsoft Visual Basic for Applications】对话框，提示"在移除

UserForm 1 之前是否要将其导出？"。如果需要导出，单击【是】按钮；如果不需要导出，单击【否】按钮即可。

2. 使用工程资源管理器删除

第1步 在【工程资源管理器】窗口中选择要移除的窗体 UserForm 2，并单击鼠标右键，在弹出的快捷菜单中选择【移除 UserForm1】菜单

命令。

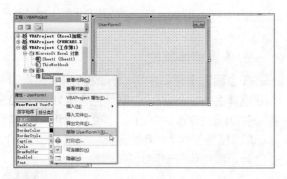

第2步 弹出【Microsoft Visual Basic for

Applications】对话框，提示"在移除 UserForm 2 之前是否要将其导出？"。如果需要导出，单击【是】按钮；如果不需要导出，单击【否】按钮即可。

15.1.3 显示窗体

通过设置，可以在打开 Excel 工作簿时仅显示窗体，而不显示 Excel 表格，具体操作步骤如下。

第1步 在【工程资源管理器】窗口中双击【ThisWorkBook】选项，打开【代码编辑器】窗口。

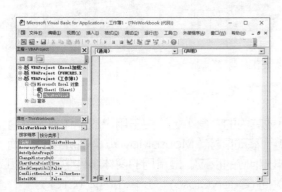

> **提示** 如果 VBA 没有显示【工程资源管理器】窗口，可以用组合键【Ctrl+R】将其调出。

第2步 在代码窗口中输入如下代码。

```
Private Sub Workbook_Open()
  Application.Visible = False
    UserForm1.Show
End Sub
```

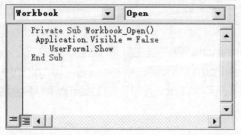

第3步 按【Ctrl+S】组合键，打开【另存为】窗口，选择文件保存的位置，并在【文件名】文本框中输入文件名称，在【保存类型】下拉列表中选择【Excel 启用宏的工作簿】选项，单击【保存】按钮。

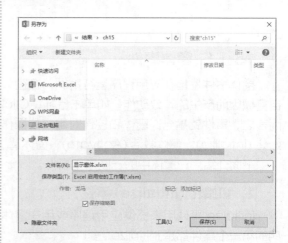

第4步 关闭工作簿后，再次打开工作簿时将仅显示窗口。

269

15.1.4 设置窗体

在【Microsoft Visual Basic for Applications】窗口中插入窗体之后，还可以对窗体进行简单设置，以满足用户需求。

1. 调整窗体大小

选中窗体后，在窗体右侧边、下侧边以及右下角分别出现了一个矩形块，将鼠标指针放到任意矩形框上，鼠标指针变为向两侧发散的箭头，拖曳鼠标即可调整窗体的大小。

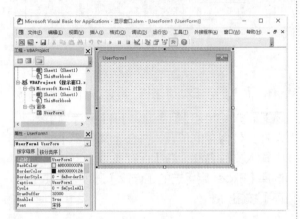

2. 设置窗体属性

在【属性】窗口中可以修改窗体属性，如改变窗体名称、背景、边框颜色、大小等。如将【名称】属性修改为"Form"、将【Caption】（窗体标题）属性修改为"我的窗体"、在【Picture】（图片）属性中设置图片等。

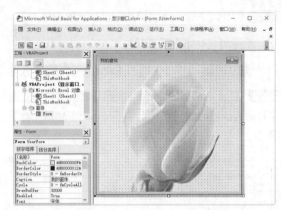

15.1.5 窗体事件

窗体事件是指在应用程序运行期间，在窗体（或其内的对象）上，由于用户的操作或系统内自身原因而产生的有效动作，如单击鼠标（Click）、移动鼠标（MouseMove）等都是事件。简而言之，事件就是允许窗体和控件对用户的操作作出相应的反应。最常用的窗体事件包括窗体初始化(Intialize)、窗体激活(Activate)、窗体请求关闭(QueryClose)以及单击窗体(Click)。

下面介绍用户窗体中的一些常用事件。

1. 初始化 (Intialize) 事件

Initialize 事件用来提供应用程序或用户窗体中的控件、变量等进行初始化。任何窗体生命周期的第一个事件都是 Initialize。

Initialize 事件的语法格式如下：

```
Private Sub Form_Initialize()
```

2. 请求关闭（QueryClose）事件

该事件发生在 UserForm 关闭之前。通常用该事件确保在关闭应用程序之前，应用程序包含的用户窗体中没有未完成的任务。

3. 删除（Terminate）事件

该事件用于删除窗体中对象事例的所有引用。Terminate 事件发生在卸载窗体对象之后。如果应用程序为非正常退出，从而导致在内存中删除 UserForm 的示例，将不会触发 Terminate 事件。例如，在从内存中删除 UserForm 之前，应用程序调用了 End 语句，则 UserForm 不会触发 Terminate 事件。

4. 窗体激活（Activate）和窗体停用（Deactivate）事件

当运行中的对象变成活动窗口时会发生 Activate 事件，当对象不再是活动窗口时则会发生 Deactivate 事件。

语法如下：

```
Private Sub object_Activate( )
Private Sub object_Deactivate( )
```

15.1.6 关闭窗体

窗体关闭运行程序是通过 QueryClose 事件来实现的。例如，要实现在一个 Excel 2019 工程中关闭"UserForm 1"窗体时显示"UserForm 2"窗体，只需在"事件 1"窗体的代码窗口中选取 QueryClose 事件并输入如下代码即可：

```
Private Sub UserForm_QueryClose(Cancel As Integer,CloseMode As Integer)
UserForm 2 .Show  '当"事件 1"窗体关闭时，显示"事件 2"窗体
End Sub
```

窗体关闭事件的两个自变量的用法如下。

Cancel As Integer：是否禁止关闭窗体。当值为 0 时，可以关闭窗体；当为其他整数值时，则禁止关闭窗体。

CloseMode As Integer：窗体的关闭模式。如果操作者是使用手工单击关闭按钮来关闭窗体，则 CloseMode 的值为 0；如果操作者是在程序中使用 Unload 方法来关闭窗体（如 Unload Me），则 CloseMode 的值为 1。

15.2 控件的使用

要创建具有各种实际功能的应用窗体，需要在窗体上放置各种不同类型的控件，然后对控件的外观和内部运作机制进行设置。此外，还要为控件编写事件代码，使控件响应特定的事件。本节将介绍各种控件及使用方法。控件大致分为两大类，一类是在工作表中使用的控件，包括窗体控件和 ActiveX 控件，另一类是在用户窗体中使用的控件。

15.2.1 工作表控件

工作表中可以使用窗体控件和 ActiveX 控件两种控件，这两种控件构成了工作表窗体，在 Excel 的"开发工具"选项卡中单击"插入"按钮，打开下图所示的控件工具箱，该控件箱中包含"表单控件"和"ActiveX 控件"。当鼠标移到某个控件上时，将显示该控件的名称。

1. 表单控件

也称"窗体控件"，与 Excel 早期版本的控件是兼容的。可以为这些控件附加一个宏，或者编写、录制一个新宏，当用户单击该控件时，运行该宏。

窗体控件中只有 9 个可以添加到工作表中，其名称和说明如下表所示。

控件名称	控件说明
标签	输入和显示静态文本
分组框	组合多个控件
按钮	执行宏命令
复选框	多项选择
选项按钮	单项选择，经常多个单项选择用分组框组合
列表框	具有多个选项的列表，从中选择一项
组合框	提供可选择的多个选项，从中选择一项或者多项
滚动条	有水平滚动条和垂直滚动条
微调按钮	单击控件上的箭头来选择数值

下面通过一个实例介绍如何在工作表中加入窗体控件。

第1步 创建一个空白工作簿，选择【开发工具】选项卡，单击【插入】按钮，在弹出的表单控件工具中单击【组合框】控件，如下图所示。

第2步 此时在工作表中鼠标指针是"十"形状，拖曳鼠标即可在工作表中添加该控件，如下图所示。

第3步 在 A2 单元格中输入"性别："，用右键单击组合框控件，选择【设置控件格式】命令，如下图所示。

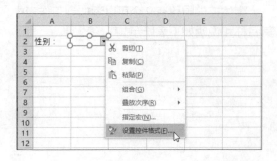

第4步 在打开的【设置控件格式】对话框中设置相应内容，如下图所示，设置完成后，单击【确定】按钮。

其中数据源区域表示【组合框】中显示的内容来源；这些内容可以事先编辑好，例如本例事先在"E7"单元格内输入"男"，在"E8"单元格中输入"女"。

单元格链接表示当在"组合框"中选定不同内容时，此单元格显示所选择内容在数据源区域的单元格数值。例如当从"组合框"中选择"男"的时候，在单元格"F7"中显示数值1，因为1是"男"在数据源中第1个单元格。同理，如果选择"女"，则单元格"F7"中显示数值2。

到此已经在工作表中设置了窗体控件，只需单击控件外任何一个单元格，即可退出对控件的编辑。

使用窗体控件非常简单，如下图所示。

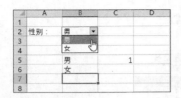

其他控件的使用方法类似，这里不一一描述。

2.ActiveX 控件

ActiveX 控件中的许多控件与窗体控件一样，但是可以响应事件，这需要事先在 VBE 中为不同事件编写不同的响应代码。其中有 11 个控件常用，除了前面窗体控件中的 8 个名称和作用以外，还有文本框 **abl**（用户输入文本）、切换按钮 ⇄（多个按钮之间切换）和图像按钮 ⊠（用于输入图像），但是没有分组按钮。除此之外，还可以单击 ActiveX 控件中最后一个【其他控件】 ▮ᵢ，从中选择更多的选项，如下图所示。

下面通过一个实例介绍如何在工作表中加入 ActiveX 控件。

第1步 创建一个空白工作簿，选择【开发工具】下的【插入】按钮 ▦，在弹出的 ActiveX 控件工具中单击"组合框"控件，如下图所示。

第2步 拖曳鼠标在工作表中添加控件，如下图所示。注意此时【开发工具】选项卡中的【设计模式】是选中的。

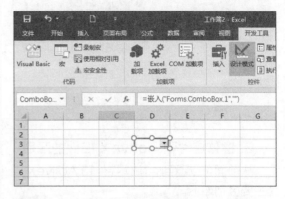

第3步 在"组合框"上单击右键，弹出快捷菜单，选择【属性】选项，如下图所示。

第4步 在【属性】对话框中把"LinkedCell"属性后的值设为"B1"、"ListFillRange"属性后的值设为"A1:A7"，如下图所示。

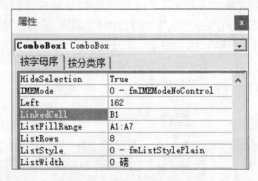

第5步 单击【开发工具】选项卡中的【设计模式】按钮，退出设计模式。

至此，ActiveX 控件已经在工作表中设计完成。如果要使用非常简单，只需单击组合框右侧的下拉箭头，选择所需项目即可。本例事先在"A1:A7"中录入"星期一"到"星期日",如下图所示。

	A	B	C	D	E
1	星期一	星期二			
2	星期二				
3	星期三			星期二 ▼	
4	星期四			星期一	
5	星期五			星期二	
6	星期六			星期三	
7	星期日			星期四	
8				星期五	
9				星期六	
10				星期日	

3. 窗体控件和 ActiveX 控件的区别

从前面可以看到,窗体控件和 ActiveX 控件中很多是一样的,那么两者之间有什么不同呢?其主要区别如下。

(1) 窗体控件只能在工作表中使用,而 ActiveX 控件除了可以在工作表中使用以外,在后面将介绍的用户窗体中也可以使用。

(2) 窗体控件通过设置控件的格式或指定宏来使用,ActiveX 控件拥有很多属性和事件,需要在 VBE 环境中编码使用。

(3) 窗体控件通常不需要编写任何代码即可工作,而 Activex 控件则需要配合 VBA 代码才能工作。

如果是以编辑数据为目的,一般使用窗体控件即可,但如果在编辑数据的同时还要进行其他操作,则使用 ActiveX 控件会更加灵活。

15.2.2 用户窗体控件

用户窗体中的控件与 ActiveX 控件在功能上是完全相同的,15.2.1 小节已经提到,窗体本身也是一种特殊的控件,窗体和控件都具有属性,可以通过编码对用户的事件做出相应的操作。这些控件在进入 VBA 编辑环境后,选择菜单【插入】下的【用户窗体】命令,就会弹出一个空白的"UserForm1"窗体,同时"控件工具箱"也会弹出,如下图所示。

通过这些控件可以强化窗体的功能。默认的控件有 14 个。

1. 标签

标签的英文名称是 Label,用代码引用该控件时也使用 Lable。它在工具箱中的图标为 **A**。

在窗体中添加标签时,默认名称和默认 Caption 都是"Lable1",添加第二个时默认名和默认 Caption 都是"Lable2",可以在代码中以该名称来引用控件。

标签用于在窗体中添加说明性的文本,且该文本在窗体执行阶段是不可修改的,通常由开发者指定标签内容,在特殊情况下也可以根据运行条件自动选择显示的文本内容。

2. 文字框

文字框的英文名称是 TextBox,它在工具箱中的图标为 **abl**。

在窗体中添加文字框时,默认名称是"TextBox1",添加第二个时,默认名是"TextBox2",用户可以随时修改其名称。

文字框的用途是运行窗体时让用户输入文字或者数值。

3. 复合框

复合框（也称组合框）的英文名称是 ComboBox，它在工具箱中的图标为 🔲 。

复合框可以画出列表框与文本框的组合。用户可以从列表中选出一个项目或者在一个文本框中输入值。

4. 列表框

列表框的英文名称是 ListBox，它在工具箱中的图标为 🔲 。

列表框用来显示用户可以选择的项目列表。如果不能一次显示全部项目，可以滚动其滚动条来显示其他项目，也可以通过代码让列表框改变高度来适应列表项目的数量。

5. 复选框

复选框的英文名称是 CheckBox，它在工具箱中的图标为 ☑ 。

复选框用于创建一个方框，让用户容易地选择以指示出某些事物是真或假。

6. 单选框

单选框的英文名称是 OptionButton，它在工具箱中的图标为 ⊙ 。

单选框用于显示多重选择，但用户只能从中选择一个项目。

7. 切换按钮

切换按钮的英文名称是 ToggleButton，它在工具箱中的图标为 ⇄ 。

切换按钮用于创建一个切换开关的按钮，可以在按下和凸起时分别执行不同过程。

8. 分组框

分组框（也称框架）的英文名称是 Frame，它在工具箱中的图标为 🔲 。

分组框用于创建一个图形或控件的功能组，将窗体中的其他控件分组，特别是有单选框时，分组框用于创建多个单选项。

9. 命令按钮

命令按钮的英文名称是 Command Button，它在工具箱中的图标为 ⤶ 。

命令按钮的用途是用户单击时可以执行一个或者多个任务。它的显示字符 Caption 在窗体执行阶段不可以修改。

10. TabStrip 控件

它在工具箱中的图标为 ⤶ ，类似于"多页控件"，但它不能作为其他控件的容器，没有"多页控件"使用方便。

11. 多页控件

多页控件的英文名称是 MultiPage，它在工具箱中的图标为 ⤶ 。

多页控件类似于分组框，可以将内有某种联系的控件单独作为一组显示。区别是多个分组框可以同时显示，而多页控件一次只能显示一页。它的功能与 TabStrip 控件相近。

12. 滚动条控件

滚动条的英文名称是 ScrollBar，它在工具箱中的图标为 🔲 。

滚动条提供在长列表项目或大量信息中快速浏览的图形工具，以比例方式指示出当前位置，或者作为一个输入设备，成为速度或者数量的指示器。通常用它替代数字输入。它的功能与旋转按钮相近。

13. 旋转按钮控件

旋转按钮的图标为 ♦ 。它的英文名称为 SpinButton，它包含两个箭头，一个用于增加数值，一个用于减少数值，通常将旋转按钮与文本框或标签组合使用来改变其中的数值。

14. 图像

图像的英文名称是 Image，它在工具箱中的图标为 🖼 。

图像控件用于在窗体上显示位图、图标，不能显示动画。通常用它进行装饰，可以设置背景。

除默认控件外，用户还可以调用附加控件以强化窗体的功能。事实上很多有用的控件并没有在工具箱中罗列出来，需要用户手工调用。

15.3 用户窗体控件的使用

由于用户窗体及控件在实际 VBA 的使用中应用较多，下面重点介绍在用户窗体中加入控件的方法，以及属性设置及事件的编写。

首先看一下如何向用户窗体中添加控件。

15.3.1 在用户窗体中添加控件

如果要向用户窗体中添加控件，可以使用下面 3 种方法之一。

(1) 单击工具箱中要使用的控件，然后单击用户窗体内部，将自动按照默认大小绘制所选择的控件。

(2) 单击工具箱中要使用的控件，然后在用户窗体中通过鼠标绘制指定大小的控件。

(3) 双击工具箱中要使用的控件，进入锁定模式，然后在用户窗体中连续添加相同类型的控件。单击工具箱中要锁定的控件，退出锁定模式。

15.3.2 调整窗体控件位置与大小

控件插入窗体中后，根据需要会对其大小与位置进调整。调整大小时可以用鼠标选择该控件，并用鼠标右键按住其四周的 9 个控件点之一向任意方向拖动，直到合适大小为止。

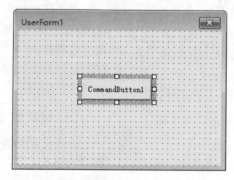

对按钮和标签这类控件，还可以通过菜单【格式】下的【正好容纳】来使大小刚好与显示的文字宽度与高度一致。

如果要使多个控件具有相同的宽度和高度，可以按住【Shift】或者【Ctrl】键，分别单击选中这些控件后，使用【格式】下的【统一尺寸】。

调整位置也和调整大小一样，可以分手工拖动和菜单工具两种方式。

(1) 手工调整位置即选择对象后随意拖动。

(2) 菜单调整方式没有手工调整的任意性，却可以使控件按一定的方式对齐。例如【格式】菜单中子菜单【水平间距】【垂直间距】【窗体内居中】【排列按钮】等，读者可以逐个测试其对齐效果。

15.3.3 设置控件的顺序

当在用户窗体中按下【Tab】键时，可以依次将焦点定位到用户窗体中的每一个控件上，通过设置控件的【Tab】键顺序，可以决定按下【Tab】键时焦点的移动顺序，还可以设置用户窗体启动时焦点最初落在哪个控件上。

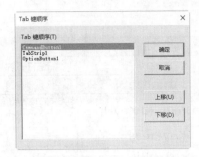

第1步 执行菜单【视图】下的【Tab 键顺序】命令，如下图所示。

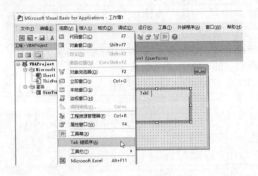

第2步 弹出【Tab 键顺序】对话框，其中按顺序从上到下显示了控件的 Tab 键顺序，如果要移动其中某个控件的顺序，可以选中它，然后通过"上移"或者"下移"按键来调整【Tab 键顺序】。

当多个控件重叠时，也可以调置其顺序。例如窗体中有一个按钮和一个图像控件，如果先插入按钮，后插入图像控件，那么图像控件会覆盖按钮。如果需要将按钮移至图像控件之上，可以选择图像控件，然后选择菜单【格式】➤【顺序】➤【移至底层】命令。

当有超过两个控件重叠时，也可以对某个控件进行"上移一层"或者"下移一层"操作，菜单中有相应的功能按钮。

15.3.4 编写窗体和控件的事件代码

设计好的用户窗体可以实现与用户交互，例如窗体上有许多按钮，当用户单击按钮时会执行某些操作。这实际上是触发了事件，而编程人员事先为这些事件编写了代码，以响应事件。窗体和控件添加完成后，接下来的主要任务就是为窗体或者控件加入必要的事件代码，以便用户在进行交互时可以自动运行这些代码。

1. 用户窗体事件

用户窗体包含了大量的事件，允许用户与窗体之间进行交互，不过要实现编写这些代码，如果没有编写事件对应的代码，当窗体事件发生时用户窗体不会有任何反应。下表给出了用户窗体常用的事件。

事件	触发条件
Activate	激活用户窗体时
AddControl	当将控件插入到窗体、框架或多页控件中的一个页面中时
AfterUpdate	在通过用户界面更改了控件中的数据后
BeforeDragOver	当拖放操作正在进行时
BeforeDropOrPaste	当用户即将在一个对象上放置或粘贴数据时
BeforeUpdate	控件中的数据被改变之前
Change	当 Value 属性改变时
Click	用鼠标单击控件时；用户最终在几种可能的值中为控件选择一个值时
DblClick	当用户指向一个对象并双击鼠标时
Deactivate	用户窗体失去焦点，即处于非活动状态时
DropButtonClick	每当下拉列表出现或消失时
Enter、Exit	一个控件从同一窗体的另一个控件实际接收到焦点之前，Enter 发生。同一窗体中的一个控件即将把焦点转移到另一个控件之前，Exit 发生

事件	触发条件
Error	当控件检测到一个错误，并且不能将该错误信息返回调用程序时
Initialize	用户窗体初始化时
KeyDown 和 KeyUp	按下和释放某键时这两个事件依次发生。按下键时发生 KeyDown，释放键时发生 KeyUp
KeyPress	当用户按下一个 ANSII 键时
Layout	当一个窗体、框架或多页改变大小时
MouseDown 和 MouseUp	用户单击鼠标按键时。用户按下鼠标按键时发生 MouseDown，用户释放鼠标按键时发生 MouseUp
MouseMove	用户移动鼠标时
QueryClose	关闭用户窗体时
RemoveControl	当从容器中删除一个控件时
Scroll	重新定位滚动块时
SpinDown 和 SpinUp	用户单击数值调节钮的向下或向左键时发生 SpinDown，用户单击数值调节钮的向上或向右键时发生 SpinUp
Zoom	当 Zoom 属性的值改变时

下面通过一个实例看一下窗体事件代码的编写。

许多程序在启动之前有一个欢迎界面，然后若干事件后，欢迎画面消失，显示主画面。下面的实例在打开工作簿的时候自动显示一个欢迎画面，5 秒后欢迎画面消失，进入登录界面。具体步骤如下。

第1步 新建一个工作簿，打开 VBE 编辑环境。选择菜单【插入】下的【用户窗体】菜单命令，插入一个用户窗体，如下图所示。

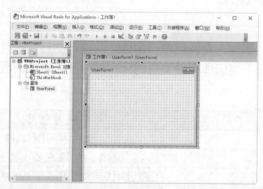

第2步 在窗体上插入两个标签控件、两个文本框控件和一个按钮，分别设置其属性如下表所示。

对象	属性	属性值
窗体 1	Name	UserForm1
	Caption	登录界面
标签 1	Name	Label1
	AutoSize	True
	Caption	用户名:
标签 2	Name	Label2
	AutoSize	True
	Caption	密码:
文本框 1	Name	TextBox1

续表

对象	属性	属性值
文本框 2	Name	TextBox2
	Password Char	*
按钮 1	Name	Command Button1
	Caption	登录
按钮 2		Command Button2
		取消

登录界面如下图所示。

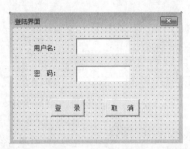

第3步 选择菜单【插入】下的【用户窗体】命令，插入第 2 个窗体，然后在上面添加一个标签控件，并设置属性如下表所示。

对象	属性	属性值
窗体 1	Name	UserForm1
	Caption	
	Picture	Logo.jpg
标签	Name	Label1
	Caption	欢迎使用本软件！
	Font	宋体
	Forecolor	蓝色

欢迎界面如下图所示。

第4步 所有窗体和控件添加完成后，即可添加触发事件的 VBA 代码。首先鼠标双击左侧 ThisWorkbook 模块，在代码编辑器中添加代码，代码如下。

```
Private Sub Workbook_Open()
    UserForm2.Show
End Sub
```

第5步 双击欢迎界面窗体，打开该窗体的代码窗口，从右上方的下拉列表中选择 Activate 事件，

279

然后在其中编写如下代码。

```
Private Sub UserForm_Activate()
    Application.OnTime Now +
TimeValue("00:00:05"), "ChangeForm"
End Sub
```

第6步 插入一个模块，在其中编写"ChangeForm"过程。

```
Sub ChangeForm()
    Unload UserForm2
    UserForm1.Show
End Sub
```

至此制作完成。运行程序，可以看到欢迎界面显示 5 秒后，自动消失，出现登录界面。

2. 窗体控件事件

除了用户窗体包含事件过程外，用户窗体上的每一个控件也可以包含大量的事件，这些事件也是由用户对控件的操作触发对应事件。

窗体中的任何控件都自己专用事件，但大部分事件窗体的事件在语法上一致。

下面通过一个实例介绍窗体上添加的控件事件代码编辑的方法：继续完善前面的实例，为窗体上的【登录】和【取消】两个按钮添加事件响应代码。

本实例是在上面的实例基础上完善，因此前面步骤不再重述，只是继续下面步骤。

第1步 双击【登录】按钮，在该按钮的 Click 事件过程中输入下面代码（如果是其他事件，可以按照前面介绍的方法，选择其他事件过程）。

```
Private Sub CommandButton1_Click()
    Dim sName As String
    Dim sPwd As String
    Static iCount As Integer
    sName = TextBox1.Text
    sPwd = TextBox2.Text
    If sName = "admin" And sPwd = "123456" Then
        MsgBox "欢迎您使用本系统！"
        Unload Me
        Application.Visible = True
    Else
```

```
        MsgBox "用户名或者密码不对，请重新输入"
        iCount = iCount + 1
        TextBox1.Text = ""
        TextBox2.Text = ""
        TextBox1.SetFocus
        If iCount = 3 Then
            MsgBox "对不起，你已经尝试多次，登录失败！"
            Application.Quit
        End If
    End If
End Sub
```

程序通过条件语句判断用户输入是否正确，本实例设定用户名为"admin"，口令是"123456"，如果用户名和口令正确，则提示"欢迎您使用本系统！"，并关闭登录窗口，进入 Excel 界面，否则，提示"用户名或者密码不对，请重新输入"，并且设置一个计数器，记录用户登录次数，超过 3 次后，直接退出 Excel。

第2步 单击【取消】按钮，在该按钮的 Click 事件过程中输入下面代码。

```
01  Private Sub CommandButton2_Click()
02      Application.Quit
03  End Sub
```

程序直接退出 Excel。

全部设计好后，可以测试登录窗口的功能。当用户名输入正确，将会弹出一个提示框上显示"欢迎您使用本系统！"。

> **提示** 当用户名或者口令错误时，会提示错误信息。

15.3.5 设计一张调查问卷

前面已经介绍过窗体和控件，灵活使用这些控件可以实现与用户交互。下面通过一个具体实例加深对窗体和控件的使用。

第1步 打开"素材\ch15\调查问卷.xlsx"文件，效果如下图所示。

第2步 添加调查表第一部分"你的性别"，绘制两个【选项按钮】控件，依次更改名称为"男""女"。

第3步 在"男"选项按钮上右击，选择【设置控件格式】选项，在【设置控件格式】对话框中设置【单元格链接】为"$H$4"。使用同样的方法设置"女"选项按钮。

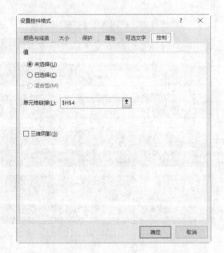

第4步 添加调查表第二部分"你的年级"，绘制【组合框】控件，调整至合适的位置并右键

单击，选择【设置控件格式】选项。

第5步 打开【设置控件格式】对话，并设置控件格式如下图所示。

第6步 使用同样的方法，设置第3部分"你的院系"，如下图所示。

第7步 添加调查表第 4 部分"最喜欢的课程"，绘制 6 个复选按钮，将其【单元格链接】依次链接至 H7~H12 单元格。

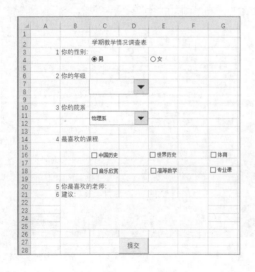

第8步 添加调查表第 5 部分，合并部分单元格，如下图所示。

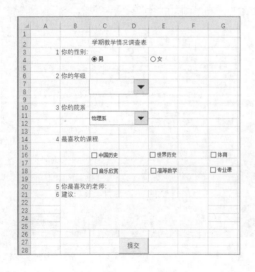

第9步 添加一个 ActiveX 中的【按钮】控件，将其名称更改为"提交"，如下图所示。

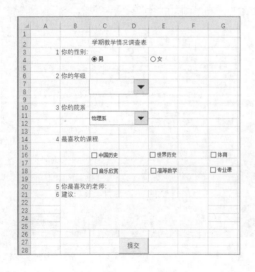

第10步 为按钮编辑事件代码，如下图所示。

```
Private Sub CommandButton1_Click()
    Dim xrow As Integer
    With Worksheets("反馈结果")
        xrow = .[A1].CurrentRegion.Rows.Count
+ 1    '取第一条空行行号
        .Cells(xrow, "A").Value = .Cells(xrow − 1,
"A").Value + 1    '为序号自动加 1
        .Cells(xrow, "B").Resize(1, 10).Value =
Application.WorksheetFunction.Transpose([H4:H13].
Value)
        .Cells(xrow, "K").Value = [D20].Value
        .Cells(xrow, "L").Value = [B22].Value
        Union([D20,E20], [B22:F25], [H4:H13]).
ClearContents
        MsgBox "谢谢你参与调查！"

    End With
End Sub
```

提示 上面的程序实现了在"调查表"中录入内容，然后数据存储到"反馈结果"中，代码首先判断"反馈结果"表中第一行空行，然后把"调查表"中各个录入的数据按照位置放入"反馈结果"表中定义的位置。

第11步 回到"调查表"，对表格进行简单的美化并填入数据，单击【提交】按钮。

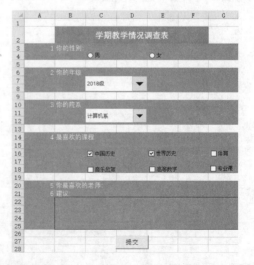

第12步 即实现了所要求的功能。弹出如下图所示对话框。

高手私房菜

技巧 1：将光标重新定位在文本框中

在用文本框向工作表录入数据时，需要验证输入的数据是否正确，如果错误则会清空文本框内容，提示用户重新输入。如在"人事信息管理系统"中输入身份证号，如果身份证号不是 15 位或 18 位，会提示用户重新输入，但此时光标已经不在文本框中，需要重新选择文本框才能输入，此时可以在 Exit 事件中设置 Cancel 参数值使光标停留在当前文本框中。

Exit 事件在一个控件从同一窗体的另一个控件实际接收到焦点之前发生，语法如下：

```
Private Sub object_Exit( ByVal Cancel As MSForms.ReturnBoolean)
```

Cancel 参数为事件状态。False 表示由该控件处理这个事件（这是默认方式）。True 表示由应用程序处理这个事件，并且焦点应当留在当前控件上。

使用 Exit 事件将光标重新定位在文本框中的代码如下。

```
Private Sub TextBox1_Exit(ByVal Cancel As MSForms.ReturnBoolean)
    With TextBox1
        If .Text <> "" And Len(Trim(.Text)) <> 15 And Len(Trim(.Text)) <> 18 Then
            .Text = ""
            MsgBox "身份证号码录入错误！"
            Cancel = True
        End If
    End With
End Sub
```

文本框的 Exit 事件，可以达到在输入身份证号码后，但未单击录入按钮控件之前检查输入的身份证号码是否正确的目的。使用 Len 函数和 Trim 函数检查输入的身份证号码是否为 15 位或 18 位。在 Exit 事件中，之所以把文本框为空也作为通过验证的条件之一，是因为如果不加上"TextBox1. Text <> """这一条件，那么在窗体显示后，如果用户取消输入或关闭输入窗体，也会提示输入错误。所以在录入到工作表之前再验证文本框是否为空，如下面的代码所示。

```
Private Sub CommandButton1_Click()
    With TextBox1
        If .Text <> "" Then        // 在输入到工作表前检查文本框是否为空
            Sheet1.Range("a65536").End(xlUp).Offset(1, 0) = .Text
            .Text = ""     // 如果文本框不为空，录入数据到工作表并清空文本框内容
        Else
```

```
        MsgBox "请输入身份证号码!"     // 如果文本框为空，提示用户输入数据
    End If
        .SetFocus      // 使用 SetFocus 方法将光标返回到文本框中以便重新输入
End With
End Sub
```

技巧 2：禁用用户窗体中的【关闭】按钮

在前面介绍关闭窗体的时候，可以单击窗体上的【关闭】按钮，但有时希望禁用这个功能，这样可以防止用户窗体被意外关闭。要实现这个功能，先看用户单击窗体右上角的【关闭】按钮时，发生了什么。这时系统会触发窗体的 UserForm_QueryClose 事件，该事件有一个参数 CloseMode，用于判断引起 QueryClose 事件发生的原因，下表是该参数的几种取值。

常量	数值	参数说明
vbFormControlMenu	0	单击用户窗体右上角的【关闭】按钮关闭用户窗体
vbFormCode	1	使用 Unload 语句从内存中卸载用户窗体
vbAppWindows	2	正在关闭 Windows 操作系统
vbAppTaskManager	3	使用 Windows 任务管理器关闭应用程序

从上表看到，可以在 UserForm_QueryClose 事件中编写特定代码，判断 closeMode 参数是 vbFormControlMenu 的情况，来禁止用户通过单击右上角的【关闭】按钮关闭用户窗体。

下面的代码就实现该功能。

```
Private sub userForm_QueryClose(Cancer As Integer, CloseMode As Integer)
    If  CloseMode = vbFormControlMenu then
        Msgbox "不能使用右上角的【关闭】按钮关闭用户窗体"
        Cancel = True
    End if
End sub
```

其中将 Cancel 参数设置为 True，即表示禁止关闭用户窗体。

第六篇

高手秘籍篇

第16章

Excel 的协同办公

⊃ 高手指引

本章主要介绍 Excel 2019 和其他 Office 组件之间的协作，以及共享和保护 Excel 工作簿等操作，可达到提高效率的目的。

⊃ 重点导读

- 掌握不同文档间的协同
- 掌握 Excel 的网络协同
- 掌握保护 Excel 工作簿

16.1 不同文档间的协同

Excel 可以与 Word、PowerPoint 协作，如在 Excel 中调用 Word 文档、PowerPoint 演示文稿，也可以在 Word 或 PowerPoint 中插入 Excel 表格。

16.1.1 Excel 与 Word 的协同

在使用比较频繁的办公软件中，Excel 可以与 Word 文档实现资源共享和相互调用，从而达到提高工作效率的目的。

1. 在 Excel 中调用 Word 文档

在 Excel 工作表中，可以通过调用 Word 文档来实现资源的共用，以避免在不同软件之间来回切换，从而大大减少工作量。

第1步 新建一个工作簿，单击【插入】选项卡下【文本】选项组中的【对象】按钮，弹出【对象】对话框，选择【由文件创建】选项卡，单击【浏览】按钮。

第2步 弹出【浏览】对话框，选择"素材 \ch16\考勤管理工作标准 .docx"文件，单击【插入】按钮。

第3步 返回【对象】对话框，单击【确定】按钮。

第4步 在 Excel 中调用 Word 文档后的效果如下图所示。双击插入的 Word 文档，即可显示 Word 功能区，便于编辑插入的文档。

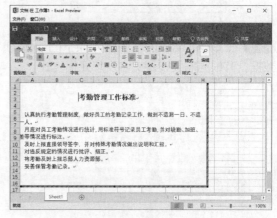

2. 在 Word 中插入 Excel 工作表

当制作的 Word 文档涉及报表时，可以直接在 Word 中创建 Excel 工作表，这样不仅可以使文档的内容更加清晰、表达的意思更加完整，而且可以节约时间，其具体的操作步骤如下。

第1步 打开"素材 \ch16\ 创建 Excel 工作表 .docx"文件，将鼠标光标定位至需要插入表格的位置，单击【插入】选项卡下【表格】选项组中的【表格】按钮，在弹出的下拉列表中选择【Excel 电子表格】选项。

第2步 返回 Word 文档，即可看到插入的 Excel 电子表格，双击插入的电子表格即可进入工作表的编辑状态。

第3步 在 Excel 电子表格中输入如下图所示的数据，并根据需要设置文字及单元格样式。

第4步 选择单元格区域 A2:E6，单击【插入】选项卡下【图表】组中的【插入柱形图】按钮，在弹出的下拉列表中选择【簇状柱形图】选项。

第5步 在图表中插入下图所示的柱形图，将鼠标指针放置在图表上，当鼠标指针变为 形状时，按住鼠标左键，拖曳图表区到合适位置，并根据需要调整表格的大小。

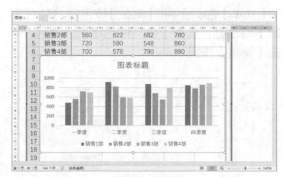

第6步 在图表区【图表标题】文本框中输入"各分部销售业绩"，并设置【字体】为"华文楷体"、【字号】为"14"，单击 Word 文档的空白位置，结束表格的编辑状态，效果如下图所示。

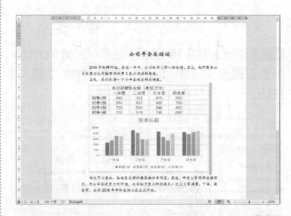

16.1.2 Excel 与 PowerPoint 的协同

Excel 的数据图表化，PPT 的多媒体一体化，两者的协同，使得在处理数据分析时更加生动、更加清晰。

1. 在 Excel 中调用 PowerPoint 演示文稿

在 Excel 中调用 PowerPoint 演示文稿，可以节省软件之间来回切换的时间，使用户在使用工作表时更加方便。具体的操作步骤如下。

第1步 新建一个 Excel 工作表，单击【插入】选项卡下【文本】选项组中【对象】按钮。

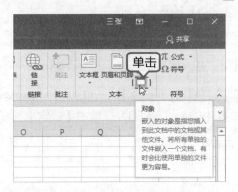

第2步 弹出【对象】对话框，选择【由文件创建】选项卡，单击【浏览】按钮，在打开的【浏览】对话框中选择将要插入的 PowerPoint 演示文稿，此处选择 "素材 \ch16\ 统计报告 .pptx" 文件，然后单击【插入】按钮，返回【对象】对话框，单击【确定】按钮。

第3步 此时就在文档中插入了所选的演示文稿。插入 PowerPoint 演示文稿后，还可以调整演示文稿的位置和大小。

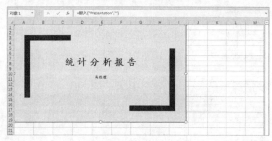

第4步 双击插入的演示文稿，即可播放插入的演示文稿。

2. 在 PowerPoint 中插入 Excel 工作表

用户可以将 Excel 中制作完成的工作表调用到 PowerPoint 演示文稿中进行放映，这样可以为讲解省去许多麻烦。具体的操作步骤如下。

第1步 打开 "素材 \ch16\ 调用 Excel 工作表.pptx"文件，选择第2张幻灯片，然后单击【新建幻灯片】按钮，在弹出的下拉列表中选择【仅标题】选项。

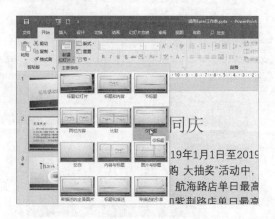

第2步 新建一张标题幻灯片，在【单击此处添加标题】文本框中输入"各店销售情况"。

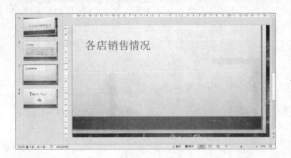

第3步 单击【插入】选项卡下【文本】组中的【对象】按钮 □，弹出【插入对象】对话框，单击选中【由文件创建】单选项，然后单击【浏览】按钮。

第4步 在弹出的【浏览】对话框中选择"素材\ch16\销售情况表.xlsx"文件，然后单击【确定】按钮，返回【插入对象】对话框，单击【确定】按钮。

第5步 此时就在演示文稿中插入了Excel表格。双击表格，进入Excel工作表的编辑状态，调整表格的大小。

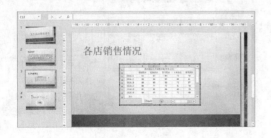

第6步 单击B9单元格，单击编辑栏中的【插入函数】按钮，弹出【插入函数】对话框，在【选择函数】列表框中选择【SUM】函数，单击【确定】按钮。

第7步 弹出【函数参数】对话框，在【Number1】文本框中输入"B3:B8"，单击【确定】按钮。

第8步 此时就在B9单元格中计算出了总销售额。填充C9:F8单元格区域，计算出各店总销售额。

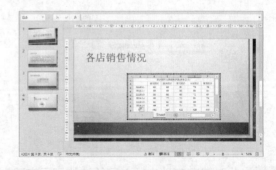

第9步 选择单元格区域A2:F8，单击【插入】选项卡下【图表】组中的【插入柱形图】按钮，在弹出的下拉列表中选择【簇状柱形图】选项。

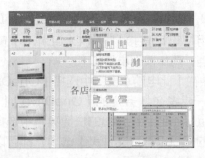

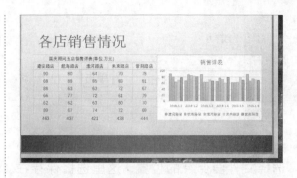

第10步 插入柱形图后，设置图表的位置和大小，并根据需要美化图表。最终效果如下图所示。

16.2 Excel 的网络协同

用户可以将 Excel 文档存放在网络或其他存储设备中，以便更方便地查看和编辑 Excel 表格；还可以跨平台、跨设备与其他人协作。

16.2.1 保存到云端 OneDrive

云端 OneDrive 是由 Microsoft 公司推出的一项云存储服务，用户可以通过自己的 Microsoft 账户进行登录，并上载自己的图片、文档等到 OneDrive 中进行存储。无论身在何处，用户都可以访问 OneDrive 上的所有内容。

1. 将文档另存至云端 OneDrive

将 Excel 2019 文档保存到云端 OneDrive 的具体操作步骤如下。

第1步 打开要保存到云端的文件。单击【文件】选项卡，在打开的列表中选择【另存为】选项，在【另存为】区域选择【OneDrive】选项，单击【登录】按钮。

第2步 弹出【登录】对话框，输入与 Office 一起使用的账户的电子邮箱地址，单击【下一步】按钮，根据提示登录。

第3步 登录成功后，在 PowerPoint 的右上角显示登录的账号名，在【另存为】区域单击【OneDrive - 个人】选项。

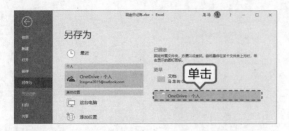

第4步 弹出【另存为】对话框，在对话框中选择文件要保存的位置，这里选择保存在OneDrive的【文档】目录下，单击【保存】按钮。

第5步 返回Excel界面，在界面下方显示"正在上载到OneDrive"提示。上载完毕后即可将文档保存到OneDrive中。

第6步 打开计算机上的OneDrive文件夹，即可看到保存的文件。

2. 在计算机中将文档上传至OneDrive

用户可以直接打开【OneDrive】窗口上传文档，具体操作步骤如下。

第1步 在【此电脑】窗口中选择【OneDrive】选项，或者在任务栏的【OneDrive】图标上单击鼠标右键，在弹出的快捷菜单中选择【打开你的OneDrive文件夹】选项，都可以打开【OneDrive】窗口。

第2步 选择要上载的文件，将其复制并粘贴至【OneDrive】文件夹或者直接拖曳文件至【文档】文件夹中。

第3步 即可上载到OneDrive，如下图所示。

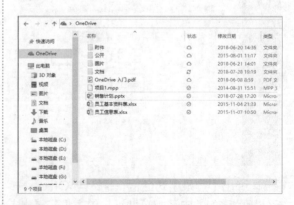

第4步 在任务栏单击【OneDirve】图标，即可打开OneDrive窗口查看使用记录。

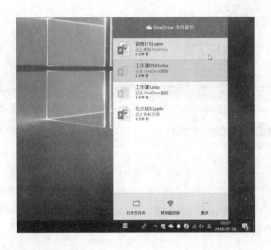

16.2.2 共享 Excel 文档

Excel 2019 提供了多种共享方式，包括与人共享、电子邮件等，下面就以与人共享的方式来简单介绍共享 Office 文档。

第1步 打开要共享的文档，单击【文件】下的【共享】选项，即可看到右侧的共享方式。

查看，然后单击【共享】按钮。

第2步 先将文档保存至 OneDrive 中，单击【与人共享】下的【与人共享】按钮。

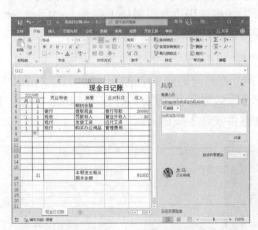

第4步 共享邀请成功后，即可看到共享人员信息以及查看权限，单击【获取共享链接】链接。

第3步 在文档界面右侧弹出的【共享】窗格中，输入要共享的人员，并设置共享权限，如编辑、

第5步 单击【创建编辑链接】按钮。

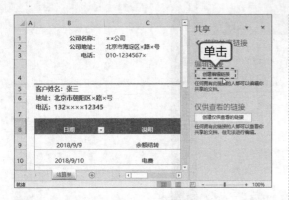

第6步 单击【编辑链接】后的复制按钮复制链接，将链接发给其他人后，拥有此链接的人都可以编辑共享的文档。

> **提示** 单击【创建仅供查看的链接】按钮，可以显示仅有查看权限的链接。

16.2.3 使用邮件发送

Excel 2019 可以通过发送到电子邮件的方式进行共享，发送到电子邮件主要有【作为附件发送】【发送链接】【以 PDF 形式发送】【以 XPS 形式发送】和【以 Internet 传真形式发送】5 种形式，其中如果使用【发送链接】形式，必须将 Excel 工作簿保存到 OneDrive 中。本节主要介绍以附件形式进行邮件发送的方法。

第1步 打开要发送的工作簿，单击【文件】选项卡，在打开的列表中选择【共享】选项，在【共享】区域选择【电子邮件】选项，然后单击【作为附件发送】按钮。

第2步 系统将自动打开计算机中的邮件客户端，在界面中可以看到添加的附件，在【收件人】文本框中输入收件人的邮箱，单击【发送】按钮即可将文档作为附件发送。

16.2.4 使用云盘同步重要数据

随着云技术的快速发展，各种云盘也相继涌现，它们不仅功能强大，而且具备了很好的用户体验。上载、分享和下载是各类云盘最主要的功能，用户可以将重要数据文件上载到云盘空间，可以将其分享给其他人，也可以在不同的客户端下载云盘空间上的数据，从而方便不同用户、不同客户端进行直接交互。下面介绍百度云盘如何上载、分享和下载文件。

第1步 下载并安装【百度云管家】客户端后，在【此电脑】中双击【百度云管家】图标，打开该软件。

> **提示** 云盘软件一般均提供网页版，但是为了有更好的功能体验，建议安装客户端版。

第2步 打开百度云管家客户端，在【我的网盘】界面中，用户可以新建目录，也可以直接上载文件，如这里单击【新建文件夹】按钮，新建一个分类的目录，并命名为"重要数据"。

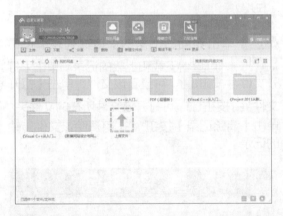

第3步 打开"重要数据"文件夹，选择要上载的重要资料，拖曳到客户端界面上。

> **提示** 用户也可以单击【上传】按钮，通过选择路径的方式上载资料。

第4步 此时，资料即会上载至云盘中，如下图所示。

第5步 上载完毕后，当将鼠标移动到要分享的文件后面时，就会出现【创建分享】标志 。

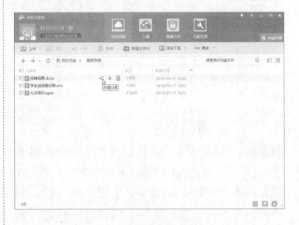

> **提示** 也可以先选择要分享的文件或文件夹，单击菜单栏中的【分享】按钮。

第6步 单击该标志，可显示分享的公开分享、私密分享和发给好友 3 种方式。如果创建公开分享，该文件则会显示在分享主页，其他人都可下载。如果创建私密分享，系统会自动为每个分享链接生成一个提取密码，只有获取密码的人才能通过链接查看并下载私密共享的文件。如果发给好友，选择好友并发送即可。这里单击【私密分享】选项卡下的【创建私密链接】按钮。

第7步 可看到生成的链接和密码，单击【复制链接及密码】按钮，即可将复制的内容发送给好友进行查看。

第8步 在【我的云盘】界面，单击【分类查看】按钮□，并单击左侧弹出的分类菜单【我的分享】选项，弹出【我的分享】对话框。对话框中列出了当前分享的文件，带有█标识的，表示为私密分享文件，否则为公开分享文件。勾选分享的文件，然后单击【取消分享】按钮，即可取消分享的文件。

第9步 返回【我的网盘】界面，当将鼠标指针移动到列表文件后面时，会出现【下载】标志↓，单击该按钮，可将该文件下载到计算机中。

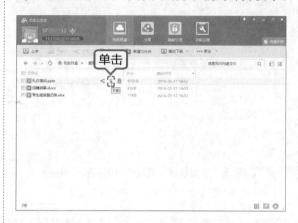

提示 单击【删除】按钮█，可将其从云盘中删除。另外，单击【设置】按钮▼，可在【设置】下的【传输】对话框中，设置文件下载的位置和任务数等。

第10步 单击界面右上角的【传输列表】按钮 █ 传输列表 ，可查看下载和上载的记录。单击【打开文件】按钮█，可查看该文件；单击【打开文件夹】按钮█，可打开该文件所在的文件夹；单击【清除记录】按钮█，可清除该文件传输的记录。

16.3 保护 Excel 工作簿

如果用户不希望制作好的 Excel 工作簿被别人看到或修改，可以将 Excel 工作簿保护起来。常用的保护 Excel 工作簿的方法有标记为最终状态、为工作簿设置密码、不允许在工作表中输入内容等。

16.3.1 标记为最终状态

"标记为最终状态"命令可将工作簿设置为只读，以防止审阅者或读者无意中更改工作簿。在将工作簿标记为最终状态后，键入、编辑命令以及校对标记都会禁用或关闭，工作簿的"状态"属性会设置为"最终"。标记为最终状态的具体操作步骤如下。

第1步 打开 "素材 \ch16\ 现金日记账 .xlsx"工作簿，单击【文件】选项卡，在打开的列表中选择【信息】选项，在【信息】区域单击【保护工作簿】按钮，在弹出的下拉菜单中选择【标记为最终状态】选项。

第2步 弹出【Microsoft Excel】对话框，提示"该工作簿将被标记为最终版本并保存"，单击【确定】按钮。

第3步 再次弹出【Microsoft Word】提示框，单击【确定】按钮。

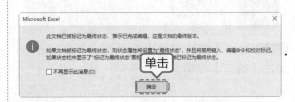

第4步 返回 Excel 页面，该工作簿即被标记为最终状态，以只读形式显示。

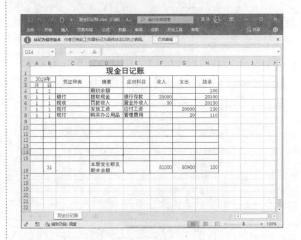

> **提示** 单击页面上方的【仍然编辑】按钮，可以对文档进行编辑。如果要取消标记为最终状态，单击【文件】选项卡，选择【信息】选项，在【信息】区域单击【保护工作簿】按钮，再次选择【标记为最终状态】选项即可。

16.3.2 为工作簿设置密码

在 Microsoft Office 中，可以使用密码阻止其他人打开或修改工作簿。用密码加密的具体操作步骤如下。

第1步 打开"素材 \ch16\ 现金日记账 .xlsx"工作簿，单击【文件】选项卡，在打开的列表中选择【信息】选项，在【信息】区域单击【保护工作簿】按钮，在弹出的下拉菜单中选择【用密码进行加密】选项。

第2步 弹出【加密文档】对话框，输入密码，单击【确定】按钮。

第3步 弹出【确认密码】对话框，再次输入密码，单击【确定】按钮。

第4步 此时就为工作簿添加了密码。在【信息】区域内显示已加密。

第5步 再次打开工作簿时，将弹出【密码】对

话框，输入密码后单击【确定】按钮。

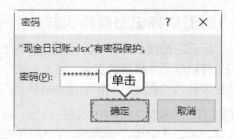

第6步 此时就打开了文档。

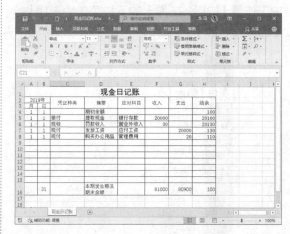

如果不需要保护则可以取消密码。取消密码的具体操作步骤如下。

第1步 单击【文件】选项卡，在打开的列表中选择【信息】选项，在【信息】区域单击【保护工作簿】按钮，在弹出的下拉菜单中选择【用密码进行加密】选项。

第2步 弹出【加密文档】对话框，删除设置的

密码，单击【确定】按钮。

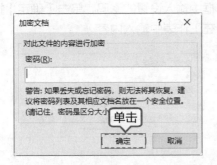

第3步 即可取消设置的密码。

16.3.3 不允许在工作表中输入内容

如果不希望他人在工作表中输入、修改或删除内容，可以设置保护工作表，具体操作步骤如下。

第1步 打开 "素材 \ch16\ 现金日记账 .xlsx" 工作簿，单击【文件】选项卡，在打开的列表中选择【信息】选项，在【信息】区域单击【保护工作簿】按钮，在弹出的下拉菜单中选择【保护当前工作表】选项。

提示 单击【审阅】选项卡下【保护】组中的【保护工作表】按钮，也可以打开【保护工作表】对话框。

第2步 弹出【保护工作表】对话框，在【取消工作表保护时使用的密码】文本框中输入密码。在下方选择要保护的选项，单击【确定】按钮。

第3步 弹出【确认密码】对话框，再次输入密码，单击【确定】按钮。

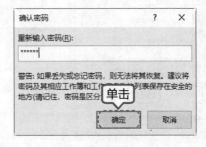

第4步 此时在工作表中输入内容时，将弹出【Microsoft Excel】提示框。

第5步 如果要取消保护，可以单击【审阅】选项卡下【保护】组中的【撤消工作表保护】按钮。

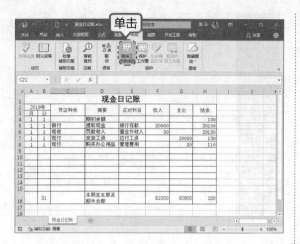

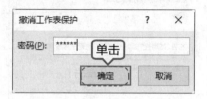

第6步 弹出【撤消工作表保护】对话框，在【密码】文本框中输入设置的密码，单击【确定】按钮，即可在工作表中输入内容。

16.3.4 不允许插入或删除工作表

在编辑工作簿时，如果不希望他人插入或删除工作表，可以通过保护工作簿设置，具体操作步骤如下。

第1步 打开 "素材 \ch16\ 现金日记账 .xlsx" 工作簿，单击【文件】选项卡，在打开的列表中选择【信息】选项，在【信息】区域单击【保护工作簿】按钮，在弹出的下拉菜单中选择【保护工作簿结构】选项。

> **提示** 单击【审阅】选项卡下【保护】组中的【保护工作表】按钮，也可以打开【保护工作簿】对话框。

第2步 弹出【保护结构和窗口】对话框，输入密码，单击【确定】按钮。

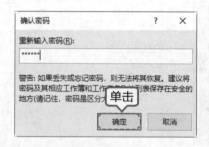

第3步 弹出【确认密码】对话框，再次输入密码，单击【确定】按钮。

第4步 此时在工作表标签上单击鼠标右键，即可看到【插入工作表】【删除工作表】等选项处于不可用状态。

第5步 如果要允许插入和删除工作表，可以单击【审阅】选项卡下【保护】组中的【保护工作簿】按钮。

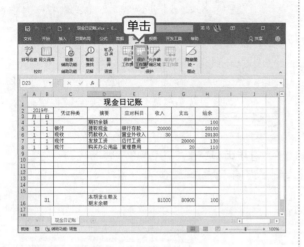

第6步 弹出【撤消工作簿保护】对话框，在【密码】文本框中输入设置的密码，单击【确定】按钮即可插入或删除工作表。

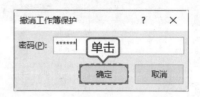

高手私房菜

技巧：创建 PDF 文件

除了通过上面的方法保护 Excel 工作簿外，还可以将 Excel 工作簿导出为 PDF 文件格式，防止他人修改。具体操作步骤如下。

第1步 打开 "素材 \ch16\ 现金日记账 .xlsx" 工作簿，单击【文件】选项卡，在打开的列表中选择【导出】选项，在【导出】区域选择【创建 PDF/XPS 文档】选项，在弹出的下拉菜单中单击【创建 PDF/XPS】按钮。

第2步 弹出【发布为 PDF 或 XPS】对话框，单击【选项】按钮。

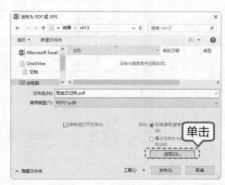

第3步 弹出【选项】对话框，根据需要设置发布内容，单击【确定】按钮。

第4步 返回【发布为 PDF 或 XPS】对话框，选择存储位置，单击【发布】按钮。

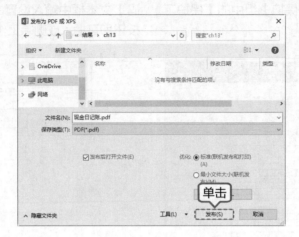

第5步 即可看到创建 PDF 文件后的效果如下图所示。

第 **17** 章

第 17 章

Excel **的移动办公**

⊃ 高手指引

　　使用智能手机、平板电脑等移动设备，可以随时随地进行办公，不仅方便快捷，而且不受地域限制。本章将介绍如何在手机上处理邮件、编辑 Excel 附件等操作。

⊃ 重点导读

- 了解移动办公概述
- 掌握如何第一时间收到客户邮件
- 掌握如何及时妥当地回复邮件
- 掌握邮件抄送
- 学会编辑 Excel 附件
- 学会使用手机高效地进行时间管理

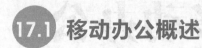 **移动办公概述**

"移动办公"也可以称作为"3A 办公",即任何时间(Anytime)、任何地点(Anywhere)和任何事情(Anything)地办公。移动办公使得工作更简单,更节省时间,只需要一部智能手机或者平板电脑就可以随时随地进行办公。

无论是智能手机,还是笔记本电脑或者平板电脑等,只要支持办公可使用的操作软件,均可以实现移动办公。

首先,了解一下移动办公的优势都有哪些。

1. 操作便利简单

移动办公不需要计算机,只需要一部智能手机或者平板电脑即可,便于携带,操作简单,也不用拘泥于办公室里,即使下班也可以方便地处理一些紧急事务。

2. 处理事务高效快捷

使用移动办公,办公人员无论是出差在外,还是正在上班的路上甚至是休假时间,都可以及时审批公文、浏览公告、处理个人事务等。这种办公模式将许多不可利用的时间有效利用起来,不知不觉中提高了工作效率。

3. 功能强大且灵活

由于移动信息产品发展得很快,以及移动通信网络的日益优化,所以很多要在计算机上处理的工作可以通过移动办公的手机终端来完成,移动办公的功能堪比计算机办公。同时,针对不同行业领域的业务需求,可以对移动办公进行专业的定制开发,可以灵活多变地根据自身需求自由设计移动办公的功能。

移动办公通过多种接入方式与企业的各种应用进行连接,将办公的范围无限扩大,真正地实现了移动办公模式。移动办公的优势是可以帮助企业提高员工的办事效率,还能帮助企

业从根本上降低营运的成本,进一步推动企业的发展。

能够实现移动办公的设备必须具有以下几点特征。

1. 完美的便捷性

移动办公设备如手机、平板电脑和笔记本(包括超级本)等均适合用于移动办公,由于设备较小,便于携带,可以打破空间的局限性,不用一直待在办公室里,在家里、在车上都可以办公。

2. 系统支持

要实现移动办公,必须具有办公软件所使用的操作系统,如 iOS 操作系统、Windows Mobile 操作系统、Linux 操作系统、Android 操作系统和 BlackBerry 操作系统等具有扩展功能的系统设备。现在流行的苹果手机、三星智能手机、iPad 平板电脑以及超级本等都可以实现移动办公。

3. 网络支持

很多工作需要在连接有网络的情况下进行,如将办公文件传递给朋友、同事或领导等,所以网络的支持必不可少。目前最常用的网络有 2G 网络、3G 网络及 WiFi 无线网络等。

第一时间收到客户邮件

在移动办公中,邮件是最常用的沟通工具,通过电子邮件可以发送文字信件,也可以以附件的形式发送文档、图片、声音等多种类型的文件,还可以接收并查看其他用户发送的邮件,本节以 QQ 为例介绍在手机中配置邮箱,以便用户第一时间收到客户邮件。

1. 添加邮箱账户

在手机中,用户可以添加多个邮箱账户,具体操作步骤如下。

第1步 下载QQ邮箱，并打开QQ邮箱，进入【添加账户】界面。选择要添加的邮箱类型，这里选择【QQ邮箱】选项。

第2步 进入【QQ邮箱】界面，单击【手机QQ授权登录】按钮，可以直接使用手机正在使用的QQ账户对应的邮箱。

提示 单击【账号密码登录】链接，可以使用其他的 QQ 账号和密码登录邮箱，如下图所示，输入账号和密码，单击【登录】按钮即可。

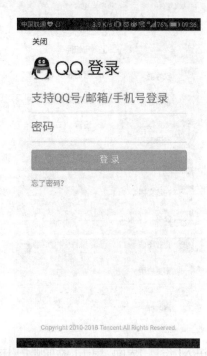

第3步 系统即可自动识别手机正在使用的 QQ账号和密码，单击【登录】按钮。

第4步 在弹出的界面中单击【完成】按钮，即

可进入邮箱主界面。如果要同时添加多个邮箱账户，可以单击邮箱主界面右上角的 ⋮ 按钮，在弹出的下拉列表中选择【设置】选项。

第5步 进入【设置】界面，单击【添加账户】按钮。

第6步 进入【添加账户】界面，选择要添加的账户类型，这里选择【Outlook】选项。

第7步 进入【Outlook】界面，输入 Outlook 的账户和密码，单击【登录】按钮。

第8步 登录成功后，可根据需要设置头像和昵称。设置完成后单击【完成】按钮。

第9步 即可同时登录两个不同类型的邮箱账户，实现对多个邮箱的同时管理。

2. 设置邮箱主账户

如果添加多个邮箱，默认情况下第一次添加的邮箱为主账户邮箱。用户也可以根据需要将其他邮箱设置为主账户邮箱。设置主账户邮

箱的具体操作步骤如下。

第1步 接着上面的内容继续操作。在【邮箱】界面中单击右上角的 ⋮ 按钮，在弹出的下拉列表中选择【设置】选项，进入【设置】界面，在要设置为主账户的邮箱上单击。

第2步 进入该账户邮箱界面，单击【设为主账户】按钮，即可将该账户设置为主账户。

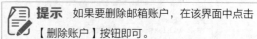
提示 如果要删除邮箱账户，在该界面中点击【删除账户】按钮即可。

17.3 及时妥当地回复邮件

邮箱配置成功后，就可以编辑并发送邮件。邮件的编辑和发送步骤简单，这里不再介绍。本节主要以 Outlook 邮箱为例，介绍当收到他人发送的邮件时，如何进行查看并回复邮件。其具体操作步骤如下。

第1步 进入【邮箱】界面后，可以看到在对应的邮箱账户后面，显示接收到的邮件数量，选择要查看的邮箱，这里选择【Outlook 的收件箱】选项。

第2步 即可看到已接收到的邮件，点击要查看的邮件。

第3步 在打开的界面中即可显示详细邮件信息。附件内容将显示在最下方，如果要查看附件内容，可以直接在附件上单击。

第4步 即可打开该附件，用户可以选用常用的 Office 应用打开并编辑文档内容。

第5步 返回邮件信息界面，如果要回复邮件，可以单击底部的 ← 按钮，

第6步 在弹出的界面中单击【回复】按钮。

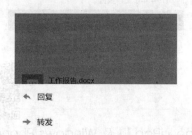

第7步 进入【回复邮件】界面，输入要回复的内容，单击【发送】按钮即可。

17.4 邮件抄送

收到邮件后，如果需要将邮件发送给其他人，可以使用转发邮件功能，具体操作步骤如下。

第1步 在收到邮件之后，进入查看邮件界面，点击底部的按钮 ← ，在弹出的界面中点击【转发】按钮。

第2步 进入【转发】界面，在【收件人】栏中输入收件人的地址。

栏中输入主管的邮件地址，单击【发送】按钮，即可在将该邮件转发给收件人的同时，又抄送给主管。

第3步 在【抄送 / 密送】处单击，在【抄送】

17.5 编辑 Excel 附件

　　Microsoft 公司推出了支持 Android 手机、iPhone、iPad 以及 Windows Phone 上运行的 Microsoft Office Mobile 软件，以及 Microsoft Word、Microsoft Excel 和 Microsoft PowerPoint 等各个组件，用户只需要安装"Microsoft Office Mobile"软件，就可以查看并编辑 Word 文档、Excel 表格、PPT 演示文稿。本节以支持 Android 手机的 Microsoft Excel 软件为例，介绍如何在手机上编辑 Excel 报表。

第1步 将"素材 \ch17\ 销售报表 .xlsx"文档存入手机中，下载、安装并打开 Microsoft Excel 软件，单击"销售报表 .xlsx"文档，即可使用 Microsoft Excel 打开该工作簿，选择 D3 单元格。

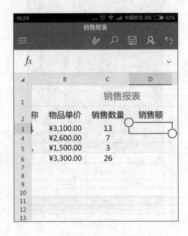

第2步 单击【插入函数】按钮 f_x，输入"="，然后将选择函数面板折叠。

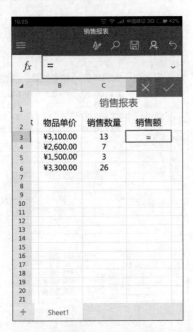

第3步 按 C3 单元格并输入"*"，然后再按 B3 单元格，单击 按钮，即可得出计算结果。

第4步 使用同样的方法计算其他单元格中的结果。

第5步 选中 E3 单元格，单击【编辑】按钮 ，在打开的面板中选择【公式】面板。

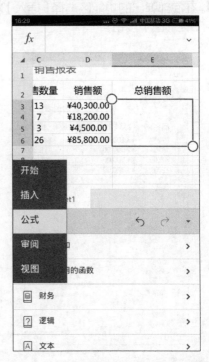

第6步 选择【自动求和】公式，并选择要计算的单元格区域，单击 按钮，即可得出总销售额。

第8步 选择插入的图表类型和样式。

第7步 选择任意一个单元格，单击【编辑】按钮 。在底部弹出的功能区选择【插入】➤【图表】➤【柱形图】按钮。

第9步 如下图即可看到插入的图表，用户可以根据需求调整图表的位置和大小。

17.6 使用手机高效地进行时间管理

在手机中可以建立工作任务清单，并设置提醒时间，从而能够在有限的时间里合理安排工作任务，提高工作效率。本节以"印象笔记"为例，介绍如何进行时间的管理。

第1步 下载并安装"印象笔记"软件，注册账户，进入【所有笔记】界面，单击界面左上角的【菜单】按钮。

第2步 在弹出界面的左侧列表中选择【笔记本】
选项。

第4步 弹出【新建笔记本】界面，输入名称，
单击【好】按钮。

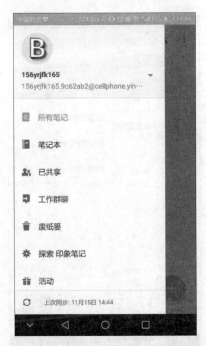

第3步 进入【笔记本】界面，单击界面左上角
的⬚按钮。

第5步 即可新建一个笔记本，然后单击界面右
下角的➕按钮，在弹出的快捷菜单中选择【文
字笔记】选项。

第6步 在进入的界面中根据需要输入笔记标题和内容，输入完成后，单击左上角的 ✓ 按钮，即可完成笔记的创建。

第7步 点击手机上的返回键，即可看到创建的笔记，此时还可以为笔记设置提醒时间，在要设置提醒时间的笔记上单击。

第8步 在弹出的界面中单击 ✿ 按钮，在弹出的下拉列表中选择【设置日期】选项。

第9步 在弹出的界面中设置日期和时间，设置完成后单击【保存】按钮。

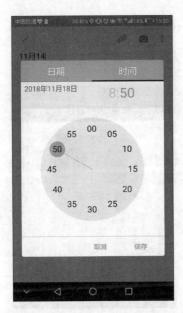

第10步 即可完成时间的提醒设置。使用同样的方法创建多条任务，效果如下图所示。

高手私房菜

技巧 1：使用邮箱发送办公文档

使用手机、平板电脑可以将编辑好的文档发送给领导或者好友。这里以手机发送 PowerPoint 演示文稿为例进行介绍。

第1步 演示文稿制作完成后，单击界面左上角的【菜单】 三 按钮。

第2步 在弹出界面的左侧列表中选择【共享】选项。

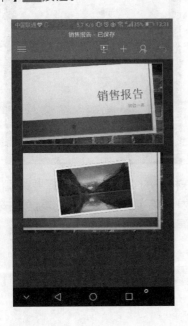

第3步 在弹出的【共享】界面中单击【OneDrive-个人】按钮。

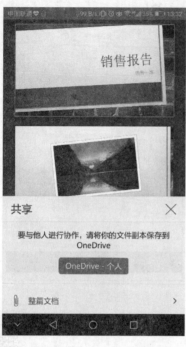

第4步 在进入的界面中选择【以链接形式共享】选项。

第5步 进入【以链接形式共享】界面,选择【"编辑"链接】选项。

第6步 在弹出的链接形式列表中选择【发送给好友】选项。

第7步 在打开的 QQ 界面中选择要共享的好友,弹出【发送给】界面,单击【发送】按钮,即可完成演示文稿的发送。

技巧 2：使用语音输入提高手机上的打字效率

在手机中输入文字既可以使用打字输入，也可以手写输入，但通常打字较慢，使用语音输入可以提高在手机上的打字效率。下面以搜狗输入法为例，介绍如何进行语音输入。

第1步 在手机中打开备忘录，创建一个空白备忘录界面。

第2步 在输入面板上长按【Space】键，出现【倾

听中，松手结束】面板后即可进行语音输入。

第3步 输入完成后，即可在面板中显示语音输入的文字，如下图所示。单击【普】按钮。

第4步 此外，单击【普】按钮，即可打开【语种选择】面板，用户可根据需要进行选择。